제5차 산업혁명의
진화론적 예측

머리말

인류는 제4차 산업혁명을 시작하였다. 그러면 앞으로 제5차 산업혁명은 어떻게 될 것인가를 생각해 보다가 진화론, 즉 다위니즘으로 예측이 가능하겠다는 것을 깨닫고 글을 썼다.

이 생각을 정리하는 데 가장 큰 영감을 얻은 책은 리처드 도킨스의 『이기적 유전자』이다. 사람이 살아가는 것은 유전자의 명령에 의한 것이다. 즉, 사람은 DNA가 자신을 복제 증식하기 위하여 만든 기계일 뿐이라는 개념을 생각하다가, 이 개념을 확장하면 미래 예측에 적용할 수 있겠다는 생각이 든 것이다.

이 책에는 여러 분야의 내용이 포함되어 있다. 유전정보, 두뇌정보, 음성정보, 문자정보, 컴퓨터 정보, 인공지능과 같은 복제 증식하는 정보가 모두 다위니즘의 적용을 받는다는 것을 설명하려니 자연히 이들의 기원에 대한 설명이 들어가게 되었다. 그러다 보니 여러 전공 분야의 기반적인 지식을 종합하여 아이디어를 만들어 낼 필요가 있다는 생각이 들었다. 그 목적은 인간 사회의 운영 원리를 과학적으로 설명하는 것이다.

이 책을 읽으면 리처드 도킨스의 『이기적 유전자』를 처음 읽은 것처럼 우선 황당하다거나 말도 안된다는 반응이 많을 것으로 생각된다. 그다음으로 "그래서 뭐가 달라져?" 하는 반응이 있을 것 같다. 그에 대한 대답은, 두뇌정보에서 나온 문자정보가 유전정보처럼 다위니즘에 의하여 진화하는 역사를 간략히 살펴보고 이해를 하면 두뇌정보가 발전되어 가는 원리를 한 차원 높은 데서 볼 수가 있고, 더 나아가 생명체에 대한 개념을 더 확장하고 또 인류의 미래를 예측하는 데 도움을 줄 수도 있다는 것을 이야기하고 싶다.

이 책은 대체로 대학생이 읽으면 쉽게 이해할 수 있을 것이다. 전공이 생물학인 학생은 앞부분이 비교적 쉬울 것이고, 컴퓨터인 학생은 뒷부분이 쉬울 것이다. 이렇게 여러 가지 전공을 종합하면 이화여대 최재천 교수님의 『통섭』을 실천하는데 한 걸음 다가갈 수 있을지 모르겠다. 어쨌든 이 책이 출판되면 다윈의 이론이 무생물계에까지 확장되어 지금까지 나온 다윈의 찬양 서적 중 으뜸이 될 것으로 생각한다.

쓰다 보니 새로 만든 용어가 몇 가지 된다. 지구상에 처음 나타난 RNA로 추정되는 자기 복제 분자를 원생명분자, 즉 "Original Life Molecule"이라 명하고 줄여서 OLM이라는 용어를 만들었다. 또 열역학법칙은 제3법칙까지 있지만 다위니즘을 무생물을 포함한 모든 정보복제시스템으로 확장하여 열역학 제4법칙으로 명하였다. 또 산업혁명이 일어날 수 있는 바탕이 된 혁명이 하나 있는데 그것을 제0차 산업혁명이라 하고, 아직 미래의 일이지만 제5차 산업혁명이라는 용어도 쓰게 되었다.

추천사

본인은 1981년부터 서울대병원 핵의학과에서 전임강사로 시작하여 2012년 퇴임할 때까지 거의 30년을 봉직하면서, 그 동안 정재민교수가 같은 연구실에서 연구원, 연구교수, 전임교수로 핵의학 분야의 교육, 연구 및 학문 발전을 이루어 가는 것을 지켜 보고 같이 동고동락한 대학교 선배, 동료이자 동반자라 할 수 있다.

특히 정재민 교수는 서울 약대 출신으로서 약학박사이지만 최초로 서울 의대의 교수가 된 독특한 경력을 가지고 있다. 핵의학은 의학 분야와 방사성의약품과 의료장비 분야가 서로 협력하여 환자를 진단하고 치료하는 특수한 다학제 의학의 한 분야이다. 따라서 현대의 대부분의 학자들이 특정 분야만 깊이 연구하는데 비하여 저자는 의학뿐만 아니라 다른 분야의 지식도 넓게 가지게 되어 폭 넓은 과학 분야의 안목을 가지게 되었다.

그러한 배경 하에 저자가 이해하기가 쉽지는 않은 주제로 쓰신 "제5차 산업혁명의 진화론적 예측"을 읽어 보면, 생물학의 기반 지식인 다위니즘을 바탕으로, 인간의 두뇌에서 생산된 문자정보도 DNA에 저장된 유전정보와 본질적으로는 같은 원리로 진화한다는 해석을 새로이 한 것을 알 수 있다. 그리하여 인류 문화 발전에 큰 영향을 미친 산업혁명도 다위니즘적인 진화에 의한 결과로 해석하였다. 더 나아가 문자정보에 의하여 작동되는 컴퓨터와 인공지능이 개발됨으로써 이의 진화를 현재 진행되고 있는 제4차 산업혁명을 넘어 제5차 산업혁명에까지 적용하는 참신한 시도를 하여 재미있는 결과를 얻었음을 느꼈다.

책 내용 중에 특히 다위니즘을 열역학 제4법칙이라고 하여 생물계 뿐만 아니라 자기 복제하여 증식하는 모든 정보에 적용할 수 있는 법칙이라고 주장한 것은 파격적이다. 이러한 점에서 저사는 많은 다윈주의자들 중에서도 가장 진보적인 다윈주의자임을 느낄 수 있다. 그리고 문자정보의 자기 복제 속도가 엄청나게 빨라지게 한 구텐베르크의 금속활자 인쇄혁명을 제0차 산업혁명이라 한 저자의 의도는, 다위니즘에 의한 문자정보의 진화 속도에 크게 기여한 것을 강조하기 위한 것인데 이는 이례적이면서도 재미있다.

문자정보가 다위니즘에 의하여 진화한다는 것을 보여 주기 위하여 손자병법과 수학의 정석을 예로 들어 설명을 하여 재미있다. 제10장에서 중우정치로 고대 그리스를 망하게 한 알키비아데스 이야기는 얼마 전에 현 정부에서 장관까지 지낸 누군가를 떠 올리게 한다.

이러한 시도는 국내에서는 보기 힘든 대담한 시도로서 얼핏 황당하게 보일 수도 있지만 잘 이해하고 보면 깊은 뜻이 있다는 것을 알게 된다. 문장이나 내용에 수식이 없고 건조하게 보일 수도 있지만, 공연한 미사여구를 많이 써서 화려하고 장황한 문장보다 이해하기에 쉬워 읽는데 부담이 적다. 이는 평소 저자의 강의나 대화에서도 쉬운 글로 간단하게 그러나 명확하게 뜻을 전달하는 어체에서도 느낄 수 있다.

정재민 교수는 방사성의약품 분야 연구개발과 의학적 이용면에서 최고 전문가가 되었고 동시에 연구수준을 국제적으로 끌어 올려 국제학회회장으로 피선될 정도로 글로벌과학자가 됨을 보면서 앞으로도 계속 좋은 책을 써 주시기를 기대한다. 아무쪼록 독자 여러분들이 열린 마음으로 이 책을 읽을 것을 희망하면서

2020년 11월 12일

한국과학기술한림원 이사장

又峰 李明哲

목차

제9장 제4차 산업혁명 / 183

제 1 장

서론

리처드 도킨스의 "이기적 유전자"에 의하면 인간은 DNA에 기록된 유전정보의 명령에 따라 자기의 복제본을 많이 증식시키려는 목적으로 살아간다. 책, 컴퓨터, 인공지능은 문자정보로서 역시 자기의 복제본을 많이 증식시키려는 생명력이 있다.

밈과 두뇌정보의 진화

리처드 도킨스(Richard Dawkins)는 『이기적 유전자(The Selfish Gene)』에서 인간은 유전자가 자기를 증식하기 위하여 만든 도구에 불과하다는 주장을 하였다. 그리고 인간은 자기도 모르게 유전자의 명령에 의하여 살아가는 존재라는 것이다. 이는 믿기 어렵고 당황스러운 말이지만 많은 뛰어난 생물학자들에게 일리가 있는 말이라고 받아들여졌다.

또 리처드 도킨스는 "밈(meme)"이라는 새로운 자기 복제자를 정의했다. 이것은 복제된 것을 뜻하는 그리스어 "mimema"에서 나온 "mimeme"을 유전자를 뜻하는 "gene"과 같은 한 음절 단어인 "meme"으로 만든 것이다. 밈은 두뇌에 기억되는 문화와 같은 것이다. 예를 들어 신에 대한 믿음, 과학적인 아이디어, 어떤 음악의 곡조 등과 같은 것으로서 "문화적 전달은 진화를 일으키게 한다는 점에서 유전적 전달과 비슷하다"고 리처드 도킨스는 말하였다. 그리고 이러한 문화적 전달로서 언어를 예로 들며 다음과 같이 말했다.

"언어는 비유전적 수단에 의해 '진화'하는 것으로 생각되며, 게다가 속도는 유전적 진화보다 비교할 수 없을 만큼 더 빠르다."

여기서 언어는 언어로 기록된 정보, 즉 언어정보를 말하는 것이 아니라 언어 자체의 진화를 말한다. 『이기적 유전자』에서 예로 든 것은 14세기 영국 시인 초서(Geoffrey Chaucer)는 현대 영국인과 서로 대화하기 힘들 정도로 영어가 진화하였다는 이야기이다. 이는 고려 시대 정몽주가 현대 한국인과 이야기하면 서로 말이 잘 안 통할 정도로 한국어가 진화하였다는 것과 비슷하다.

밈은 그 후 많은 학자들에 의하여 연구되었는데 그 결과 인간의 두뇌에서 생산 저장되면서 다른 두뇌로 전달될 수 있는 모든 지식, 습관, 관습, 에티켓, 종교, 미신, 베토벤의 운명 교향곡, 베토벤의 운명 교향곡 중 "빠바바밤~~~"하는 첫 소절, 요리법, 소설, 등 수많은 것들이 밈으로 정의되어 인간의 모든 문화 발전을 설명하는데 이용되었다. 특히 수전 블랙모어(Susan Blackmore)는 저서 "밈 머신(The Meme Machine)"에서 인간의 두뇌는 모방을 하려는 특성이 있으며 그 때문에 밈을 모방하려고 하여 밈이 복제를 하게 되고 따라서 다위니즘과 같은 원리로 진화한다는 이론을 내세워 수많은 문화현상을 설명하였다. 그러나 좀 애매하기는 해도 일반적으로 유전자의 단위가 하나의 단백질을 만드는 단위로 볼 수 있는 것과는 달리 밈의 단위는 너무 애매모호하고 또 서로 겹치기도 하여 밈을 바로 유전자에 대응하는 용어로 사용하기는 힘들 것 같다.

이 책에서는 밈이라는 용어대신 두뇌정보, 언어정보, 음성정보, 문자정보라는 용어를 사용하였다. 그렇게 함으로써 특히 문자정보는 두뇌정보를 디지털화한 정보로서 A, T, G, C, 네 가지의 염기로 구성되어 디지털 특성의 정보를 가진 유전정보와 연관지어 생각하기 쉽게 해 준다. 이는 제5장에서 설명하였다. 또 제2장에서 문자정보와 유전정보는 모두 정보 엔트로피의 양으로 표시가 가능하고 따라서 같이 다위니즘에 의하여 진화한다는 주장을 하기가 쉽기 때문이다. 또 그렇게 함으로써 문자정보가 컴퓨터 언어로 표현됨으로써 컴퓨터 프로그램과 인공지능으로 진화하는 것이 자연스럽게 설명이 된다. 물론 그러한 것도 밈 이론으로 설명이 가능하지만 그렇게 되면 밈의 개념이 너무 광범위하여 인간이 생각할 수 있는 모든 것이 밈으로 설명이 된다는 것이 아닌가 하는 생각이 들게 된다.

비록 이 책에서는 밈 이론으로 설명하지 않았지만 밈 전문가가 이 책을 보면 밈 이론으로 설명할 수 있는 부분이 많을 것이다. 그러나 광범위하고 애매한 개념을 가진 밈으로 설명하는 것보다 더 좁은 범위의 정확한 뜻을 가진 두뇌정보나 문자정보라는 용어를 사용하는 것이 더 나을 것으로 생각된다. 게다가 약한 인공지능이 강한 인공지능으로 진화하는 것은 밈이론으로는 설명이 어렵다.

다위니즘에 의하여 진화하는 책과 문자정보

사실 『이기적 유전자』에서 DNA[1]가 사람의 행동을 지배한다고 하였지만

1. Deoxyribonucleic acid의 약자

DNA만 뽑아 분리해 보면 그저 흰색의 가루로 된 무생물인 화학물질일 따름이다. 그것은 의식도 없고 생각도 없다. 아무것도 아니다. 그 안에 사람의 전체 유전자, 즉 게놈이 들어 있다고 해도 순수한 DNA는 아무것도 하지 못한다. 그것을 세균에게 주거나 원숭이에게 주어도 아무것도 못한다. 그러나 그것이 사람 세포 안에 들어 있고 그 세포가 서로 뭉쳐서 사람을 만들면, 그 사람이 자기 자신을 더 많이 복제 증식하려고 노력을 하고, 그 결과 DNA도 복제 증식한다. 결국 DNA가 시켜서 DNA의 설계도대로 사람이 살아간다. DNA가 시킨다는 것은 DNA가 사람처럼 의식을 가지고 의도적으로 시킨다는 것이 아니라, 본질적 자발적 무의식적으로 사람 또는 생명체가 DNA에 들어 있는 유전정보의 지배를 받는다는 것이다.

그렇게 보면 책도 그렇다. 문자가 가득 적힌 책만 펴 놓고 보면 책은 아무 것도 하지 못하는 무생물이다. 그러나 그것을 사람이 읽고 그 책의 내용이 그 사람에게 도움이 되면 다른 사람들도 그 책을 읽으려 한다. 그러면 결과적으로 그 책을 많이 인쇄, 출판하게 되므로 사람이 책의 복제 증식을 위하여 일을 하는 것이 된다. DNA를 증식시키기 위하여 세포와 생물 개체가 하는 일을, 책을 증식시키기 위하여 사람이 해주는 것이다.

컴퓨터 프로그램도 마찬가지다. 컴퓨터 프로그램을 종이에 프린트해 놓으면 그저 영어로 된 문자정보이다. 그리고 메모리 안에 있으면 0과 1로 된 전기 신호이다. 그것 자체는 아무것도 하지 못한다. 그것을 찰스 다윈이 읽어 보아도 아무것도 아니다. 그러나 그것이 컴퓨터 메모리에 들어가서 컴퓨터를 작동시키면 사람에게 도움되는 일을 한다. 그러면 사람은 그 컴퓨터 프로그램을 더 많이 복제 증식시키게 되므로 결국 컴퓨터 프로그램은 사람을 시켜 자기 자신을 더 많이 복제 증식시키는 것이다. DNA를 증식시키기 위하여 세포가 하는 일을 컴퓨터 프로그램을 증식시키기 위하여 컴퓨터와 사람이 해주는 것이다.

그런데 DNA는 자기 자신을 다시 만드는 데 필요한 모든 정보를 가지고 있지만 책이나 컴퓨터 프로그램은 그렇지 않다는 점이 다르다. 이는 바이러스의 유전자도 자기 자신을 다시 만드는 데 필요한 모든 정보를 가지고 있지 않다는 점에서 책이나 컴퓨터 프로그램과 같다. 따라서 바이러스나 책이나 컴퓨터 프로그램은 숙주가 없으면 복제 증식할 수 없다. 바이러스는 복제에 필요한 대부분의 자원을 숙주 세포 안에 있는 것을 사용하지만 다위니즘에 의하여 진화한다. 책이나 컴퓨터 프로그램도 복제에 필요한 자원을 사람이 제공한다. 그리고 바이러스처럼 다위니즘에 의하여 진화한다. 단 바이러스는 자연선택이 작용하지만 책과 컴퓨터 프로그램은 인공선택[2]이 작용한다.

리처드 도킨스는 "다위니즘에 의하여 무생물인 DNA가 사람을 조종한다"고 하여 처음에는 사람들을 깜짝 놀라게 하였지만 곧 많은 뛰어난 학자들의 동의를 얻는 데 성공하였다. 나도 깜짝 놀랐다가 점점 그것이 맞다고 생각하게 되었다. 더 나아가 그는 밈이라는 개념을 도입하여 문화의 진화를 설명하였다. 그러나 "다위니즘에 의하여 무생물인 책이 사람과 사람 세상을 조종한다"고 한 발짝 더 내딛지 못하고 멈추었다. 더 나아가 "다위니즘에 의하여 컴퓨터 프로그램이 사람과 사람 세상을 조종한다"고 말할 수 있었는데 멈추었다. 이 책에서는 다위니즘에 의하여 사람과 사람의 세상을 지배하는 것은 사람의 DNA인 것처럼, 사람의 두뇌에서 나온 말, 책, 컴퓨터, 인공지능 등 모든 복제 증식하는 정보도 DNA처럼 생명력이 있어서 같이 지배한다는 것을 보여줄 것이다. 그리고 인공지능은 사람의 두뇌와 독립적으로 진화할 수 있다는 것도 보여줄 것이다. 물론 이들 사이에는 공통점도 있지만 차이점도 있다. 그것을 고찰해 볼 것이다.

인류를 지배하는 법칙

몇 년 전부터 제4차 산업혁명에 대한 논의가 한창이다. 그러면 결국 어떻게 될까? 또 그 후에는 제5차 산업혁명이 되지 않을까? 그래서 제5차 산업혁명은 어떤 것일까 생각해 봤다. 그랬더니 별로 생각을 진행할 수가 없었다. 그도 그럴 것이 제4차 산업혁명도 지금은 초기 단계여서 후기에는 어떤 일이

2. Artificial selection, 인위선택이라고도 함.

일어날지 잘 모르는데 어떻게 감히 제5차 산업혁명을 예견할 수 있겠는가?

사람의 두뇌는 직관을 하는 능력이 있어서 미래를 예측한다. 직관은 경험과 학습을 통하여 많은 정보를 기억하고 이러한 기억들의 조합으로부터 가장 타당할 것으로 추정되는 결론을 이끌어내는 것이다. 반면 컴퓨터는 보간법이나 회귀분석 같은 수학적 방법으로 미래를 예측할 수 있다. 사람의 두뇌든 컴퓨터든 어떤 규칙이 있는 경우는 미래를 잘 예측할 수 있지만 아무런 규칙이 없는 경우는 예측하기 어렵다. 예를 들어 포탄이 떨어지는 위치 같은 것은 물리학 법칙이 있어서 미래를 정확하게 예측할 수 있지만, 부동산이나 주식 값의 변동 같은 것은 법칙이 없거나 있다고 해도 부정확하여 예측이 잘 맞지 않는다.

어쨌든 직관으로 인류의 미래를 예측하기 위해서는 인류의 역사에 대한 넓은 지식이 필요할 것이다. 다행인 것은 매우 세세한 역사 지식은 없어도, 어느 정도의 지식만 가지고 있으면 직관은 할 수 있다는 것이다. 제5차 산업혁명은 인간의 두뇌와 인공지능에 의하여 이루어질 것이다. 정확하게 말하면 인간의 두뇌에 들어 있는 정보와 인공지능에 들어 있는 정보에 의하여 이루어질 것이다. 그러면 인간의 두뇌에 들어 있는 정보는 어떻게 진화하여 왔고 또 인공지능에 들어 있는 정보는 어떻게 진화하여 왔는지를 잘 알고 나면 앞으로 어떻게 진화할지를 알 수 있는 직관력을 가지게 될 것이다.

이러한 진화에 대하여 알려면 우선 인류가 따르는 법칙을 알아야 할 것이다. 인간은 대자연의 법칙을 따른다. 뉴턴의 법칙, 열역학의 법칙, 다윈의 법칙, 아인슈타인의 상대성 원리, 하이젠베르크의 불확정성 원리, 양자역학 등 수많은 대자연의 법칙이 있다. 이러한 법칙 중 인류가 발전하는데 따를 수밖에 없는 법칙으로는 다위니즘과 열역학의 법칙이 있다. 뉴턴의 법칙이나 아인슈타인의 상대성 원리도 물론 인류가 따를 수밖에 없지만, 이런 법칙들은 어떤 물체의 움직임에 대하여 예측하는 것이지 인간이 살아가는 원리를 설명하는 것과는 관계가 멀다.

인류는 또한 아담 스미스가 경제학을 창시하면서 알려진 경제원칙(Economic

principle) 또는 경제적 효율성(Economic efficiency)에 의하여 살아왔다. 물론 경제학에는 수많은 원리가 있지만 대부분은 모두 인간 사회에만 부분적으로 적용되는 것이다. 그러나 가장 기본적인 원리는 인간 사회뿐만 아니라 광범위하게 적용될 수 있다. 그것은 "합리적인 인간은 최대한의 효과를 얻되 최소한의 비용을 들인다"는 것이다. 수요공급의 법칙 같은 것도 이러한 원리에 의하여 나오게 된다. 다위니즘을 넓게 보면 경제원칙 역시 다위니즘에 맞는 이론이라 볼 수 있다. 왜냐하면 경제원칙에 따라 행동하는 사람 또는 생명체는 더 많은 자원을 효율적으로 획득하여 자기 자손을 남기는 데 성공할 확률이 높기 때문이다. 수정자본주의니 거시경제학이니 재정정책이니 같은 경제 전문가에게 필요한 경제학의 다른 세밀한 원리들은 이 책에서 별로 중요하지 않을 것이다.

원래 생명체는 아무런 목적이 없이 우연히 발생하였지만 지금까지 살아남은 생명체는 생존경쟁에 성공한 것이고, 그러려면 경제원칙에 맞게 행동하여야 성공 확률이 높으므로, 결국 생명체의 행동 원칙은 경제원칙에 맞게 행동하는 것이다. 물론 생명체는 살아가면서 경제원칙 같은 것을 생각하지는 않지만 유전자는 그렇게 시킨다고 볼 수 있다. 사실 유전자가 의도적으로 시킨다기보다는 경제원칙에 맞게 행동하는 유전자를 가진 생명체가 살아남을 확률이 높기 때문에 결국 유전자가 시키는 것과 같은 것이 된다.

인간은 또 사회를 이루어 살아간다는 특징이 있다. 혼자 살아가는 것보다 사회를 이루어 살아가는 것이 생존경쟁에 유리하고 그 결과 자기의 자손을 남기는데도 더 유리하기 때문일 것이다. 따라서 인간의 행동은 사회생활에 적응하는 데 많은 부분을 할애해 왔다.

이 책에서는 제5차 산업혁명 예측을 하기 위하여 생명체와 인류의 역사를 산업혁명이 일어나기 전까지와 그 이후를 열역학과 다위니즘의 관점에서 개략적으로 살펴보고, 그에 따라 열역학과 다위니즘의 확장적 적용에 의하여 미래 예측을 시도하여 본다.

다위니즘의 3가지 조건

다위니즘은 생명체는 자연선택(Natural selection)에 의하여 생존과 번식에 적합한 형질을 가진 종이 살아남아서 진화한다는 이론으로서 찰스 다윈이 1859년에 『종의 기원(On the Origin of Species)』에서 발표하였다. 우리는 중학교 때부터 자연도태라는 용어를 배웠는데 원어는 "natural selection", 즉 자연선택으로 되어 있어서 헷갈린다. 그러나 자연도태도 자연선택과 같은 뜻이고, 이는 한국어와 영어의 차이라고 보면 되겠다. 아마도 "selection"이라는 영어 단어에는 도태라는 뜻도 있나 보다. 실제로 자연도태를 한영사전에 찾아보면 "natural selection"이라고 되어 있다. 그래서 헷갈리지 않게 이 책에서는 자연선택이라는 용어를 쓰겠다.

다위니즘의 개념에는 자연선택 이외에도 두 가지 개념이 더 들어가는데 그것은 유전과 유전자 변이이다. 다윈이 『종의 기원』을 발표할 때만 해도 유전학이 발전하지 않았기 때문에 유전자 변이에 대한 개념이 확실하지 못해 『종의 기원』에는 명확하게 되어 있지 않았다. 유전의 법칙은 『종의 기원』보다 6년 후인 1865년에 멘델에 의하여 알려진 것이고, 게다가 유전정보가 DNA에 기록된다는 것을 알게 된 것은 그보다 훨씬 후인 1953년에 왓슨과 크릭이 DNA의 이중 나선 구조를 밝히고 난 이후다. 그래서 다윈은 개체 변이가 유전이 되어야 진화한다는 것을 억지로 설명하려고 애를 먹었다. 그러나 다위니즘 안에 유전과 유전자 변이 개념이 포함이 되어야 한다는 것은 자명하다. 즉, 유전자 변이는 유전이 되고 이때 더 적당한 형질을 가진 자손은 살아남고 안 그러면 도태되므로 진화를 하고 또 새로운 종도 생기게 되는 것이다.

자연선택에 대조되는 말로 인공선택(artificial selection)이 있는데, 이는 『종의 기원』에도 나와 있다. 주로 가축이나 농작물 또는 애완동물 같은 것의 품종을 개량할 때 사람이 특정 개체를 선택하는 것으로서, 그 원리는 자연선택과 같지만 자연 대신 사람이 개입하는 것이다. 인공선택의 결과도 인간이 원하는 형질에 적합한 것만 선택되어 살아남아 DNA가 진화한 것이므로, 결과적으로 인공선택에 의한 품종 개량도 다위니즘의 원리에 포함된다고 볼 수 있다.

그런데 이 책에서는 다위니즘을 생명체를 넘어 인간이 만든 다른 정보에도 적용하려고 한다. 즉, 문자로 된 인쇄물, 컴퓨터 프로그램 등도 진화하는 것이다. 그 근본 원리는 생명체가 자연선택과 유전자 변이에 의하여 진화하는 것에 비하여 문자로 된 것들은 인공선택과 인간의 두뇌에 의하여 진화한다는 차이점이 있다. 그러나 리처드 도킨스의 개념을 적용하면, 책에 쓰여 있거나 컴퓨터에 기억되어 있는 정보가 살아남기 위하여 인간의 두뇌를 이용하는 것으로 볼 수도 있다. 결론적으로 세 가지 요소, 즉 유전과 유전자 변이에 자연선택 또는 인공선택이 적용이 되는 조건이 갖춰지면 다위니즘은 성립한다.

"적자생존(Survival of the fittest)"은 『종의 기원』이 나오고 5년 뒤인 1864년에 영국의 철학자인 허버트 스펜서(Herbert Spencer)가 "생물학의 원리(Principles of Biology)"에 사용한 단어로서 생물학에도 적용이 되지만 다위니즘을 사회적 생존경쟁에 적용시킨 사회철학적 용어로서 사용되었다. 이는 나중에 사회진화론의 토대가 되었다. 적자생존은 정글의 법칙과 같은 의미로 사용되기도 하지만, 강한 자가 생존한다기보다 생존한 자가 강하다는 의미가 더 적당하다는 뜻으로 해석되고 있어서 단순한 약육강식과는 다르다.

많은 사람들이 자연선택 또는 적자생존이라고 하면, 생명체 간에는 약육강식과 같은 경쟁만 있는 것으로 생각하는데, 실은 협조도 매우 중요한 부분을 차지한다. 개미와 진딧물, 집게와 말미잘, 악어와 악어새 등의 공생관계는 잘 알려져 있다. 특히 꽃과 꿀벌의 협조 관계는 대규모로 식물을 번성시켜 지구상의 생태계에 큰 영향을 미쳤다. 따라서 유전자는 경우에 따라서 경쟁보다는 협조를 더 잘하는 유전자가 적자로서 살아남을 확률이 높아진다는 사실도 중요하다.

사람의 유전자에 적용되는 다위니즘

다위니즘을 믿지 않고 또 냉소적으로 보는 사람도 많다. 그러나 그것은 그러한 사람들의 개성일 뿐 다위니즘은 그러한 사람에게도 적용이 된다. 어떤 개체가 환경에 잘 적응하여 생존할 확률이 높을수록 그 개체의 자손이 번성하게 되는 것은 어찌 보면 너무나 명확하다. 따라서 이에 바탕을 둔 다윈의 생물의 진화 이론은 직관적이고 명확하다.

다위니즘으로 사람이 살아가는 목적을 설명하면 자기의 유전자를 더욱더 많이 퍼뜨리는 것이라고 볼 수 있다. 이를 위하여 좋은 음식을 잘 섭취하여 몸을 건강하게 유지하고, 좋은 배우자를 만나 건강한 자식들을 많이 낳고, 이 자식들이 잘 자라게 돌보고, 또 자식이 자라서 그 자식을 낳아서 유전자를 계속 이어 나가면서 퍼뜨리는 것이다. 그런데 한 가지 더 추가해야 할 사항은, 사람은 사회적 동물이므로 그 사람이 속한 사회에도 잘 적응해야 하고, 또 그 사회 자체도 살아남아야 한다는 것이다.

다음 그림은 서울대학교병원 핵의학과에서 찍은 두뇌 사진이다(그림 1-1). 핵의학과에서는 PET[3]이라는 사진을 많이 찍는데, 이는 방사성동위원소를 표

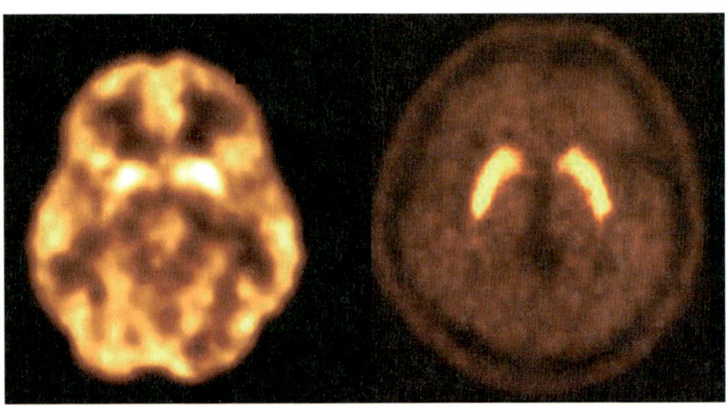

그림 1-1. PET으로 두뇌를 촬영한 그림. 왼쪽 그림은 포도당 대사를 보여주는데, 대뇌 피질에서 고르게 포도당 대사가 활발하게 일어나는 것을 볼 수 있다. 치매 환자는 두뇌의 특정한 부위에서 포도당 대사가 감소한 것을 볼 수 있다. 오른쪽 그림은 도파민 신경계를 보여주는데, 밝게 빛나는 기저핵이라는 부위에 도파민 신경이 모여 있다. 도파민 신경계가 손상을 입은 것을 보고 파킨슨병을 진단할 수가 있다.

3. Positron Emission Tomography의 약자. 양전자단층촬영이라고도 함.

지한 방사성의약품을 사람에 주사하고 그 분포를 촬영하는 것이다. 방사성 의약품의 종류에 따라서 영상이 달라지는데 그림 1-1에서 왼쪽은 FDG[4] 오른쪽은 라클로프라이드라고 하는 방사성의약품을 사용하였다. FDG는 두뇌가 사용하는 포도당의 양을 보여주는 것으로서, 두뇌가 활발하게 작용하는 부위에는 에너지원인 포도당을 많이 사용한다는 것을 볼 수 있다. 그래서 두뇌의 대뇌 피질 전체가 열심히 활동하고 있어서 밝게 보인다. 라클로프라이드는 도파민 수용체의 분포를 보여주는 영상인데 기저핵이라는 부위에만 도파민 수용체가 많이 모여 있는 것을 볼 수가 있다. 물론 이런 두뇌를 만드는 정보는 모두 사람의 DNA에 들어 있다.

이러한 PET을 이용하여 연구한 결과를 보면 기쁠 때, 맛있는 음식을 먹을 때, 담배를 피울 때, 마약할 때, 도박할 때, 게임할 때 등 쾌락을 느낄 때 두뇌의 기저핵에서 도파민이 많이 나오는 것을 알 수 있다.[5] 따라서 담배, 마약, 도박, 또는 게임 중독이 되면 계속 도파민이 나오게 해서 쾌락을 느끼려는 욕구가 강력하게 생기므로 끊기가 힘든 것이다. 이렇듯 두뇌 속의 화학물질은 사람의 마음을 지배한다. PET을 이용한 두뇌 연구는 이 외에도 수많은 연구가 진행되어 두뇌의 작용에 대하여 많은 것이 알려졌지만, 그래도 아직 모르는 것이 훨씬 더 많다.

기분이 좋을 때 도파민이 나오는 이유는, 사람은 그 기분 좋은 상황을 계속 느끼기 위하여 원하는 것을 끈질기게 추구하여 실행하도록 진화가 되었기 때문이다. 자기가 원하는 것을 해도 도파민이 안 나오면 쾌락을 느끼지 않아 그것을 끈질기게 추구하지 않으므로 어떤 목표를 이루기 힘들어진다. 따라서 그런 사람은 도태되어서 거의 남아 있지 않다.

4. Fluorodeoxyglucose의 약자. 포도당 유도체의 일종.

5. Nutt DJ, Lingford-Hughes A, Erritzoe D, Stokes PR. The dopamine theory of addiction: 40 years of highs and lows. Nat Rev Neurosci. 2015;16(5):305-312; Volkow ND, Wise RA, Baler R. The dopamine motive system: implications for drug and food addiction. Nat Rev Neurosci. 2017;18(12):741-752; Zack M, St George R, Clark L. Dopaminergic signaling of uncertainty and the aetiology of gambling addiction. Prog Neuropsychopharmacol Biol Psychiatry. 2020;99:109-853.

사람은 좋은 배우자 감을 만났을 때 도파민이 나와 행복을 느낀다. 그것은 자손을 남기는데 유리한 상황이 될 것 같으니 그런 것이다. 가족 특히 자식이 불행해지면 슬픈 이유는 자기 유전자를 남기는데 불리한 상황이 되니까 그런 것이다. "나는 그렇게 생각 안 해"라고 할 사람도 많겠지만 아무리 발버둥쳐도 그도 그런 원리에 의하여 세상에 태어났다.

좋은 배우자 감을 만났을 때 두뇌 속에 도파민이 나와서 행복해지는 유전자를 가진 사람은 좋은 배우자를 만나기 위하여 열심히 노력할 것이고, 그렇지 않은 사람은 노력하지 않을 것이다. 그것은 마약이나 게임 중독처럼 강력하다. 그때 얼마나 간절히 그를 원하는 가는 많은 시, 소설, 연극, 판소리, 영화, 유행가 등이 감동적으로 표현하고 있다. 따라서 인류는 오랜 세월이 지나면서 좋은 배우자를 만났을 때 행복해지고 또 그를 간절히 원하는 유전자를 가진 사람만 살아남은 것이다.

<u>사랑밖엔 난 몰라</u>

그대 내 곁에선 순간 그 눈빛이 너무 좋아
어제는 울었지만 오늘은 당신 땜에
내일은 행복할 거야
얼굴도 아니 멋도 아니 아니
부드러운 사랑만이 필요했어요
지나간 세월 모두 잊어버리게
당신 없인 아무 것도 이젠 할 수 없어
사랑밖엔 난 몰라
무심히 버려진 날 위해 울어 주던 단 한 사람
커다란 어깨 위에 기대고 싶은 꿈은
당신은 깨지 말아요
이 날을 언제나 기다려 왔어요
서러운 세월만큼 안아 주세요
그리운 바람처럼 사라질까 봐

사랑하다 헤어지면 다시 보고 싶고
당신이 너무 좋아

<신수봉 작시 작곡>

남이 자기 자식에게 나쁜 짓을 하면 결국 자기 유전자를 남기는데 불리해지니까 그것을 방지하기 위하여 화를 낸다. 자식이 불행해지면 슬퍼진다. 만약 자식이 불행해지는데도 슬퍼지지 않는 사람은 자식에게 불행이 닥쳐오는 것이 보여도 이를 방지하기 위한 행동을 게을리할 것이고, 그러면 자식이 불행해질 확률이 높아져서 자식이 살아남을 확률이 떨어지고, 그러면 자기의 유전자를 남길 확률도 떨어지는 것이다. 이순신 장군이 셋째 아들 면이 전사한 소식을 전해온 편지를 읽고 애통해 하는 마음을 난중일기에 기록한 것을 보자.

"편지를 보니 겉면에 '통곡' 두 자가 쓰여 있었다. 면이 적과 싸우다 죽었음을 알고, 간담이 떨어져 목 놓아 통곡하였다. 하늘이 어찌 이다지도 어질지 못하는가? 간담이 타고 찢어지는 것 같다. 내가 죽고 네가 사는 것이 이치에 마땅한데, 네가 죽고 내가 살았으니 어쩌다 이처럼 이치에 어긋났는가? 천지가 깜깜하고 해조차도 빛이 바랬구나. 슬프다, 내 아들아! 나를 버리고 어디로 갔느냐! 영리하기가 보통을 넘어섰기에 하늘이 이 세상에 머물게 하지 않은 것이냐! 내가 지은 죄 때문에 화가 네 몸에 미친 것이냐! 내 이제 세상에서 누구에게 의지할 것이냐! 너를 따라 죽어서 지하에서 같이 지내고 같이 울고 싶지만, 네 형, 네 누이, 네 어머니가 의지할 곳이 없으므로 아직은 참고 목숨을 이을 수밖에 없구나! 마음은 죽고 껍데기만 남은 채 울부짖을 따름이다. 하룻밤 지내기가 한 해를 지내는 것 같구나."

<난중일기 1597년 10월 14일>

그렇다면 남이 남에게 나쁜 짓을 하면 자기 유전자와는 관계없으니 화를 낼 필요가 없는 것이 아닐까? 이런 경우 사회적인 문제도 관계가 있어서 복잡하지만 간단하게 생각하면, 그런 경우에도 자기 가족의 경우보다는 덜하

지만 화를 낸다. 즉, 무뢰한이 길거리에서 아무에게나 마구 흉기를 휘두르며 난동을 부리면 그냥 도망가 버리고 모른 체하기도 하지만, 경찰에 신고하든지, 아니면 진짜 다른 사람이 생명이 위급한 경우 자기의 위험을 무릅쓰고 직접 제압하기도 한다. 그것은 아무리 남이라도 그도 사람으로서 자기와 유전자가 매우 비슷하니까 화를 내는 것이다. 그러나 내 가족이 남에게 나쁜 짓을 하면 화를 내는 경향이 줄어들게 된다. 그 이유는 내 가족이 나와 유전자가 더 비슷하기 때문에 그렇다고 볼 수 있다.

사이가 좋지 않은 사람들끼리 있더라도 갑자기 늑대가 나타나서 덤벼들면 같이 힘을 합쳐 늑대와 싸우게 된다. 사자가 먹이를 두고 서로 다투다가도 하이에나 떼가 나타나면 모두 하이에나와 싸우게 된다. 사자 떼와 하이에나 떼가 싸우는 도중에 사자끼리 또는 하이에나끼리 싸우는 일은 거의 없다. 같은 종끼리는 유전자가 서로 유사하므로 유사한 유전자를 가진 종들이 살아남도록 서로 돕는 것이다. 물론 전쟁에서 자기와 유전자가 거의 같은 적을 죽이기 위하여 유전자가 매우 다른 말, 코끼리, 개, 비둘기 등을 이용하기도 하지만, 이는 자기의 유전자를 보호하기 위함이다.

공부를 열심히 하는 것은 아는 것이 많을수록 인생에 성공하여 자기 자손을 많이 남기는데 유리하기 때문이다. 공부를 열심히 하지 않는 이유는 공부하는 것이 힘들기 때문에 쓸 데 없이 에너지를 낭비하여 자손을 남기는데 손해를 보지 않기 위함이다. 이런 사람들은 공부 말고 다른 것을 하는 것이 더 성공 가능성이 높을 수도 있다. 자식이 공부를 열심히 하도록 바라는 것은 인생을 살아보니 공부를 열심히 한 사람들이 성공하여 유전자를 남길 확률이 높은 것을 느꼈기 때문이다.

예의가 바른 사람은 예의를 바르게 함으로써 다른 사람들에게 좋은 인상을 남기는데 유리하고 친구를 만드는데 유리하다. 친구가 많으면 자기 유전자를 남길 확률이 높아진다. 왜냐하면 여러 가지 일에 서로 도움을 주거나 받을 수 있기 때문이다. 그러나 예의를 바르게 하려면 예의가 없는 것보다 대체로 에너지가 더 많이 든다. 왜냐하면 자기 자신을 위한 생각보다 상대방에 대한 생각과 배려를 더 해줘야 하기 때문이다. 예의가 없는 사람은 예의가 없어도 친구를 잃지 않는다고 생각하거나 굳이 에너지를 써 가면서 친구를 사귈 필요가 없다고 생각하기 때문이다. 친한 친구들끼리는 좀 예의 없이 굴어도 친구 관계가 잘 유지되니 존대말도 쓰지 않고 막 대할 수 있는 것이다. 또 친할 필요가 없다고 생각하는 사람에게는 예의 없이 행동할 확률이 높아진다.

예의와 관련한 상황은 집단 생활을 하는 다른 동물세계에도 일어난다. 늑대는 소규모 사회생활을 하는데 우두머리 늑대 앞에서는 꼬리를 뒷다리 사이에 넣고 오금을 펴지 못하고 걷거나, 뒤로 발라당 누워서 존경하는 자세를 취한다. 이는 왕 앞에 신하가 무릎을 꿇거나 엎드려 존경을 표하는 인간의 모습과 비슷하다. 어쨌든 이러한 행동은 모두 자기 유전자를 보존하기 위한 것이다.

축구에서 자기 나라가 이기면 그만큼 자기 나라가 강하다는 생각이 들어 무의식 중에 자기를 포함한 자기 나라 국민의 유전자를 남길 확률이 높아진다고 느끼게 되므로 기뻐하게 된다. 물론 사람은 평상시에 유전자를 남긴다는 생각을 안 하겠지만 알고 보면 모두 유전자가 시키는 것이다. 자기 나라 축구가 이겨도 기쁘지 않은 국민들로 구성된 나라는 축구를 잘할 확률이 낮아지게 된다.

사실 위와 같은 연구는 사회생물학자(sociobiologist)들에 의하여 체계적으로 잘 연구되어 있다.

사단칠정(四端七情)

그러면 조선시대 유학자들의 중요한 논쟁의 대상이었던 주자학의 사단칠정 관련 이론은 다위니즘과 관계가 있는가? 물론 조선시대 유학자들은 이러한 것을 다위니즘의 관점에서 보지는 않았지만, 내가 봤을 때 이는 명백히 다위니즘을 따른다.

사단은 사람의 본성에서 우러나오는 네 가지 마음씨로서 불쌍히 여기는 마음(惻隱之心, 측은지심), 부끄러워하는 마음(羞惡之心, 수오지심), 남에게 양보하는 마음(辭讓之心, 사양지심), 옳고 그름을 판별하는 마음(是非之心, 시비지심), 이 네 가지를 말한다. 그런데 이러한 마음은 사람들은 거의 대부분, 약간의 차이는 있겠지만 사회생활을 하는 인간에게 꼭 필요한 덕목으로 생각할 것이다. 이러한 마음을 가지지 않은 사람은 공동체에서 화합하지 못하고 배척된다. 이러한 덕목을 장려하지 않은 인간 사회가 있다면, 그 사회는 아마도 서로 불화할 가능성이 높아 다른 사회에 비하여 살아남기 어려워 수천 년의 세월이 흐르는 동안 도태되어 현재는 별로 존재하지 않을 것이다. 물론 예외적인 사람이나 사회는 항상 있다.

칠정은 사람의 일곱 가지 감정으로서 희(즐거움, 喜), 노(화남, 怒), 애(슬픔, 哀), 구(두려움, 懼), 애(사랑, 愛), 오(악함, 惡), 욕(욕심, 欲) 등을 말하는데 이러한 감정도 인간이 생존하여 유전자를 보존하는데 필수조건이라 할 수 있다. 사람에 따라서는 이 중 어떤 것은 살아남는데 별로 필요 없는 것이 아닐까? 하고 생각할 수도 있겠다. 하지만 가만히 생각해보면 이러한 감정 모두 인간의 생존 확률을 높이는 데 필수적이라는 것을 알 수 있다.

예를 들어 욕심 때문에 망한 사람의 예는 성경, 불경, 신화, 소설, 연극, 영화, TV 드라마 등에 수많이 나오고 또 현실에서도 많이 본다. 따라서 욕심은 인간에게서 없애야 할 감정이라 생각할 수 있다. 그러나 잘 살펴보면 인류 문명이 발전한 것은 더 잘 살려고 하는 욕심이 원동력이 된 것이라는 것을 알 수 있다. 욕심이 없는 사람은 발전이 없다. 경제학의 창시자인 아담 스미스는 영국을 세계 최고의 부유한 국가로 만드는데 기초가 되었다고 볼 수 있는 『국부론(The Wealth of Nations)』에서 다음과 같이 말했다.

"우리가 (경제적이고 맛있는) 저녁 식사를 기대할 수 있는 것은 정육업자, 양조업자, 제빵업자들의 자비심 때문이 아니라 그들 개인의 이익 추구 때문이다. 사람은 누구나 가치가 극대화되는 방향으로 자신의 자원을 활용하려고 노력한다. 그들은 공익을 증진하려고 의도하지 않으며, 또 얼마나 증대시킬 수 있는지도 알지 못한다. 그는 단지 자신의 안전과 이익을 위하여 행동할 뿐이다. 그러나 이렇게 행동하는 가운데 '보이지 않는 손'의 인도를 받아서 원래 의도하지 않았던 목표를 달성할 수 있게 된다."

즉, 경제가 발전하려면 이익을 추구하려는 욕심은 반드시 있어야 한다. 그러나 그것을 잘 절제해야 다위니즘에 의하여 살아남을 수 있는 것이다.

아담 스미스의 위대한 점은 이렇게 인간의 경제 활동의 본질을 꿰뚫어 본 것이었다. 이러한 아담 스미스의 혜안은 그 뒤에 찰스 다윈의 위대한 통찰력에 영향을 미쳐 『종의 기원』을 쓸 수 있도록 만든 것 같다. 이는 경험론의 전통이 강한 영국이었기 때문에 가능하였으리라 여겨진다.

아담 스미스와 같은 시대 조선에서는 성리학이 주류였지만 지금은 당대 가장 뛰어난 학자는 실학자인 정약용이라고 보는 견해가 많다. 정약용은 아담 스미스와 같은 시대에 목민심서, 흠흠신서, 경세유표 등 수많은 저서를 남기고 수원 화성 건설에 큰 기여를 하였다. 그러나 이러한 정약용의 대표작들은 뛰어난 책이기는 해도 그 이전의 다른 뛰어난 조선이나 중국의 유학자들에 비하여 본질적으로 더 특출하다고 보기는 힘들다. 목민관은 백성을 위해야 하고, 공정하고 청렴결백 해야 하고, 법을 잘 지켜야 한다는 등의 내용은 지당한 말씀이고, 또 좋은 말씀이지만, 그 이전에 다른 학자들도 늘상 하던 말이다. 따라서 『국부론』이나 『종의 기원』과 같은 본질을 꿰뚫어 보는 혜안을 가지고 쓴 책들과는 비교할 수 없다. 그래서 당시 조선의 실학자들이 아담 스미스 같은 영국 학자들과 교류할 수 있었으면 좋았을 텐데 하는 생각이 든다.

악한 감정도 마찬가지로 인간이 유전자를 보존하는 데 필수적이다. 남을 속이거나 힘으로 물건을 빼앗거나 죽이는 것은 나쁜 일이므로 그런 자는 공동체에서 배척이 된다. 그래서 법으로 제재를 가하거나 도덕적으로 사회에서 매장을 시켜 자기 유전자를 남기기 힘들 것이다. 그러나 한 편으로는 모든 사람은 악한 감정을 가지고 있어야 살아남아 유전자를 보존할 수 있다. 옛날에는 먹고 살려면 사냥을 하여야 하므로 사슴, 토끼 같은 동물을 죽여야 하고, 늑대, 호랑이와 싸워야 한다. 배가 고파 죽을 지경이 되면 살아남기 위하여 남의 것을 무조건 빼앗거나 훔쳐 먹으려고 한다. 인류는 다른 씨족이나 부족과 평화적인 교류도 했지만 약탈하기 위하여 싸운 적도 많았다. 최근에도 전쟁은 빈번하게 일어나고 그 원인으로 잘잘못을 가리기 어려운 경우도 많은데, 악한 감정을 가지지 않으면 전쟁에 이기기 힘들다. 역사를 보면 수천 년간 국가 간의 전쟁에 수단과 방법을 가리지 않고 계략을 써서 속이고 죽이고 파멸시켰다. 이때 악한 마음이 없으면 살아남아 유전자를 번성시키지 못했다.

조선시대의 사단칠정 이론은 사단과 칠정의 근본이 무엇이고 이들이 서로 어떤 상호작용을 하는가에 대한 것이었는데, 잘 이해하기 어렵다. 만약 조선시대 유학자들이 다위니즘에 대하여 이해하였다면 어떠했을까 궁금해진다.

임마누엘 칸트(Immanuel Kant)는 찰스 다윈 이전에 "네 의지의 준칙(격률)이 언제나 동시에 보편적 입법의 원리가 될 수 있도록 행위하라"는 첫 번째 정언명령을 말했는데, 이는 사단의 사양지심과 시비지심과 관련이 있을 것 같다. 한자는 원시적인 문자이기는 해도 매우 함축적으로 심오한 뜻을 표현하는데 뛰어나다. 어쨌든 칸트도 자기 자신을 포함한 인류가 무생물 분자에서부터 시작하여 자연선택에 의하여 진화하여 온 존재라는 것을 이해하고 정언명령을 만들었다면 어땠을까 궁금하다. 사단칠정이 다위니즘의 결과라면 칸트의 도덕률도 다위니즘의 결과라 할 수 있다.

다위니즘에 의하면 유전자의 진화 과정에는 얼핏 이기적인 정글의 법칙만 존재하는 듯하지만, 다위니즘에 대한 이해도가 높아지면 거기서 측은지심이나 수오지심도 나오고, 역지사지, 인도주의, 박애정신, 칸트의 도덕률, 아담 스미스의 경제원칙 같은 것이 모두 나온다. 더 나아가 앞으로 칼 마르크스, 스티브 잡스, 빌 게이츠와 인공지능까지도 나오는 것을 보여줄 것이니 마술처럼 신비롭다. 다위니즘이 강한 또 한 가지 이유는 예외가 있어도 적용이 되는 융통성 있는 법칙이라는 것이다. 다위니즘은 양자역학처럼 확률을 이야기하는 것이지 확정적이지 않다. 따라서 융통성이 커서 예외가 있거나 조금 틀려도 맞다.

두뇌에서 인공지능으로

사람은 유전정보의 지배도 받지만 두뇌의 지배도 받는다. 유전정보는 두뇌를 만들어 생존경쟁에 유리하도록 능동적인 결정을 하게 하였다. 이 과정에서 두뇌는 유전정보가 아닌 새로운 정보를 창출하는데, 그것은 두뇌정보이고 이 두뇌정보를 외부와 연결하는 것이 언어정보이다.

언어는 말과 글이다. 우선 나타난 것은 말인데, 이는 각각의 인간 개체가 정보전달을 통하여 공동체를 이루어 살게 하였다. 그 다음에는 글, 즉 문자가 발명이 되었는데, 이로써 대량의 정보를 장기적으로 저장하고 또 먼 거리로 전파할 수 있게 되었다. 그리하여 학문의 발전이 비약적으로 이루어졌다. 4대강 문명이나 그리스 로마 문명, 각종 종교 등의 발전은 문자의 발명에 힘입은 바 크다.

그 다음에 이러한 문자를 수많이 복사할 수 있는 인쇄술의 발전으로 정보가 폭발적으로 늘어나게 되었다. 그리하여 산업혁명이 일어났고, 대량의 정보 처리를 위한 컴퓨터가 발명되었고, 컴퓨터를 사용하기 위한 새로운 언어가 만들어졌다.

컴퓨터는 메모리 속에 들어 있는 정보, 즉 컴퓨터 언어로 기록된 정보의 지배를 받는다. 이 컴퓨터 언어로 작성된 정보는 인간의 두뇌의 지배를 받는다. 지금까지의 정보 생산에는 궁극적으로는 유전정보에 의해 만들어진 인간의 두뇌가 주역이었다. 그런데 인공지능 시대가 오면서 앞으로도 정보 생산에 계속 인간의 두뇌가 주역일 수 있을지 의심하는 순간이 오게 되었다. 컴퓨터 언어로 된 컴퓨터 메모리 내의 정보는 유전정보처럼 자기 복제가 되고 있는 것이 아닌가? 그러면 컴퓨터 메모리의 정보는 더 환경에 적응한 정보가 살아남는 다위니즘의 적용을 받을까?

IBM에서 개발한 인공지능 왓슨은 인터넷으로 수많은 정보를 읽어 들여 어려운 문제를 사람보다 더 잘 풀게 되었다. 그래서 2011년에는 미국 NBC의 유명한 퀴즈 쇼 제퍼디에서 우승하여 사람들을 놀라게 했다. 왓슨에게 세상은 문자라는 정보로 구성되어 문자정보에 의하여 움직이는 것이다. 인간의 두뇌는 문자로 된 어떤 정보를 읽으면 그 실체가 어떤 것인지에 관심을 가지고 실체와 연결하여 이해하려는 노력을 한다. 그러나 왓슨에게 정보라는 것은 문자가 어떤 특정 순서로 구성된 것으로서 단지 추상적인 것이고, 실체가 어떤 것인지는 관심이 없다.

예를 들어, 사람은 안데르센 동화의 성냥팔이 소녀를 읽으면 소녀가 참 불쌍하구나 하고 슬퍼서 눈물을 흘리기도 하고 도와주고 싶다고 느끼기도 한다. 그러나 왓슨은 여러 가지 정보를 조합하여 사람들은 이런 이야기를 읽으면 슬퍼한다고 판단하고 정보를 저장하지만, 슬픈 것은 단어상 슬픈 것이지 슬픔의 실체를 느끼지는 못한다. 그래도 눈물을 흘리는 하드웨어를 만들어서 붙여 주면 슬픈 상황에서 눈물을 흘리면서 사람보다 더 슬픈 시늉을 할 수도 있겠지만, 슬픔의 본질은 느끼지 못한다. 왓슨은 그 문자를 읽고 거기에 들어 있는 정보를 기억하고 조합하여 문제의 해답을 구한다. 왓슨이 문장을 읽고 답을 내는 과정은 인간이 문장을 읽고 생각하는 것과는 사뭇 다르다. 그러나 왓슨이 추론하여 내 놓는 답은 인간이 내놓는 답과 같다. 아니 오히려 뛰어나다. 그러면 왓슨은 다위니즘의 적용을 받지 않는 것인가? 그에 대한 고찰은 뒤에 할 것이다.

제 2 장

엔트로피 감소와 정보의 증가

생명체의 유전정보와 책의 문자정보는 공통적으로 엔트로피를 감소시키며 복제 증식하는데 이를 비교해 보면 코로나-19 바이러스는 짧은 논문 한편, 유산균은 500 페이지 정도의 책 한권, 인간은 책 2000권 정도가 된다. 이렇게 복제 증식하는 정보는 다위니즘 즉 열역학 제4법칙에 따라 진화한다.

열역학 제0법칙에서 제3법칙까지

우주에 포괄적으로 적용되는 법칙 중에 열역학 법칙이 있다. 지구 자체나 또는 지구상의 모든 물체와 생명체 역시 우주에 속하므로 열역학 법칙을 따른다. 사람도 물론 이 열역학의 법칙을 따른다. 열역학 법칙은 제0법칙부터 제3법칙까지 알려져 있다.

열역학 제0법칙은 열적 평형 상태를 설명한다. 이 법칙은 마치 논리학이나 수학의 삼단논법처럼 너무나 당연한 것이므로 법칙으로 여겨지지 않다가, 열역학 제1법칙과 제2법칙을 발견한 후에, 이러한 열역학 법칙도 존재한다는 것을 인식하게 되어 열역학 제0법칙이라고 부르게 되었다. 그 내용은 "어떤 계의 물체 A와 B가 열적 평형상태에 있고, B와 C가 열적 평형상태에 있으면, A와 C도 열적 평형상태에 있다"라는 것이다. 이는 온도는 측정이 가능하다는 것을 나타내고 따라서 온도계의 법칙이라고도 한다.

열역학 제1법칙과 제2법칙은 1865년 독일의 물리학자인 클라우지우스(Clausius)가 정의하였다. 열역학 제1법칙은 어떤 닫힌 계의 에너지의 총합은 같다고 하는 것으로서 에너지 보존의 법칙이라고 부른다. 그런데 핵폭탄이 터질 때처럼 질량이 사라지면서 에너지가 생기는 경우가 있다. 이는 없던 에너지가 새로 생긴 것일까? 자연계에는 아인슈타인의 특수 상대성 원리 공식인 $E=mc^2$에 의하여 간혹 에너지가 물질로 변하거나 물질이 에너지로 변하는 경우가 있다. 이때 에너지만 보면 에너지의 총합이 변할 수 있는 것처럼 보인다. 그러나 마찬가지로 $E=mc^2$ 공식에 의하여 물질과 에너지가 서로 변환이 가능하므로 모든 물질을 에너지로 본다면 에너지의 총합은 같은 것이 된다. 따라서 개념을 좀 넓혀보면 제1법칙은 성립한다.

열역학 제2법칙은 어떤 닫힌 계의 엔트로피는 감소할 수 없다는 것으로서 엔트로피의 법칙이라고도 한다. 엔트로피는 무질서, 즉 어떤 물질이 무질서한 정도를 나타내는데, 물건이 정리가 잘 되어 있으면 엔트로피가 낮고 정리가 안 되어 있으면 엔트로피가 높은 것이다. 그리고 온도가 낮으면 엔트로피가 낮고 온도가 높으면 엔트로피가 높다. 따라서 제2법칙, 즉 엔트로피의 법칙에 의하여 열은 항상 높은 곳에서 낮은 곳으로만 이동할 수 있다.

이 우주 밖에는 다른 우주가 없다고 보면 이 우주는 하나의 닫힌 계로 볼 수 있다. 제2법칙에 의하면 닫힌 계인 이 우주는 항상 질서가 없어지고 무질서한 상태로 변화하게 된다. 그런데 자연계에서는 무질서한 상태에서 질서 정연한 상태로 변하는 것을 종종 볼 수가 있다.

예를 들어 결정이 만들어지는 현상 같은 것이다. 이때는 어떤 물질의 분자가 어지럽게 흩어져 있다가 일정한 방향과 거리로 정리 정돈되어 서로 결합하여 나타나는 현상이므로 무질서, 즉 엔트로피가 감소하는 현상이다. 따라서 열역학 제2법칙에 맞지 않는 것이 아닌가 생각할 수 있다. 그러나 분자들 사이의 상호작용을 보면, 결정이 이루어지기 위하여 분자들이 서로 끌어당겨 가까워지면 서로 멀리 있을 때보다 위치에너지가 감소하여 열에너지를 방출하게 된다. 이러한 열에너지 방출은 엔트로피가 증가하는 것이므로, 결정이 생길 때는 한편으로는 분자가 질서정연하게 되어 엔트로피가 감소하는 부분도 있지만 열에너지를 방출함으로써 엔트로피가 증가하는 현상도 동시에 일어나게 된다. 즉, 결정을 형성하면서 질서가 이루어져 감소하는 엔트로피는 열에너지 방출에 의한 더 큰 엔트로피 증가가 동반하므로 전체적으로 엔트로피는 증가하는 것이다.

물이 어는 것도 액체 상태에서 자유롭게 움직이는 무질서한 물 분자가 서로 끌어당겨 열에너지를 방출하여 전체 엔트로피는 증가시키면서 물 분자 자체의 엔트로피는 감소시켜 얼음을 만드는 현상이다. 얼음을 녹이기 위하여는 엔트로피를 감소시키기 위하여 방출했던 열에너지만큼의 열을 가하여야 녹는데 이 열을 융해열이라고 한다. 물의 융해열은 79.7 cal/g이다.

자연계가 아니고 인공적인 예를 들어도 마찬가지다. 추워서 석탄을 태워 난로를 때는 경우 석탄에 갇혀 있던 열에너지가 방출되면서 온도를 올리니까 엔트로피는 증가한다. 즉, 열역학 제2법칙을 만족한다. 반대로 에어컨을 트는 경우 방안의 온도가 낮아지므로 방안의 엔트로피는 감소하지만, 그 대신 실외기를 돌려서 방안 온도가 낮아진 그 이상의 열을 방출하므로 전체 엔트로피는 증가하는 것이다.

또 다른 엔트로피가 증가하는 현상은 설탕이나 소금을 물에 녹이는 것 또는 설탕물과 소금물을 섞는 것 같은 예를 들 수 있다. 설탕이나 소금 같은 것은 결정 상태로서 그 분자가 질서정연한 상태로 되어 있다. 이것을 물에 녹이면 분자들이 떨어져 나와 물 속에 골고루 흩어져서 돌아다니게 되므로 엔트로피가 높은 상태로 된다. 한편 이렇게 만든 설탕물과 소금물을 서로 섞으면 원래는 설탕 분자와 물 분자끼리 또 소금 분자와 물 분자끼리 섞여 있던 용액이 설탕 분자 소금 분자 물 분자 모두 섞이게 되어 더욱더 엔트로피가 높은 상태로 된다. 일반적으로 이렇게 엔트로피가 증가하는 일은 엔트로피가 감소하는 일보다 일어나기가 훨씬 쉽다. 즉, 설탕 분자와 소금 분자와 물 분자를 섞어서 엔트로피를 증가시키는 것은 매우 쉽다. 그러나 이들 분자들을 모두 분리하여 엔트로피를 감소시키는 것은 매우 어렵고 많은 에너지를 필요로 한다. 그리고 인공적으로 엔트로피를 감소시키는 과정에서 실은 더 많은 엔트로피가 증가하게 되는 것이다.

그런데 엔트로피가 증가한다는 것은 엔트로피가 낮은 상황이 있어야만 증가할 수 있다는 것을 의미한다. 엔트로피가 낮은 상황이라는 것은 질서가 잘 잡힌 상황, 즉 에너지가 잘 뭉쳐져 있는 상황을 말한다. 에너지원으로 사용할 수 있는 석탄, 석유, 천연가스 등은 오래 전에 지구상에 살던 생명체가 태양에너지를 받아 엔트로피를 감소시켜 그것을 저장해 놓은 것이다. 또 원자력 발전에 사용하는 우라늄의 핵분열 반응이나 태양이나 별에서 수소와 헬륨의 핵융합 반응에 의하여 열과 빛을 방출하고 있는 별들은 생명현상으로 저장한 것이 아니라 우주 탄생 초기부터 우주에 원래 존재하였거나 아니면 큰 별이 폭발하면서 엄청난 엔트로피 증가 과정에서 만들어진 낮은 엔트로피원이다. 그래서 지구상의 지하자원을 모두 사용하고 나면 인류는 쉽게 사용할 수 있는 에너지원이 없어지고, 사람들은 태양광이나 원자력에만 의존하여 살아가야 한다. 그러면 결국 필요한 에너지를 모두 충당하지 못하여 인류 문명은 쇠퇴하게 될 수밖에 없다고 생각할 수도 있다.

제레미 리프킨(Jeremy Rifkin)은 저서 "엔트로피"에서 최대한 화석연료의 사용을 억제하여야 하고 그렇지 않으면 인류는 에너지 부족으로 곧 파국을 맞게 될 것이라고 예언하였는데,[6] 그 예언은 빗나갔고 인간의 기술 발전에 의하여 오히려 사용 가능한 천연자원은 늘어났다. 물론 제레미 리프킨이 예상한 시간보다 훨씬 오랜 후, 예를 들어 지금부터 500년이나 천년 후쯤 되면 천연 에너지는 고갈될 수도 있겠지만, 그때는 원자력, 핵융합에너지, 태양광에너지 등 다른 에너지원을 많이 이용할 수 있어서 에너지 부족 현상이 올 것 같지는 않다. 오히려 다른 것이 인류를 위협하는 상황이 될 수 있을 것이다.

그런데 만약 훨씬 더 오랜 시간, 즉 수십억 년이나 수백억 년이 지나면 어떻게 될까? 그때 만약 모든 우주의 별들이 자체가 가진 핵융합 에너지원을 모두 소모하여 더 이상 엔트로피 증가가 일어날 수 없게 되면 전 우주가 열적 평형 상태에 도달할지도 모른다. 그러면 정말로 아무것도 할 수가 없게 되는 때가 오게 되고 이때가 우주의 종말이 될지도 모른다. 그러나 그러한 상황은 너무 먼 시간이므로 인류의 미래와는 별로 관계가 없다. 이 제2법칙이 생명체의 특성을 이해 및 정의하고 또 인류의 미래를 예측하는데 가장 중요하므로 열역학 제3법칙을 먼저 설명하고 다시 제2법칙으로 돌아오자.

열역학 제3법칙은 "절대온도 0도인 결정체가 아닌 모든 것은 엔트로피 값이 0보다 높다"는 것이다. 사실 지구상에는 절대온도 0도인 상태는 존재하지 않고 항상 그보다 높은 온도만 존재한다. 따라서 지구상의 어떤 물질 또는 계는 항상 어떠한 플러스(양, +) 값의 엔트로피를 가지고 있다는 것을 의미한다.

위의 제0에서 제3까지의 열역학 법칙은 아직까지 예외가 발견되지 않았다. 뉴턴 역학 같은 것은 아주 미세한 양자의 세계로 들어가면 잘 맞지 않지만 열역학 법칙은 그런 것이 없이 우주와 지구와 인류를 지배한다. 한때 열역학 법칙을 거스르는 영구기관을 사람들이 고안하여 만들려는 노력을 한

6. Jeremy Rifkin and Ted Howard. Entropy: A New World View. 1980.

적도 있지만 아무도 성공하지 못했고, 지금은 몇몇 사기꾼 외에는 아무도 영구기관을 만들려고 하지 않는다.

생명체와 엔트로피 감소와 정보의 증가

다시 열역학 제2법칙으로 돌아가자. 아까 예를 든 것은 결정이 만들어지는 것, 냉난방, 그리고 얼음이 어는 것 또는 설탕물 소금물과 같은 무생물계를 예를 들었다. 그런데 생물계를 보면 무생물의 결정에서 보는 것과는 비교가 되지 않을 정도로 복잡하고 질서정연함이 발견된다. 즉, 엔트로피가 매우 낮은 상태가 관찰된다. 에르빈 슈뢰딩거(Erwin Rudolf Josef Alexander Schroedinger)는 1943년에 그의 저서『생명이란 무엇인가?(What is life?)』에서 생명체는 자기의 엔트로피를 감소시키기 위하여 주변의 엔트로피를 증가시킨다고 하였다.

생명체를 구성하고 있는 단백질, 핵산, 지방, 탄수화물 등은 모두 산소, 탄소, 수소, 질소, 황, 인 등 여러 가지 원자들이 질서 정연하게 결합하여 있다. 이러한 결합은 모두 양자역학적으로 정의되는 화학결합, 즉 공유결합, 반데르발스 결합, 수소결합, 이온결합, 배위결합 등으로 구성되어 있다. 생명체 중에서 가장 단순한 박테리아나 아니면 무생물에 가까운 바이러스라 하더라도 상당한 내부 엔트로피 감소가 있어야 만들어질 수 있다. 따라서 이러한 생명체를 만들어 내기 위하여는 많은 양의 외부 엔트로피 증가, 즉 열에너지를 방출해야 한다. 그리고 생명체는 살아 있는 동안 계속 외부 에너지를 공급받아서 이를 이용하여 내부 엔트로피를 감소시키고 외부 엔트로피를 증가시키는 것이다.

그러면 생명체 분자의 내부로 좀 더 들어가 보자. 생명체 분자들은 유전정보의 전부 또는 일부를 포함한 것과 그렇지 않은 것으로 나눌 수 있다. 지방과 탄수화물 같은 것들은 생명체의 유전정보를 직접 가지고 있지 않다. 그런데 핵산과 단백질은 생명체의 유전정보를 직접 가지고 있다. 직접 유전정보를 가지지 않은 분자를 만드는데도 엔트로피 감소가 필요하고 이를 위하여 외부의 엔트로피를 증가시키지만, 유전정보를 가진 분자를 만드는 데는 더 많은 엔트로피 감소가 필요하고 따라서 더 많은 외부 엔트로피 증가가 필요하게 된다. 여기서 엔트로피의 감소는 정보의 증가를 의미하고 엔트로피의 증가는 에너지의 사용을 의미한다. 이때 에너지원은 음식이나 햇빛 같은 것이 된다.

유전정보는 아데닌(A), 구아닌(G), 시토신(C), 티민(T) 이 4가지의 염기 배열에 의하여 DNA에 저장된다. 사람의 DNA는 약 30억 쌍의 염기로 구성되어 있다. 이렇게 한 생명체의 총 DNA 염기배열을 게놈이라 한다. 인간 게놈은 44개(22쌍)의 상염색체와 2개(1쌍)의 XY 성염색체에 들어 있다. 또한 소량이지만 미토콘드리아에도 들어 있다. 인간 게놈의 DNA 염기 배열은 특정한 순서로 되어 있어 정보를 담고 있다. 만약 염기 배열이 마치 화투놀이를 할 때 처음에 화투를 마구 섞는 것처럼 아무렇게나 뒤섞여 있다면 아무런 정보를 가지고 있지 않다고 볼 수 있다. 이러한 무작위적인 서열을 가진 DNA는 생명체 밖 시험관 내에서도 쉽게 만들 수 있다.[7] 이러한 DNA는 유전정보를 가지고 있지 않다. 이는 원숭이가 컴퓨터 자판을 아무렇게나 두드리면 알파벳이 무작위적으로 화면에 찍혀서 아무런 정보를 가지고 있지 않는 것과 같다. 이러한 무작위적인 DNA를 합성할 때도 열역학적으로 엔트로피 감소는 일어난다. 물론 이때도 화학 반응을 하면서 열을 방출하여 전체적으로는 엔트로피가 증가한다.

생명체 내에서는 일정한 서열, 즉 정보를 가진 DNA를 템플릿으로 하여 상보적 서열을 갖는 DNA를 만들어서 원래 생명체의 정보를 복제하므로 합성된 DNA는 매우 질서정연하여 엔트로피의 감소가 매우 크다. 이러한 엔트로피의 감소를 위하여 아주 복잡한 DNA 합성 기구들이 작동하는데 이때 에너지를 많이 소모하여 전체적으로는 엔트로피가 더 많이 증가하게 된다. 이러한 정보와 엔트로피의 관계를 계산하기 위하여 정보 엔트로피(information entropy) 또는 새넌 엔트로피(Shannon entropy)가 사용되는데 0과 1로 구성된 이

7. 디옥시아데노신트리포스페이트(A), 디옥시구아니딘트리포스페이트(G), 디옥시사이티딘트리포스페이트(C), 디옥시티미딘트리포스페이트(T)와 DNA 중합효소를 섞어 주면 무작위적인 염기배열을 가진 DNA가 합성될 것이다.

진수가 가지는 정보량을 엔트로피로 표현한 것이다.

N개의 동전을 던질 때 정보 엔트로피(또는 섀넌 엔트로피) S는 앞 또는 뒷면이 나오는 모든 발생 가능한 경우의 수(2^N)를 밑이 2인 로그($\log_2$)를 취한 값이고 N이 된다.

$S = \log_2 2^N = N$

이는, 즉 $S = \log_2 1/P$(P=확률)과 같다. 이는 동전을 던질 때 어떠한 면이 나올지 전혀 모르는 상황에서의 엔트로피이다. 만약 동전이 항상 앞면만 나올 수밖에 없는 조작된 동전을 던진다면 나올 수 있는 경우의 수는 한 가지이고 이때 정보 엔트로피 S는 0이 된다.

$S = \log_2 1 = 0$

따라서 정보가 전혀 없는데 동전을 던져서 모든 정보를 알게 되는 경우의 정보 엔트로피 감소는 −N이 된다.

$\Delta S = 0 - N = -N$

그러면 위에서 사람의 게놈은 약 30억 쌍의 DNA 쌍으로 되어 있다고 했고 DNA는 A, T, G, C, 4개의 염기로 되어 있으므로 아래와 같이 사람 게놈의 정보 엔트로피는 60억이다.

$S = \log_2 4^{3000000000} = \log_2 2^{2\times3000000000} = 6,000,000,000 = 60$억

따라서 인간의 게놈 서열을 전혀 모르던 때부터 모두 알게 된 현재까지의 정보 엔트로피 감소는 −60억이나 된다.

$\Delta S = 0 - 60$억 $= -60$억

이는 한 세포 속에서 인간 게놈 DNA 한 가닥을 처음부터 마지막까지 합성할 때까지의 엔트로피 감소량이라고 볼 수 있다. 여기에 볼츠만 상수를 곱하여 열역학적 엔트로피를 구할 수 있다. 이러한 정보 엔트로피는 열역학적 엔트로피와 동일하지는 않지만 구하는 공식은 유사함을 알 수 있다.

이러한 이론은 문자로 구성된 책에도 적용할 수 있다. DNA가 유전정보를 A T G C의 염기 서열로 저장하는 것처럼 책은 문자정보를 알파벳의 서열로 저장한다는 공통점이 있다(그림 2-1). 한글은 여러 음소가 합쳐서 글자

유전정보: 염기서열
ATGC

책정보: 문자서열
ABCDEFGHIJKLMNOPQRSTUVWXYZ

그림 2-1. 공통점이 있는 DNA의 유전정보와 책의 문자정보.

를 이루므로 조금 복잡하니 영어로 된 책을 생각해보자.

책은 영어 알파벳뿐만 아니라 빈칸, 구두점, 각종 기호, 숫자 등으로 구성되어 있다. 그러한 것을 모두 나타내는 것은 아스키(ASCII) 코드이다. 총 아스키 코드의 수는 128개이지만 제어 코드를 제외한 책에 나타나는 모든 아스키 코드의 개수는 95개이다. 따라서 95진법으로 볼 수 있다. 만약 영어와 숫자와 각종 구두점이나 기호로 쓰여진 500페이지 정도의 어떤 책이 1백만 자로 구성되어 있다면 그 책의 정보 엔트로피 S는 다음과 같다.

$$S = \log_2 95^{1000000} = 6,569,855$$

이는 염기 서열 약 330만 쌍으로 구성된 유산균 게놈의 정보 엔트로피와 비슷한 양이다.

그럼 염기 약 3만 개로 구성된 코로나-19 바이러스 게놈의 정보 엔트로피는 대략 영어와 숫자와 구두점과 기호가 9,000자 정도로 된 문서와 비슷하니 보통 과학 학술지의 아주 짧은 논문 한 편 정도가 된다.

$$S = \log_2 4^{30000} = \log_2 2^{2\times30000} = 60,000 \cong \log_2 95^{9133}$$

엔트로피 감소와 다위니즘과 경제원칙

DNA는 똑같은 것을 복제에 의하여 만들어낸다. 그러면 그 DNA가 증가하는 속도가 처음에는 느리지만 나중에는 엄청나게 빨라진다. 인도에서 체스를 발명한 세타라는 사람에게 왕이 상을 주겠다고 하자 세타는 체스 판 첫 번째 칸에는 쌀 한 알, 두 번째 칸에는 두 알, 세 번째 칸에는 네 알, 네

번째 칸에는 여덟 알, 이런 식으로 칸마다 두 배씩 늘려서 64개의 칸에 채워 달라고 했다. 그러자 왕이 그렇게 쉬운 부탁이라면 들어주겠다고 했다가 실제로 계산해 보니 인도 전국의 쌀을 다 주어도 턱도 없이 부족하다는 것을 알게 되어 약속을 지킬 수 없었다는 이야기는 유명하다. 이렇게 복제에 의하여 2배수로 증가하는 것이 기하급수적 증가이다.

찰스 다윈이 자연선택에 의한 진화론을 거의 완성해 놓고 출판을 못하고 있었는데, 인구가 기하급수적으로 증가한다는 맬더스의 인구론을 읽고는 자신감을 가지고 『종의 기원』을 완성하여 출판했다고도 한다. 유전자는 두 배씩 기하급수적으로 증가하여 엄청난 숫자로 불어 나는데, 이때 반드시 유전자를 만들 재료와 에너지원이 필요하다. 물론 유전자를 만든다는 것은 그에 따르는 수많은 다른 것들을 같이 만들어야 한다는 것을 뜻한다. 유전자를 만드는 재료나 에너지는 음식에서 구하는데 이 음식은 양이 제한되어 있다. 따라서 이러한 음식을 구하기 위한 경쟁이 생기게 마련이고, 자원과 에너지원을 잘 확보한 유전자는 자기 복제를 하여 자손을 남기고 그렇지 못한 유전자는 도태될 것이다. 이러한 유전자의 능력은 유전자에 저장된 정보에 의존한다. 이것은 다위니즘이다.

또한 똑같은 양의 자원과 에너지를 확보하였더라도 이를 더 효율적으로 사용한 유전자는 더 많은 자손을 남길 수 있었을 것이다. 그리고 자원과 에너지를 확보하는데도 자원과 에너지를 사용해야 하기 때문에 최소한의 자원과 에너지를 사용하여 최대한의 자원과 에너지를 확보하면 더 많은 자손을 남길 수 있을 것이다. 이것은 경제원칙이다. 경제원칙은 아담 스미스가 『국부론』을 저술하여 경제학이 생기면서 알려진 법칙이다. 원래 경제원칙은 사람에게 적용이 되는 것으로 알았지만, 실은 유전자를 가진 모든 생명체에도 적용이 되는 것이다. 그래서 경제원칙은 다위니즘과도 잘 맞는다고 할 수 있다. 그래서 『국부론』은 자체가 인간을 위한 것이라기보다 다위니즘에 적응한 생명체인 인간의 번성에 유리한 것이라고 볼 수 있다.

유전자가 복제를 할 때 자신과 똑같은 것을 만들지만 드물게 잘못 복제하기도 한다. 이때 잘못된 복제는 생존에 불리한 경우가 많지만 간혹 생존에 더 유리한 경우도 있다. 이렇게 유전자는 세대를 거치면서 조금씩 변화하여 간다. 특히 지구 전체에 천재지변에 의하여 대량의 생명체가 멸종할 때도 일부 유전자는 선택되어 살아남았다가 어느 순간 좋은 환경이 되면 순식간에 대량으로 번성하면서 오히려 더 생존에 적당한 새로운 생명체로 진화하여 왔다.

열역학 제4법칙과 다위니즘

다위니즘은 제1장에서 자연선택과 유전과 유전자 변이의 3가지 요소로 구성되어 있다고 말한 바 있다. 이는 여러 유전자들이 경쟁적으로 동일한 자손을 만들면서 증식할 때 환경에 가장 잘 적응한 것이 생존한다는 것이다. 이를 열역학적으로 보면 총 엔트로피를 증가시키면서 증식하는 여러 정보가 경쟁할 때 환경에 가장 잘 적응한 것이 생존한다는 것이다. 이 법칙은 어떤 정보가 자기 복제를 하여 기하급수적으로 증가하지만 자기 복제에 사용할 수 있는 자원은 유한할 때 생존경쟁에 살아남기에 적당한 정보가 계속 선택되어 진화하는 것이다.

따라서 생명체란 외부로부터 에너지원과 자원을 섭취하여 이를 이용하여 총 엔트로피를 증가시키면서 자기와 같은 유전정보를 가진 자손을 계속 만들어내는 존재이다. 이때 생명체의 유전정보는 경제원칙을 잘 따르는 것이 생존경쟁에서 선택되고, 그 결과 다위니즘에 의하여 진화한다.

더 나아가 다위니즘을 일반화시켜 보면, 엔트로피를 증가시키며 계속 증식하는 정보(엔트로피 감소)는 그 엔트로피를 증가시키는 시스템이 확보되는 한 그 시스템을 더 잘 확보하기 위한 방향으로 계속 나아가는 것이다.

생명체의 경우 정보는 DNA에 저장된 유전정보이고 이를 위한 엔트로피 증가 시스템은 생명체의 세포와 육체를 포함한 시스템이다. 반면 사람의 두뇌에 의하여 생성된 정보의 경우 주로 책 같은 인쇄물로 증식을 한다. 이를 위한 엔트로피 증가 시스템은 이러한 책, 즉 두뇌정보를 계속 생산해 내는 인간이다. 두뇌에 의하여 생성된 정보는 컴퓨터에 저장된 정보도 있는데 이를 위한 엔트로피 증가 시스템도 역시 인간이다.

결론적으로 이를 쉽게 일반적으로 사용되는 용어로 설명하면 "에너지와 자원을 사용하여 복제 증식하는 정보는 그 에너지와 자원을 더 효율적으로 확보하는 것이 번성할 확률이 높다"고 할 수 있다. 그리고 자원은 에너지에 의하여 획득되는 것이므로 좀 더 간략하게 설명하면 "에너지를 사용하여 복제 증식하는 정보는 그 에너지를 더 효율적으로 확보하는 것이 번성할 확률이 높다"가 되고 이를 열역학적으로 표현하면 "엔트로피를 증가시키며 복제 증식하는 엔트로피 감소는 그 엔트로피 증가를 더 효율적으로 확보하는 것이 번성할 확률이 높다"가 된다. 이것은 다위니즘을 열역학적으로 표현한 것으로서 생명체뿐만 아니라 모든 복제 증식하는 정보에 일반화할 수 있다. 따라서 생명과학에 있어서의 중요성과 무생물에도 적용할 수 있는 보편성에 기인하여 이를 "열역학 제4법칙"이라 할 수 있을 것이다.

그러면 이것은 물 속에서 결정이 생기는 것과 무엇이 다른가? 결정이 생기면서 엔트로피가 감소하는데 이 엔트로피 감소 정도는 동반하는 엔트로피 증가, 즉 방출되는 열에너지보다 적다. 이는, 즉 총 엔트로피는 증가한다는 것이므로 그저 단순히 열역학 제2법칙인 것이다.

다위니즘도 열역학 제2법칙을 따르는 것은 맞지만 열역학 제2법칙으로 설명되지 않는 부분이 있다. 또 앞으로 계속 나오겠지만 다위니즘은 생물체에만 적용되는 것이 아니고 정보를 복제 또는 복사하여 증식하는 모든 정보 생산 시스템에 광범위하게 적용할 수 있다. 그리고 이 법칙에 따라서 인류의 모든 종교와 사상과 철학이 생산되었고 컴퓨터와 인공지능도 개발되었다. 따라서 다위니즘을 열역학 제4법칙이라고 보는 것이 타당할 것이다. 이것은 열역학 법칙이라 하기에는 너무 복잡하다고 할 지도 모른다. 그러나 열역학 법칙이 복잡하면 안 된다는 법칙도 없다. 말로 하기에는 복잡해 보이지만 개념 자체는 간단한 것이다. 그것은 "적응한 자가 살아남는다." 즉 "적자생존"이다.

제 3 장

생명체의 탄생과 유전정보의 진화

생명체는 원시지구에서 화학반응에 의하여 우연히 생겨난 자기복제를 하는 원복제분자 ORM이 진화하여 온 것이다. 앞으로 우주 탐사에서 이러한 증거가 발견되면 자기복제하는 정보가 자연선택에 의하여 진화한다는 다위니즘은 더욱 확장되어 적용될 것이다.

원시생명체와 다위니즘

리처드 도킨스의 『이기적 유전자』는 다위니즘에 대한 뛰어난 통찰력을 보여준다. 이러한 통찰력을 가지려면 생명의 기원에 대한 최소한의 지식을 가질 필요가 있다. 그리고 생명은 우연히 태어났지만, 천지창조의 시간에는 그것이 자연적으로 태어날 수도 있는 존재라는 증거가 차츰차츰 드러나고 있다. 그리고 그 생명은 인간으로 진화하였다.

생명체가 이미 존재하는 상황에서 새로운 종이 만들어지고 진화한다는 것을 다위니즘으로 설명하는 것은 많은 생물학자들이 과학적으로 인정하고 있다. 다윈은 모든 생명체의 조상이 되는 원시생명체가 있을 것으로 가정하였다. 그러나 최초 생명체의 탄생은 화학의 영역이므로 이를 다위니즘으로 설명하는 것은 불가능하다. 하지만 다위니즘에 의하여 진화하는 최초의 생명체가 어떻게 하여 탄생했는지를 아는 것은 앞으로 인류의 진화 또는 발전 과정을 추정하는 데 중요하다.

현재 지구상의 생명체의 공통의 조상을 LUCA(Last universal common ancestor)라고 보는 이론이 있다. 찰스 다윈은 직감적으로 이러한 LUCA에서 진화하여 모든 생명체가 나타났다고 설명했었다. 생물학자들이 각종 균류의 유전자를 연구한 결과, 2016년에 LUCA가 가지고 있었을 것으로 추측되는 355개의 유전자가 발표된 적이 있다.[8] 그런데 문제는 이 LUCA가 어떻게 해서 생겼느냐이다. LUCA의 유전자가 아무리 간단하다 해도, 화학적으로 보면 너무 복잡하여 원시 지구상에서 우연한 화학반응으로 생겼다고 볼 수는 없다. LUCA 이전에 LUCA보다는 훨씬 작고 간단한 자기복제를 하는 최초의 분자가 만들어졌다면 이를 원복제분자(Original Replicating Molecules, ORM)라고 할 수 있고, 이로부터 다위니즘이 적용되기 시작하게 된다. 즉, LUCA 이전부터 다위니즘이 적용이 되기 시작한 분자 ORM을 알아야 진짜 생명

8. Weiss, M. C.; Sousa, F. L.; Mrnjavac, N.; Neukirchen, S.; Roettger, M.; Nelson-Sathi, S; Martin, W. F.(2016). "The physiology and habitat of the last universal common ancestor." Nat Microbiol. 1(9): 16116.

의 기원을 알 수 있다. 이러한 생명체 분자가 어떻게 생겼는지를 많은 과학자가 연구하여 여러 가지 가설을 만들어냈다.

별의 진화와 물질의 탄생

성경의 창세기는 이렇게 시작한다.

"태초에 하나님이 천지를 창조하시니라. 땅이 혼돈하고 공허하며 흑암이 깊음 위에 있고 하나님의 영은 수면 위에 운행하시니라. 하나님이 이르시되 빛이 있으라 하시니 빛이 있었고"

지금부터 약 137억 년 전 빅뱅에 의하여 우주가 탄생하였다. 처음에 나타난 것은 소립자였으나 이들은 이합집산하여 대부분은 수소 원자로 되고 일부는 헬륨원자도 되었다. 이렇게 최초로 만들어진 수소와 헬륨 원자들은 서로 뭉쳐서 수많은 별이 되었다. 이렇게 만들어진 별은 제1세대별이다. 이 별들은 계속 진화를 한다.

태양 정도 크기의 작은 별들은 수소를 핵융합하여 헬륨을 만들고, 헬륨은 또 핵융합하여 리튬, 베릴륨, 붕소, 탄소, 질소, 산소까지 만들었다. 태양보다 10배 이상 큰 별은 중력이 더 커서 핵융합 반응으로 더 무거운 원소도 만들었는데 철이 가장 무거운 원소였다. 따라서 우주에는 철의 양이 점점 늘어났다. 이러한 별은 적색 거성이 되고 이 적색 거성의 표면에는 중성자 반응이 일어나 철보다 더 무거운 구리 같은 원소도 생겨났다. 이때 만들어진 많은 별들 중에서 큰 별일수록 핵융합 반응이 빨리 일어나 자체 연료를 빨리 소모하므로 수명이 짧았다. 큰 별은 수명이 수억 년에서 수백만 년 정도로 짧은 경우도 있었다. 따라서 우주 생성 초기의 과거로 갈수록 큰 별부터 수명을 다하였다.

태양과 비슷한 크기의 별이 최후를 맞으면서 폭발할 때 갑자기 밝아져서, 수 천 광년 떨어진 먼 거리에서 보면 없던 별이 새로 생긴 것처럼 보이는 것이 있다. 이것을 신성 또는 노바라 한다. 신성이 폭발하면 중심부에 중성자성이 남고 많은 물질이 우주 공간으로 퍼져 나간다.

태양보다 10배 이상 더 큰 별이 수명을 다하고 폭발할 때 초신성 또는 수퍼노바가 탄생한다. 초신성이 폭발하면 중심부에는 블랙홀이 남고 많은 물질이 우주 공간으로 퍼져 나간다. 이때는 폭발 시 고온 고압으로 철보다 무거운 원소들도 핵융합 반응으로 만들어지고 또 가벼운 원소들은 핵분열 반응으로 만들어졌다. 그래서 수많은 종류의 원소들이 만들어져서 우주로 날아갔다. 그래도 중금속들은 별로 만들어지지 않았다.

신성이 만들어지고 남은 중성자성들이 우주를 돌아다니다가 서로 충돌하는 일이 발생하였다. 그러자 폭발을 일으키면서 무거운 원소들이 많이 만들어져 우주로 퍼졌다. 이때 금, 백금, 이리듐, 납, 희토류, 우라늄 같이 무거운 원소들이 모두 대량으로 만들어졌다. 이렇게 하여 그리스의 철학자 데모크리토스가 말한 만물을 구성하는 원자는 모두 만들어졌다.

많은 신성과 초신성들이 폭발하고 또 중성자성들이 충돌하면서 물질을 내뿜다 보니 우연히 우주의 어떤 부분에 물질이 많이 모이는 경우가 생기게 되었다. 그러면 그 부위에는 물질 상호 간의 중력에 의하여 물질이 뭉치게 되고, 뭉친 부위는 중력이 더 커지면서 더 많은 물질을 끌어들이게 되었다. 그러자 그 주변부는 거대한 나선을 그리면서 중심부의 중력으로 많은 물질이 빨려 들어갔다. 이때 물질은 무거운 원소도 있었지만 대부분은 수소였다. 뭉쳐진 물질의 중심부에는 수소의 핵융합이 일어나기 시작하여 별이 되었다. 이렇게 생긴 별들은 제2세대 별이다. 제1세대 별은 수소로 구성되었지만, 제2세대 별과 그 주변에는 생명체 탄생에 필요한 원자를 포함한 모든 종류의 원자가 다 존재하게 되었다.

우주가 탄생한지 약 90억 년이 지난 시점 그리고 지금부터 46억 년 전에 생긴 제2세대 별 중 하나가 우리의 태양이다. 태양 정도 크기의 별은 수명이 100억 년 정도로 길기 때문에 태양은 아직 50억 년은 더 빛날 것이다. 이러한 과정은 별의 진화과정이다. 그러나 별의 진화는 정보가 복제하는 것이 아니므로 다위니즘과는 무관하다.

태양계와 지구의 탄생

태양이 만들어질 때 태양의 주변부는 거대한 회전을 시작하면서 물질들이 서로 뭉쳐지기 시작하였는데 초기에는 작은 암석이나 얼음소각으로 구성된 토성의 띠처럼 태양 주위를 돌다가 20여 개의 행성으로 뭉치게 되었다. 이 행성들은 또 서로 충돌하면서 뭉쳐서 8개의 행성과 그 주변을 도는 각종 위성과 수많은 소행성으로 되었다. 그 8개의 행성 중 하나가 지구이다. 지구의 형제 별들인 수성, 금성, 화성, 목성, 토성, 천왕성, 해왕성 등은 약 46억 년 전에 이렇게 태어났다. 그리고 태양계에 생명체가 태어날 준비가 되었다.

태양을 도는 행성들이 생겨날 때는 큰 충돌뿐만 아니라 수없이 많은 작은 충돌이 일어났다. 이러한 충돌이 일어나면서 행성 간의 물질 이동도 빈번하게 일어날 수 있었다.

생명체는 유기물로 구성되어 있는데, 이는 탄소를 골격으로 한 물질이다. 또 생명체는 물로 가득 찬 세포로 구성되어 있는데, 모든 생명현상은 이 세포 속의 물 속에서 화학 반응이 일어나는 것이다. 사람의 세포도 피부의 최고 바깥 이외의 세포는 모두 혈액이나 세포간질액 또는 점액 같은 물 속에 담겨 있다. 따라서 사람은 물 밖에서 살아가는 것 같지만, 사실은 모든 사람의 생명현상은 물 속에서 일어나므로 결국 물 속에서 살아가는 것이다. 따라서 지구에 사는 생명체는 탄소를 골격으로 한 화학 물질이 물 속에서 화학 반응을 일으켜 살아가는 시스템이라고 말할 수 있다. 그런데 일부 과학자들은 다른 별에는 지구 생명체와 달리 규소를 골격으로 한 생명체가 액체 메탄이나 에탄 또는 암모니아 속에서 살아가는 시스템이 있을지도 모른다고 한다. 물론 그런 상상은 할 수 있지만 지금까지 우주에서 채취한 물질을 분석하여 발표한 결과를 보면 그럴 확률은 상당히 낮은 것 같다.

따라서 생명체가 탄생하려면 반드시 필요한 것이 물이다. 현재 지구에는 다량의 물이 있는데 이 물은 지구 탄생 초기부터 존재했을 가능성이 높다. 태양을 돌고 있는 행성 중 수성과 금성에는 물이 거의 없다. 화성에는 적은 양의 물이 극지방에 이산화탄소와 함께 얼어붙어서 존재한다. 하지만 땅 속에는 더 많은 얼음이 존재하는 것이 알려졌다. 그런데 화성을 지나서 목성, 토성, 천왕성, 해왕성 등은 물이 매우 많다. 이뿐만 아니라 태양계 밖을 드나드는 혜성에도 물이 많다. 물론 이 물은 낮은 온도 때문에 거의 모두 액체가 아니라 고체이다. 이러한 사실로 보아 수성이나 금성이나 화성에도 원래는 물이 많았으나 어떠한 이유로 모두 날아가 버리고 현재는 거의 존재하지 않는 것으로 유추할 수 있다.

현재의 화성은 기압이 낮아 액체상의 물은 존재할 수 없다. 그런데 화성 표면에서 다량의 액체 상태의 물에 의해 생성된 지형이 발견되었다. 초기 화성의 중심부에는 뜨거운 액체 상태의 철로 구성된 핵이 있어서 자기장이 있었다. 이 자기장은 태양풍을 막아 주었기 때문에 상당히 짙은 대기를 가질 수 있었다. 지구가 대기를 가질 수 있는 것 또한 녹은 철로 구성된 지구 속의 핵이 자기장을 생성하여 태양풍을 막아 주기 때문이다. 과거에는 화성도 이렇게 대기가 존재하여 액체 상의 물도 같이 존재할 수 있어서 바다를 이루었다. 또 화산 활동도 활발하였다. 그러나 화성이 점점 식어가며 핵이 굳어버리고 자기장이 없어지자 태양풍이 화성의 대기를 날려버렸다. 그래서 화성 표면에는 물도 같이 사라져버리고 아주 일부만 극지방에 얼어붙어서 존재하게 되었다. 그렇지만 지하에는 아직 상당히 많은 물이 존재하는 것으로 밝혀져 있다. 따라서 지구에도 생성 초기부터 물이 많았을 것으로 유추할 수 있다.

지구 생성 초기부터 물이 지구상에 많았다는 증거가 또 있다. 지르콘이라는 광물은 질코늄과 실리콘의 산화물로서 불순물의 종류에 따라 아름다운 색의 결정을 만들기 때문에 보석으로 많이 사용된다. 또 포함된 불순물의 방사성동위원소 측정으로 그 나이를 측정할 수 있고, 결정의 모양으로 물이 존재하는 상태에서 만들어졌는지 존재하지 않는 상태에서 만들어졌는지도 알 수 있다. 2014년에 호주 서부의 잭스 힐 지역에서 나이가 44억 년이 된 0.4 mm 크기의 지르콘이 발견되었다. 그런데 이것은 물이 존재하는 곳에서 결정으로 만들어졌다는 사실이 밝혀졌다. 따라서 46억 년 전에는 지구가 너무 뜨거워 물이 존재하지 못하였을 지 몰라도 최소한 44억 년 이전에는 지구가 충분히 식어 다량의 물이 존재했다는 사실을 의미한다.

지구상에 생명체가 탄생하려면 엔드로피의 감소가 필수적이므로 이를 위한 에너지가 필요하다. 현재의 생명체들은 에너지를 거의 햇빛에 의존하고 있다고 봐도 과언이 아니다. 식물이 광합성으로 공기 중의 탄소를 탄수화물로 만들고, 이 탄수화물을 에너지원으로 거의 모든 동물이 살아가기 때문이다. 그런데 일부 예외는 있다. 바닷속이나 땅 위의 화산 지대에는 화산에서 내뿜는 열과 황화수소를 에너지원으로 살아가는 생명체가 있다. 이들은 햇빛을 전혀 필요로 하지 않는다. 생명체의 탄생과 초기 진화과정에서는 광합성을 할 수 있는 생명체는 없었으므로 이렇게 햇빛이 아닌 다른 에너지원을 사용했을 것이다.

초기 지구는 온도가 높았고 또 화산, 번개, 운석 등이 많은 에너지를 공급해 주었기 때문에 생명체의 탄생에 햇빛의 역할은 덜 중요하였다. 또한 원시 지구의 대기 조성은 현재와 매우 달라 주로 메탄, 이산화탄소, 암모니아, 수증기 등으로 구성되어 있었을 것으로 추정된다. 이는 태양계 생성 시부터 대기의 조성이 별로 달라지지 않았을 것으로 여겨지는 목성이나 토성의 대기 조성을 연구한 결과로부터 유추한 것이다. 좀 다른 것은 목성이나 토성은 수소나 헬륨이 많은데, 이는 중력이 커서 수소나 헬륨을 잡아 놓을 수가 있었지만, 지구는 중력이 작아 수소나 헬륨을 잡아 놓기 힘들었을 것으로 추정한다.

또 원시 지구는 뜨거워 물이 수증기 상태로 대기 중에 진한 농도로 존재했지만 현재 목성이나 토성은 모두 영하 100도 이하로 차가워 액체 상태의 물이나 암모니아 같은 것들이 존재하지 않는다는 점이 다르다. 그러나 그 내부에는 온도가 높아서 액체 상태로 존재하는 곳도 있을 것이다.

원시 지구의 대기에 존재하는 산소는 모두 이산화탄소나 물의 형태로 다른 원자와 결합한 상태로 존재하였고 산소 분자 상태로는 거의 존재하지 않았는데, 이는 생명체가 탄생할 수 있도록 해주는 중요한 요인이다. 왜냐하면 분자상태의 산소는 워낙 활성이 강해서 초기 생명체 분자가 지구상에 나타나면 화학반응을 일으켜 파괴함으로써 생명체가 자라지 못하게 하는 독가스로 작용하였을 것이기 때문이다.

또, 한 가지 염두에 둘 사항은 태양계가 탄생할 때 지구를 비롯한 다른 행성들이 서로 비슷한 시기에 태어났으므로 이들 모두의 상황이 서로 비슷했을 것이라는 것이다. 따라서 원시 지구에서 초기 생명체 분자가 탄생하였다면 다른 행성들이나 아니면 위성들에도 비슷한 분자가 탄생하였을 가능성이 크다.

특히 화성은 크기가 지구보다 작아서 더 빨리 식었을 것이다. 그래서 원시 지구가 아직 용암으로 뒤덮여 있고 물은 뜨거운 대기 중에 수증기로 존재할 때 화성에는 이미 바다가 생겼을 것이다. 이는 화성 탐사 결과 화성에는 과거에 물이 풍부하여 바다도 있었다는 것이 증명된 사실이다. 따라서 현재는 화성이 비록 황량한 사막이고 아직 생명체가 발견되지 않았지만 어쩌면 지구보다 훨씬 더 빨리 생명체가 탄생했을지도 모른다. 그러나 화성의 생명체는 자기장이 사라지면서 태양풍에 의해 대부분의 물이 대기와 함께 우주로 날아가버려, 그 이후에 더 고등한 생명체로 진화가 되지 못하고 초기 생명체 혹은 생명체 구성 분자 형태로 어딘가에 얼어붙은 상태로 남아 있을지도 모른다.

당시 만약 화성에 큰 운석 충돌이 일어났다면 그 파편이 공중으로 날아올라 화성의 중력을 떠나서 행성의 궤도로 돌다가 지구에 포집될 수도 있다. 물론 운석으로 지구에 떨어지면 마찰열로 생명체가 타버렸겠지만 아주 작은 먼지는 천천히 떨어지므로 지구의 바다에 온전히 그대로 떨어질 수 있다. 그러면 지구에서 생성되는 생명의 씨앗으로 작용했을 수도 있다. 어떤 것은 달에 떨어질 수도 있고 목성이나 토성 쪽으로 날아간 것도 있을 수 있다. 그리고 아직도 우주를 떠 도는 것도 있을 수 있다. 따라서 달이나 화성 또는 목성의 위성이나 혜성이나 운석 같은 것을 잘 분석하여 나타나는 유기물로 생명의 기원을 추정할 수도 있을 것이다.

태양계와 지구의 유기물 생성

46억 년 전 지구가 생성될 당시의 표면 온도는 약 4천 도였고 암석은 액체 상태로 끓고 있었으며 물은 수증기로만 존재하였다. 45억 년 전에는 달이 만들어졌다는 가설이 유력하다. 화성 만한 천체인 테이아(Theia)가 지구와 충돌하고 그 일부가 떨어져 나가 다시 뭉쳐서 달이 되었다는 것이다. 지구는 자체에서 핵융합 반응으로 열을 생성하는 능력이 없으므로 열역학 제2법칙에 따라 열을 외부로 방출하면서 점점 식어가며 수증기로 존재하던 물이 액체로 되어 표면으로 떨어졌다. 1억 년이 지나자 표면이 식으며 바다를 이루었고, 44억 년 전에는 암석으로 된 표면 대부분이 응고하게 되었다. 40억 년 전까지도 폭우가 쏟아지며 매일 거대한 벼락이 수도 없이 내려쳤고 지구는 점점 식어갔다. 이 무렵, 즉 약 40억 년 전의 원시 지구의 바다에는 초기 생명체의 구성 분자인 유기물이 다량 생성되었다. 이는 밀러-유레이의 실험에 의하여 증명이 가능하다.[9]

밀러-유레이의 실험은 지구의 아주 작은 부분만 시뮬레이션한 것이므로 실제 원시 지구에는 훨씬 다양한 종류의 화학반응에 의하여 수많은 종류의 유기물이 생성되었을 것이다. 이후의 좀 더 발전된 실험으로 훨씬 더 많은 종류의 유기물이 생성되는 것이 증명되었다. 또 육지 화산이나 해저 화산 같은 데서는 훨씬 더 다양한 종류의 유기물들이 생성되었을 것은 확실하다. 생성된 유기물은 끊임없이 바닷속으로 녹아 들어가 상당히 높은 농도가 되었을 것이다.

1971년 2월 5일 달에 착륙한 아폴로 14호가 가지고 온 달 암석 중 14321로 명명된 암석은 지구에서 40~41억 년 전에 만들어져 달로 옮겨졌다는 민

9. 1953년 시카고 대학의 스탠리 밀러와 해럴드 클레이턴 유레이는 40억 년 전의 원시 지구와 비슷한 상황을 만들고 생명체 구성 분자들이 생성이 되는지를 실험을 했다. 이 실험은 물, 메탄, 암모니아, 수소를 넣은 유리 플라스크를 가열하여 끓이면서 번개를 흉내 낸 전기방전을 가하는 실험을 일주일간 계속하였는데 내부의 약 10~15%의 탄소가 유기물로 변해 있었고 그중에는 단백질을 구성하는 분자인 아미노산도 있었다. 이 실험은 지구뿐만 아니라 초기의 다른 행성들에도 생명체가 없어도 충분히 이러한 유기물질이 자연적으로 합성될 수 있었다는 것을 의미한다. 밀러-유레이 실험은 겨우 1주일 정도를 했지만 원시 지구에서 이런 식으로 수백~수천만 년 동안 계속 유기물이 만들어졌다면 그 양이 엄청날 것이다.

기 힘든 사실이 발견되었다. 여러 가지 연구 결과 40~41억 년 전 수많은 운석이 지구와 충돌할 때 지구에서 튕겨 나가 지금보다 1/3 정도의 가까운 거리에 있던 달까지 날아 갔다고 추정한다. 달은 지금도 매년 3.8 cm씩 지구에서 멀어져 가고 있다. 지구 생성 초기에는 수많은 행성과 운석의 충돌이 있어서 달과 지구 또는 다른 행성들 사이에 암석 등의 물질 이동이 가능하여 초기 생명체 구성 분자도 달 또는 다른 행성에서 발견될 가능성이 있다.

아폴로 계획으로 인류가 처음 달에 갔을 때는 달에 수분이 전혀 발견되지 않았고 그래서 달은 매우 건조한 것으로 여겨졌다. 그러나 나중에 달의 여러 부분에서 습기가 발견되었고, 달의 지하 또는 동굴과 같은 지형에는 물이 상당량 있는 것으로 추정되었다. 따라서 이러한 물을 채취하여 분석해 보면 지구에서 생명체 탄생 단계의 생명체 분자가 지구에 떨어진 거대 운석에 의해 튕겨져 달로 이동하여 얼음 속에 갇혀 있다가 발견될 가능성도 있다. 따라서 달의 차가운 부분, 특히 물이 있는 부분의 분석은 지구의 생명의 기원 연구에 중요한 실마리를 줄 수도 있다.

달에는 햇빛이 비치면 온도가 섭씨 130도로 금방 올라갔다가 햇빛이 안 들면 섭씨 영하 170도로 금방 내려간다. 달의 극지방에는 영원히 햇빛이 비치지 않는 곳도 있다고 한다. 햇빛이 비치는 곳에 떨어진 유기물은 뜨거워서 모두 파괴되었을 것이다. 또 그늘진 부위라도 외부로 노출된 부분의 온도는 낮다고 해도 오랫동안 우주 방사선에 노출되어 유기물질은 모두 파괴되었을 가능성이 크다. 그러나 우주 방사선이 도달하지 않는 땅 속이나 동굴 속에는 영하 170도 이하로 냉동된 상태 혹은 냉동 건조된 상태로 보존되고 있는 유기물이 있을지 모르고, 이들 중에는 약 40억 년 전에 만들어진 생명체의 기원이 되는 물질이 존재할 수도 있다. 우주의 어디에서든 지구 밖의 생명체 분자를 발견하면 다위니즘이 지구상의 생물체뿐만 아니라 전 우주에 보편적으로 적용할 수 있다는 가능성을 발견하는 것이 된다. 이 책에서는 인간의 두뇌정보에도 다위니즘을 확장하여 적용하려는 것이기 때문에 이러한 보편화를 정당화하는 데 도움이 되므로 중요하다.

운석의 분석

서울에서는 밤하늘에 별이 거의 보이지 않는다. 이는 공해 때문이라고 생각하는 사람들이 많은데 그렇지 않다. 서울에서 별이 보이지 않는 것은 밤에 주변 조명이 너무 밝아서 안 보이는 것이다. 중학교 때 별자리에 대하여 조금 배우고 그 별자리를 찾아보려고 밤에 나가 하늘을 보면, 별이 많이 보이지 않았다. 내가 살던 대구는 당시 이미 큰 도시여서 북극성과 북두칠성 카시오페이아 오리온 자리 그리고 여름에 나타나는 전갈자리 등 유명한 별자리는 비교적 밝은 별로 구성되어 대부분 볼 수 있었지만, 은하수는 물론이고 4등성 정도가 되지 않는 별은 잘 보이지 않았다. 간혹 여름방학 때 전기가 들어오지 않던 시골에 가면 엄청나게 많은 별이 까만 하늘에 빽빽하게 박혀 있는 것을 볼 수 있었다. 시골 여름 밤에는 더워서 홑이불을 가지고 강변 백사장에서 잠을 잔 적이 많았는데, 깜깜한 밤에 누워서 하늘을 가로지르는 은하수를 보고 있으면 긴 꼬리를 남기며 유성이 떨어졌다. 어느 여름 밤에는 유성이 수도 없이 많이 떨어져서 놀랐다. 나중에 안 일이지만 혜성이 지나가면서 많은 물질을 우주 공간에 떨어뜨리고 가는데 이 궤도를 지구가 지나가면 수많은 유성이 떨어진다는 것이다. 어쨌든 지금도 상당히 많은 물질이 우주에서 지구로 떨어지고 있는 것이다.

1969년 9월 28일 호주 빅토리아 주의 머치슨 마을에 떨어진 머치슨 운석(Murchison meteorite)은 탄소질구립운석(carbonaceous chondrite)인데 45억 년 전에 생겨난 것으로 알려졌다. 그러나 2020년 1월에 발표된 논문에 의하면 이 운석의 실리콘 카바이드 입자는 70억 년 전에 만들어진 것이라고 하니 태양계보다 훨씬 더 오래 전에 만들어져 우주를 떠 돌던 천체이다.[10] 이 운석은 떨어질 때 여러 조각으로 갈라져서 여기저기에 떨어졌는데 사람들에 의

10. Heck, Philipp R.; Greer, Jennika; Kööp, Levke; Trappitsch, Reto; Gyngard, Frank; Busemann, Henner; Maden, Colin; Ávila, Janaína N.; Davis, Andrew M.; Wieler, Rainer(13 January 2020). "Lifetimes of interstellar dust from cosmic ray exposure ages of presolar silicon carbide". Proceedings of the National Academy of Sciences: 201904573. doi:10.1073/pnas.1904573117.

하여 총 100 kg 정도가 회수되었다. 떨어질 때의 뜨거운 열로 인하여 대부분의 유기화합물은 타버렸지만, 그래도 분석 결과 74종의 아미노산이 발견되었는데 이 중 8종은 지구상의 생명체의 단백질 합성에 사용되는 것이었다. 또 L형 아미노산이 훨씬 더 많은 것이 발견되었는데, 이는 생명체에서 합성이 되었다는 것을 강력하게 시사한다.[11] 왜냐하면 밀러-유리 실험과 같은 무생물계에서 화학 반응에 의해 생기는 아미노산은 원칙적으로 항상 D형과 L형의 아미노산이 정확하게 똑같은 양이 생기기 때문이다. 기타 수많은 유기화합물이 발견되었는데, 2001년에 분석기술의 발달로 폴리올이라는 복잡한 당구조도 발견이 되었다. 이는 DNA나 RNA[12]의 구성 성분인 당의 화학구조와 유사하므로 주목을 받는다.

원칙적으로 무생물계에서는 L형이나 D형과 같은 광학활성 물질은 항상 같은 양이 존재하여야 한다(거울상 이성체니 다이아스테레오머니 하는 전문 화학적인 내용은 생략함). 이렇게 D형과 L형이 똑같은 양이 섞여 있는 것을 라세메이트라고 한다. 그런데 궁수자리 B2 성간 물질에서 광학활성 물질이 한쪽으로 치우친 산화프로필렌 분자가 발견되었다. 그리고 오리온대성운은 1,500광년 떨어져 있고 육안으로도 볼 수 있는데, 그중 트라페지움(Trapezium)이라는 내부 별무리에는 수만 개의 뜨겁고 젊은 별들의 성단이 있다. 어린 별들이 태어나고 있는 곳이다. 2010년에 이 오리온대성운 중심부의 신성인 IRc2 부근에서 D형 아미노산을 파괴하는 편광을 가진 자외선이 나오는 것을 발견하였다. 이렇게 무생물계에서도 한쪽 편광을 가진 화합물이 선택될 수 있다는 것이 밝혀짐에 따라, 어느 정도 편광을 가진 물질이 운석이나 혜성에서 발견이 되어도 그것이 생명현상에 의하여 생겼다는 완벽한 증거가 되지는 못하지만, 지구 생명체를 구성하는 아미노산이 왜 L형만 존재하는지에

11. Engel, Michael H.; Nagy, Bartholomew(1982). "Distribution and enantiomeric composition of amino acids in the Murchison meteorite". Nature. 296(5860): 837 – 840. doi:10.1038/296837a0; Cronin, John R.; Pizzarello, S.(1997). "Enantiomeric excesses in meteoritic amino acids". Science. 275(5302): 951 – 955. doi:10.1126/science.275.5302.951.

12. Ribonucleic acid의 약자

대한 답이 주어질 실마리가 만들어지게 되었다. 어쨌든 어떤 운석에서 발견된 아미노산이 심하게 L형만 발견된다면 그것은 생명현상에 의하여 합성된 것이라는 상당히 유력한 증거가 된다.

1990년 알제리에 떨어진 Acfer 086이라는 운석을 질량분석기로 연구해 본 결과 그 내부에서 헤몰리틴(Hemolithin)이라는 단백질이 발견되었다. 이는 글리신과 하이드록시글리신으로 구성되어 있는데 총 16개씩의 아미노산으로 된 단백질 두 분자가 양쪽 끝에 FeO_3Fe 형태의 산화철이 결합한 구조를 하고 있다.[13] 또 두 단백질 분자는 수소결합으로 튼튼하게 결합되어 있다.

글리신은 단백질을 구성하는 아미노산으로서 아미노산 중에는 원시 지구와 같은 환경에서 가장 쉽게 대량으로 합성될 수 있다. 그래서 글리신이 결합된 단백질이 발견되었다는 것만으로는 생명체와 관계가 있다고 보기 힘들다. 그리고 16개의 아미노산이 결합된 단백질은 생물계가 아닌 원시 지구와 같은 무생물계에서 불규칙한 반응으로 합성되는 것도 가능하다. 따라서 생명체의 존재와 관계없다고 볼 수 있다. 그러나 질량분석기로 분석했을 때 16개의 아미노산이 결합한 것을 발견했다는 것은 다른 의미를 갖는다. 왜냐하면 이것은 분석 시 시료에 존재하는 대부분의 단백질 분자가 16개의 아미노산을 가지고 있다는 뜻이므로, 무생물계에서 무작위적으로 반응했을 때 거의 항상 똑같은 서열을 가진 16개의 아미노산만 결합한 단백질이 나오는 것은 불가능하다고 봐도 된다. 또 질량분석기로 분석했을 때 똑같은 숫자의 하이드록시글리신이 생성된 것이 발견되었다면 이것도 무생물계에서는 일어날 수 없는 현상이라고 볼 수 있다.

또 하이드록시글리신은 지구상의 생명체에는 원칙적으로 발견되지 않고 단지 예외적으로 펩티드 호르몬의 C-말단에 아미노기를 도입할 때 잠시

13. Malcolm. W. McGeoch, Sergei Dikler, Julie E. M. McGeoch. Hemolithin: a Meteoritic Protein containing Iron and Lithium. arXiv:2002.11688; Becky Ferreira. A Key Ingredient for Life Has Been Found on an 'Extraterrestrial Source,' Scientists Report. Vice. Feb 29 2020; Bob Yirka. Protein discovered inside a meteorite. Astronomy & Space news. Phys.org. March 3, 202.

생긴다. 즉, 펩티드 호르몬이 합성될 때 C-말단에 글리신이 만들어지는데 여기에 수산화효소가 작용하여 산화시켜 하이드록시글리신이 된다. 이 하이드록시글리신은 자체적으로는 불안정하여 아미노기를 남기고 포름산으로 떨어져 나간다.[14]

하이드록시글리신이 자체로는 불안정하여 따로 떨어져서 존재하기는 어렵지만 그래도 단백질이 되기 전에 활성화된 아미노산 형태로는 존재가 가능한데, 그렇다면 지구 밖에 어떤 생명체는 지구에 없는 아미노산을 사용하여 지구에 없는 단백질을 만들었다고 볼 수도 있다. 그러나 무생물계에서 단백질이 만들어지고 난 다음에 글리신이 산화되어 생겼을 가능성도 완전히 배제하기는 어렵다. 어쨌든 질량분석기로 분석했을 때 16개라는 균일한 숫자의 아미노산이 결합된 단백질 분자가 무생물계에서 만들어졌다는 것은 극도로 희귀하다. 그러나 우주는 넓으니까 어딘가에는 무생물계에서도 그러한 물질을 합성했을 가능성을 배제할 수는 없다.

헤몰리틴은 글리신과 하이드록시글리신으로만 구성된 단백질이므로 자체가 유전정보를 가지고 있다고 보기는 힘들다. 따라서 생명체의 기원이 되는 분자는 아니고 어떤 생명현상에 의하여 생긴 분자일 가능성은 있다. 어쨌든 DNA나 RNA 조각이 운석에서 발견이 되었다면 그것은 생명체 분자일 가능성이 높다.

헤몰리틴을 구성하고 있는 수소의 동위원소 비율을 조사해 봤더니 지구상의 수소보다 이중수소의 비율이 훨씬 더 높다는 것이 발견되었다.[15,16] 이는 이 물질이 지구상에서 만들어진 것이 아니라는 것을 의미한다. 이 결과를 다른 연구 결과와 비교해 보고 성간 물질로 구성되었다는 결론을 내렸

14. Michael Bogenstiitter and Wolfgang Steglich. Synthesis of Optically Pure cz-Hydroxyglycine Peptides. Tetrahedron, Vol. 53, No. 21, pp. 7267-7274, 1997.

15. Malcolm. W. McGeoch, Sergei Dikler, Julie E. M. McGeoch. Hemolithin: a Meteoritic Protein containing Iron and Lithium. arXiv:2002.11688.

16. Becky Ferreira. A Key Ingredient for Life Has Been Found on an 'Extraterrestrial Source,' Scientists Report. Vice. Feb 29 2020.

다. 따라서 태양계의 외부와 내부를 드나드는 혜성에서 만들어졌을 가능성이 높은 것으로 추정되었다.[17]

원 논문에는 아미노산의 광학활성에 관한 언급이 없었다. 글리신은 단백질을 구성하는 20가지 아미노산 중 단 하나의 비광학활성인 아미노산이다. 그런데 하이드록시글리신은 다르다. 하이드록시기가 질소에 있으면 비광학활성이지만 탄소에 있으면 광학활성이다. 그래서 논문에 나온 화학구조를 자세히 보니 하이드록시기가 탄소에 결합하여 있고, 또 모든 하이드록시글리신이 광학적으로 R-형인 것을 볼 수 있었다.[18] 그러면 생명체에서 만들어졌을 가능성이 더 높아지는 것이다. 그런데 저자들이 어떤 데이터를 가지고 이러한 구조를 추정하였는지는 논문에 그 근거가 없었다. 질량 분석만으로는 이러한 구조를 추정할 수가 없고 X-선 결정법 같은 방법을 사용하여야 하는데, 이 논문에는 X-선 결정법을 사용했다는 내용이 없었다. 그래서 저자들이 제시한 화학구조는 신빙성이 좀 떨어진다.

성간 물질에 유기화합물의 존재

2004년 NASA의 스타더스트호는 빌트 II(Wild II) 혜성의 꼬리 부분의 먼지를 테니스 라켓 모양의 기구로 채취하였다. 분석 결과 다양한 유기화합물과 아미노산이 발견됐다. 혜성에서 다양한 유기화합물이 발견되었다는 사실은 지구 탄생 시 태양계의 여러 행성이나 위성 혜성들에서는 공통적으로 유기화합물이 존재하였다는 증거가 된다.

유기화합물이 약 40억 년 혹은 그 이전부터 태양계 전체에 공통적으로

17. Roueff E and Gerin M. Deuterium in molecules of the interstellar medium. Space Science Reviews 2003; 106:61-72.

18. 생명체를 이루는 아미노산은 모두 L-형이고 그에 반대되는 구조는 D-형이라고 한다. 그런데 L-형이나 D-형이라는 것은 상대적이어서 화학구조를 보는 관점에 따라 오른쪽과 왼쪽이 바뀔 수가 있다. 때문에 아미노산 화학구조를 어떻게 두고 어디서 바라 보느냐를 약속을 하여 이름을 붙인 것이다. 그래서 화학자들은 R-형이나 S-형으로 명명하는 것을 더 좋아하는데, 그 이유는 화학구조를 어디서 어떻게 봐도 똑같이 결정이 되는 절대적인 명명법이기 때문이다. 아미노산의 경우 L-시스테인은 R-시스테인이고 나머지 L-아미노산은 모두 S-아미노산이다. R-하이드록시글리신은 다른 아미노산보다는 R-시스테인과 화학구조상 공통적인 면이 많아 생명체 내 아미노산 구조와 유사하다고 볼 수 있다.

존재했다고 볼 수 있는 또 다른 증거가 있다. 지구에는 연간 약 14,000톤의 우주먼지가 떨어진다. 우주먼지는 우주에서 지구로 날아온 1 mm 이하의 작은 입자를 말한다. 우주먼지는 46억 년 전 태양계가 만들어질 당시 생성된 것이 많다.

이들은 크기가 작아서 지구로 떨어질 때 대기에 의해 녹거나 증발하지 않고 그대로 내려앉는 것이 많아 초기 태양계에 대한 많은 정보를 얻을 수 있다. 그러나 지상에서는 다른 먼지들이 너무 많기 때문에 어느 것이 우주먼지인지 알 수가 없다. 따라서 지상의 먼지가 올라올 수 없는 성층권에 비행기를 띄우고 먼지가 잘 달라붙는 실리콘 오일을 바른 아크릴 판을 이용하여 우주 먼지를 채취한다. 아니면 남극의 얼음 속에 파묻혀 있는 우주먼지를 채취하기도 한다.

우주먼지를 분석해 본 결과 그 성분이 혜성의 구성 성분과 유사하거나, 철, 크롬, 망간, 니켈, 구리, 갈륨 같은 금속으로 되어 있는 것이 밝혀졌다. 우주 공간에서 발견되는 우주먼지는 또 다양한 유기물도 포함하고 있다. 이 유기물 중에는 물이 있어야 생기는 것도 발견되었고, 물이 없는 상태에서 생기는 것도 발견되었다. 그러나 우주먼지에 포함된 유기물은 우주에서 햇빛을 받으면 강력한 자외선이나 하전 입자 등에 의해 쉽게 파괴가 되어 오랫동안 보존되기 힘들기 때문에 비교적 복잡한 구조를 한 초창기의 생명체 유기물 분자 같은 것은 발견되기 힘들 것이다.

이상과 같은 여러 가지 증거로 보아 태양계에는 40억 년 이전에도 유기화합물이 많이 생성되었고, 이는 여러 행성이나 혜성 또는 위성에 아직 남아 있으며, 이 중 생명체의 기원 물질, 즉 적자생존을 시작한 초기 자기복제에 의한 증식이 가능한 유기화합물이 아직도 어디엔가 남아 있을 가능성이 있다.

따라서 달이나 화성 또는 목성의 위성 등에서 물이나 암석을 채취하여 분석하면 생명의 기원 물질이 발견될 가능성이 충분히 있다. 특히 L형이나 D형으로 심하게 편광된 유기화합물이 나온다든지, RNA나 DNA가 나온다면 그것은 생명현상과 관련되었을 가능성이 매우 높다. 그러나 아직 RNA나 DNA는 물론이고 그의 구성 물질인 뉴클레오티드도 우주에서 유래한 샘플에서는 발견된 적이 없다.[19]

RNA 세계 가설과 원복제분자(ORM)

그러면 아미노산과 같은 우주 어디에서나 나타나는 간단한 유기물이 아닌 진화를 하기 시작한 최초의 유기물은 무엇일까? 여기서 진화를 하기 시작한 최초의 유기물을 원복제분자(Original Replicating Molecules, ORM)라 부르기로 한다. 물론 ORM은 아무도 아직 무엇인지 모르지만, 현재는 많은 학자들이 이를 RNA로 보고 있다. 이를 RNA 세계 가설이라고 하고 1962년에 알렉산더 리치가 처음 주장한 이래 많은 과학자들의 지지를 받았다.[20]

그러나 아직 이 이론에 대한 결정적인 증거는 없다. 밀러-유레이의 실험, 달 토양, 혜성, 운석, 우주먼지 등의 연구에서 찾은 유기화합물 중에 RNA가 발견된 예는 없기 때문이다. 또한 단백질이라면 오랜 기간 화학반응이 수없이 일어난다면 무생물계에서 우연히 만들어질 수도 있는데, RNA가 우연한 화학반응에 의하여 생긴다고 보기에는 그 구조가 너무 복잡하다.

RNA는 염기, 당, 인산이 규칙적인 구조로 잘 연결이 되어서 만들어진다. 이때 재료로 사용되는 각각의 염기와 당과 인산은 우연한 화학반응에 의하여 충분히 만들어질 수 있다(그림 3-1A).

이 세 가지 중 가장 만들어지기 어려운 것이 염기일 것인데 2014년 체코의 스바토플루크(Svatopluk Civiš) 박사 팀은 원시 지구와 같은 조건에서 간단한 유기화합물인 포름아미드로부터 RNA의 원료가 되는 4가지 염기, 즉 아

19. 단, 뉴클레오티드의 구성 단위인 염기와 당은 운석에서 발견된 바 있는데, 간혹 기자들이 이것을 DNA나 RNA가 발견되었다고 오보를 하기도 함.

20. Neveu M, Kim HJ, Benner SA(Apr 2013). "The "strong" RNA world hypothesis: fifty years old". Astrobiology. 13(4): 391 – 403; Robertson MP, Joyce GF(May 2012). "The origins of the RNA world". Cold Spring Harbor Perspectives in Biology. 4(5): a003608; Cech TR(Jul 2012). "The RNA worlds in context". Cold Spring Harbor Perspectives in Biology. 4(7): a006742.

데닌, 구아닌, 시토신, 우라실이 모두 생성된다는 것을 증명하였다.[21]

그럼 RNA 세계 가설에 대하여 생각해 보자. 다위니즘에 의한 생명체의 특징을 가진 분자는 자기복제를 할 수 있는 분자여야 한다. 이러한 조건에 맞는 분자는 지구상에 현존하는 것 중에는 DNA나 RNA 밖에는 없다. 따라서 ORM은 DNA 또는 RNA일 것이다.

이 중 RNA는 DNA에 비하여 불안정하여 잘 깨어지는 연약한 분자이므로 그보다 안정한 DNA가 ORM일 것으로 생각하기 쉽지만, 많은 과학자들은 RNA에 더 무게를 두고 있다. 왜냐하면 RNA는 DNA에 비하여 더 유연하여 자기 자신이 촉매작용, 즉 효소작용을 할 수 있는 능력이 있기 때문이다. 이러한 현상은 미국 콜로라도 대학교의 토마스 체크(Thomas Robert Cech) 교수 연구팀에 의하여 1982년에 발견되었다.[22] 이렇게 효소작용을 하는 RNA를 리보자임이라고 한다. 따라서 아직 단백질로 된 효소를 생산할 수 있는 능력을 가지지 못한 ORM이 진화하기에는 DNA보다 자기 자신이 효소작용을 할 수 있는 RNA가 유리하였을 것으로 추정된다.

실제로 현존하는 바이러스 중에는 RNA를 유전정보로 하여 증식하는 것들이 많이 있다. 감기를 일으키는 일부 바이러스나 국제적으로 문제를 일으킨 COVID-19, 메르스 바이러스, 사스 바이러스 등은 코로나 바이러스라고 하는 그룹에 속한다. 이 코로나 바이러스는 게놈이 RNA이다. 증식할 때는 이 RNA가 바로 숙주 세포의 리보솜을 이용하여 몇 가지 단백질을 만든다. 그중 하나는 RNA-의존성-RNA-중합효소(RNA-dependent-RNA-polymerase)로서 RNA 복제효소(RNA replicase)라고도 한다. 이는 RNA를 본으로 하여 또 다른 RNA를 만드는 효소이다. 또 다른 단백질은 바이러스 몸통을 구성하는 것과 표면을 구성하는 것이다. 그래서 코로나 바이러스는 증식하는데 DNA의

---

21. Martin Ferus, David Nesvorný, Jiří Šponer, Petr Kubelík, Regina Michalčíková, Violetta Shestivská, Judit E. Šponer, and Svatopluk Civiš. High-energy chemistry of formamide: A unified mechanism of nucleobase formation. Proc Nat Acad Sci, U.S.A.(2015). 112:657-662.

22. Kruger K, Grabowski PJ, Zaug AJ, Sands J, Gottschling DE, Cech TR(November 1982). "Self-splicing RNA: autoexcision and autocyclization of the ribosomal RNA intervening sequence of Tetrahymena". Cell. 31(1): 147 – 57.

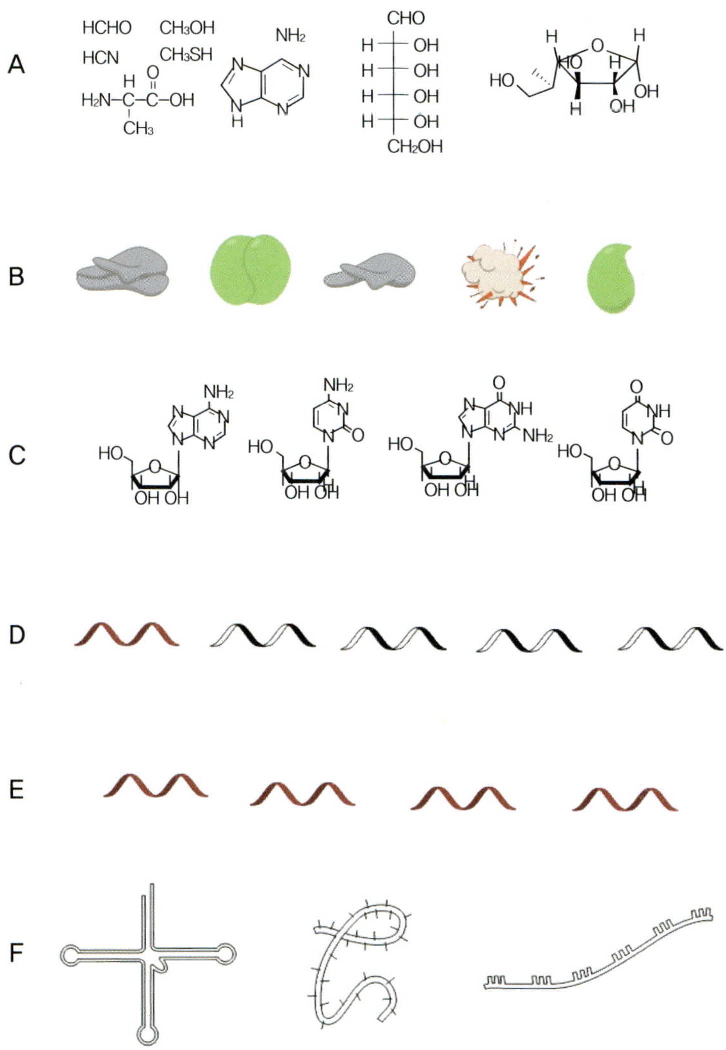

그림 3-1. RNA 세계의 형성 과정. A: 원시 지구의 바다에 아미노산, 염기, 당 등의 유기물 생성. B: 아미노산을 비롯한 각종 유기물들이 결합하여 단백질 또는 유사 화합물 합성. 이 중 어떤 것은 뉴클레오시드나 뉴클레오티드를 만드는 촉매 능력이 있고 어떤 것은 RNA를 만드는 촉매 능력이 있음. C: B의 단백질 유사화합물이 작용하여 RNA 또는 DNA의 재료인 뉴클레오시드 합성. D: B의 단백질 유사화합물이 작용하여 각종 RNA 조각 합성. E: D의 RNA 조각 중 RNA 복제 효소능력을 가진 리보자임, 즉 ORM이 자기 복제를 함. F: ORM이 진화를 한 여러 가지 RNA로서 RNA 세계를 이루고 있다.

도움을 전혀 필요로 하지 않는다. 코로나 바이러스 외에도 RNA 바이러스는 많다. 이런 점에서도 ORM은 RNA일거라는 이론은 상당히 설득력이 있다.

수많은 화학반응이 일어나다가 우연히 어떤 RNA 조각이 만들어졌는데 그것이 느리고 서투르기는 해도 RNA를 본으로 하여 그에 상보적인 RNA를 합성할 수 있는 능력, 즉 RNA 복제효소의 능력을 가진 리보자임이라면 그것은 자기 자신과 똑같은 RNA를 계속 만들어낼 것이다. 그러면 그것은 생명체의 진정한 조상, 즉 ORM이라고 볼 수 있다.

그리고 이는 다위니즘이 적용될 3가지 요소가 모두 갖춰졌다고 볼 수 있다. 즉, 자기 복제를 한다는 것은 유전을 한다는 뜻이고, RNA는 복제를 하면서 변이가 생기게 마련이고, 또 자연선택에 의하여 가장 자손을 잘 만드는 것이 살아남게 마련이다. 아무리 그렇다고 해도 그러한 RNA 조각이 그저 수많은 화학반응에 의하여 우연히 합성될 가능성은 전혀 없다. 왜냐하면 RNA가 합성되려면 염기와 인산과 리보스가 규칙적으로 배열된 뉴클레오티드가 먼저 합성되어야 하고, 그러한 뉴클레오티드 여러 개가 또 규칙적으로 결합하여야 RNA가 되는데, 원시바다 속에는 합성에 필요한 염기와 인산과 리보스만 있는 것이 아니라 수많은 다른 물질들이 훨씬 더 많이 존재하기 때문에 RNA가 저절로 우연히 합성될 가능성은 전혀 없는 것이다.

RNA보다는 단백질이 자연적으로 합성될 가능성은 훨씬 더 높다. 거의 100%이다. 왜냐하면 단백질 합성 원료가 되는 아미노산은 염기나 당보다 자연계에서 훨씬 쉽게 만들어질 수 있으므로 원시바다 속에 풍부하게 존재하고, 또 아미노산에서 단백질이 되는 것은 화학적으로 간단하여 탈수반응을 하는 적당한 촉매가 있으면 어쨌든 합성이 되기 때문이다(그림 3-1B).

이러한 탈수반응을 하려면 에너지가 필요하다. 현재는 생명체 내에서는 탈수반응을 하여 아미노산에서 단백질을 만드는 데 ATP[23]가 사용이 된다. ATP는 생명체의 에너지의 화폐와 같은 것이다. 현재의 생명체는 음식으로

23. Adenosine triphosphate의 약자. 생체 내에서 에너지 공급원으로 사용되는 분자로서 화학적으로는 탈수반응을 일으킨다.

에너지를 섭취하여 이 에너지원을 ATP로 바꾼다. 그러면 생명체 내의 각종 에너지가 필요한 반응에 사람이 경제활동에 화폐를 사용하듯이 ATP를 사용한다. 단백질 합성, 지방 합성, RNA 합성, DNA 합성, 콜레스테롤 합성, 감각 전달, 신경 신호 전달, 근육 수축, 체온 유지 등 수많은 생체 내 생화학반응이 ATP를 사용하여 일어난다. 그러나 원시 지구에는 에너지의 화폐와 같은 ATP는 존재했을 가능성이 없으므로, 에너지가 필요한 반응마다 그에 따른 물물교환과 같은 방법을 쓸 수밖에 없었다. 따라서 각종 생화학적 반응의 효율성이 현대의 생물체와는 비교할 수 없을 정도로 낮았을 것이다.

아미노산에서 단백질을 합성하는 탈수반응은 인산염을 포함한 암석 표면 같은 데서 일어났을 가능성이 있다. 현재는 수용액 중의 인산염은 탈수반응을 하지 않지만, 과거에 대기 중에 산소가 없는 상황에서 원소 형태의 인이 여러 가지 물질이 섞인 뜨거운 물과 반응하면 탈수반응을 할 수 있는 인산 중합체(polyphosphate) 같은 것은 쉽게 생길 수 있었을 것이다. 지구는 넓으니 이러한 반응이 잘 일어날 수 있는 곳은 많이 있을 것이다. 가장 확률이 높은 곳은 화산 같은 곳이다. 그래서 원시 지구의 바다 속에 단백질이 만들어졌다는 것은 확실하다.

물론 원시 지구에서 화학반응으로 만들어진 단백질은 아미노산의 순서가 뒤죽박죽이어서 거의 대부분은 생물학적인 작용이 없을 것이다. 또 그렇게 만들어지는 단백질은 아미노산이 아닌 다른 물질들도 섞여 들어가 순수한 단백질이 아닌 아주 복잡한 이상한 물질이 될 수도 있다. 그런데 그렇게 만들어진 수많은 단백질 혹은 유사한 화합물 중에는 미약하나마 리보스와 인산과 염기를 결합시키는 촉매 능력을 가진 물질들이 있을 가능성은 있다. 그러면 이러한 단백질 또는 복합 물질이 DNA와 RNA의 재료가 되는 뉴클레오티드를 서서히 만들기 시작하고(그림 3-1C), 뉴클레오티드는 수백만 년에 걸쳐 또 다른 단백질 또는 유사 화합물에 의해 DNA와 RNA 조각으로 만들어지고, 그러다 보면 앞에서 언급한 코로나 바이러스의 RNA 복제효소와 같은 능력을 가진 리보자임의 일종인 RNA 조각, 즉 ORM이라고 할 수 있는 분자가 우연히 만들어질 수 있다(그림 3-1D). 그러면 이 ORM은 자기의 복제품을 계속 만들 것이고, 그러면 ORM은 기하급수적으로 늘어나게 된다(그림 3-1E). 즉, 다른 DNA나 RNA 조각 또는 다른 유기물보다 훨씬 더 빨리 증식하게 된다. 그렇게 되면 자기복제를 할 수 있는 리보자임 능력을 가진 RNA 조각인 ORM이 원시 지구의 바다를 점령하게 된다. ORM에 또 다른 RNA 조각이 결합하여 다른 능력을 포함하게 되면 더욱 더 빨리 늘어나게 되고 드디어 다위니즘의 역사가 시작하는 것이다(그림 3-1F).

RNA 복제 효소작용을 하는 리보자임은 실제로 실험실에서 합성된 바 있다.[24] 그리고 그러한 리보자임이 존재했을 법한 흔적이 현재의 모든 생명체에 있다. 그것은 리보솜이다. 리보솜이 리보자임이라는 주장은 2000년에 토마스 체크 교수가 한 바 있다.[25] 단백질 합성을 하는 리보솜은 단백질과 RNA로 구성되어 있는데 이 리보솜 중에서 RNA 부분이 하는 화학반응은 아미노산과 결합한 tRNA끼리 가까이 접근시켜 주는 역할이다. 그러면 활성화된 아미노산 부위에 다른 아미노산이 자연적으로 화학반응이 일어나 결합하는데 이때 일어나는 반응이 화학에서는 친핵 치환에 의한 탈수반응이라고 하는 매우 기본적인 반응이다. RNA가 합성되는 것도 뉴클레오시드에 활성화된 뉴클레오티드를 결합시키는 친핵 치환에 의한 탈수반응이므로 화학적으로는 본질적으로 같은 반응이다. 따라서 과거에는 RNA를 합성하는 리보자임이 존재했다고 해도 큰 무리는 아니다. 단지 원시 지구의 바다에서 활성화된 뉴클레오티드가 어떻게 합성이 되느냐가 문제이다. 현재는 ATP가 그런 작용을 하지만 과거에는 인산 중합체 같은 것이 생길 수 있는 인이 풍부한 해저 화산지대에서 가능했을 것이다. 지구상에는 그런 해저 화산지대는 매우 많다.

24. Wendy K. Johnston, Peter J. Unrau, Michael S. Lawrence, Margaret E. Glasner, David P. Bartel. Science(2001) 292(5520): 1319-1325; Hani S. Zaher and Peter J. Unrau. RNA(2007) 13(7):1017-1026.

25. Cech, T. R.(2000-08-11). "Structural biology. The ribosome is a ribozyme". Science. 289(5481): 878-879. doi:10.1126/science.289.5481.878-879.

이렇게 다위니즘에 의한 진화가 가능한 초기 분자, 즉 유전정보를 가진 RNA 분자인 ORM이 단백질 또는 어떤 복합체의 도움을 받아 태어났다면, 이는 현존하는 생명체의 RNA처럼 효율적이고 뛰어난 능력을 가지지 못했을 것은 자명하다. 어쩌면 특수한 암석이나 진흙 입자의 표면이 특정 서열을 가진 RNA를 더 잘 합성하는 촉매작용을 하여 똑같은 서열을 가진 RNA들이 많이 만들어졌을 수도 있다. 그런 면에서 암석이 잘게 부서진 진흙은 매우 넓은 표면적을 가지고 있어, 원시 지구의 바닷가 갯벌 같은 곳은 단백질과 RNA 합성이 특히 활발했을 가능성이 높다. 또 해저 화산에서는 여러 가지 물질과 열도 공급해 주므로 각종 반응이 일어나기에 적당하다. 어쨌든 ORM이 나타난 후 여러 가지 생명현상에 필요한 효소들은 단백질보다는 주로 RNA로 구성된 리보자임이 수행하였을 것이다. 이때에는 단백질은 자연계에서 저절로 만들어진 것 밖에는 없었기 때문이다. 효소의 능력과 효율이라는 측면에서 보면 RNA가 청동기라면 단백질은 철기라고 볼 수 있다. 그래서 ORM이 만들어지기 전까지는 석기시대, RNA 세계는 청동기시대, 그리고 단백질을 효소로 쓰는 것은 철기시대로 볼 수 있다.

또 자연적으로 합성된 각종 지방 분자는 서로 뭉치고 또 자연적으로 세포막과 같은 구조를 이루는 경우가 많은데 이런 지방 분자도 진흙과 섞여 세포와 비슷한 구조를 만들어 뉴클레오티드나 인산 단백질 등을 내부에 포함함으로써 농도를 높여 RNA가 합성되기에 더 쉽도록 해 주었을 수 있다. 따라서 자연적으로 생겨난 지방 분자가 생성한 세포막과 유사한 구조 속에서 증식한 RNA는 좀 더 살아남기에 적당하였을 것이다. 그런 환경에 들어간 ORM이 상보적 서열을 가진 RNA를 만들기 시작하여 특정 서열을 가진 RNA들이 더 빨리 만들어지기 시작했을 것이다. 이러한 환경에서 RNA는 단백질을 대신하여 수많은 리보자임 형태로 존재하면서 생명현상에 필요한 효소의 역할을 하였다(그림 3-1).

생존경쟁에 이기기 위하여 서로 다른 RNA끼리 협동을 했을 수도 있고 그런 서열을 갖는 RNA가 한 분자 안에 통합되기도 했을 것이다. 그런 시스템을 구축할 수 있는 서열을 가진 RNA는 생존경쟁에 이겨서 더 많은 RNA를 복제하여 만들었을 것이다. 이와 같이 생명체의 기본 단위인 세포가 생기기 전에 RNA 분자가 번성하여 세계를 지배하던 시대가 RNA 세계(RNA World)이다.

그러다가 RNA는 너무 불안정하므로 DNA에 정보를 담아 놓고 거기서 RNA를 복사하여 단백질을 합성하는 시스템이 만들어졌을 것이다. DNA는 안정하여 RNA보다 훨씬 더 긴 분자로 합성될 수 있고 또 돌연변이의 확률도 낮아서 더 복잡하고 안정한 생명체로 진화할 수 있었을 것이다.

여기서 우리는 리처드 도킨스의 『이기적 유전자』를 다시 한번 생각해 보자. 모든 생명체는 다위니즘에 의하여 특정 서열의 DNA (RNA)가 살아남아 번성하게 하기 위하여 DNA (RNA)의 명령에 의하여 살아가는 기계이다. 즉, 우리의 주인은 DNA (RNA)이다. 아니 좀 더 정확하게 말하면 우리의 주인은 DNA (RNA)에 저장되어 있는 염기 서열, 즉 유전정보이다. 이는 에너지를 사용하여 우주의 엔트로피를 증가시키면서 생명체의 엔트로피를 감소시킨다.

ORM의 특성을 갖는 RNA는 현존하는 RNA의 염기 A, C, G, U 네 가지와 다른 염기를 가지고 있거나 아니면 세 가지이거나 하는 식으로 상당히 다른 형태의 RNA였을 수도 있다. 아니면 염기는 가지고 있으나 DNA도 RNA도 아닌 다른 유전 물질이었을 가능성도 있다. 진화과정에서 최종적으로 A, C, G, U 네 가지 형태의 염기로 구성된 RNA 혹은 A, C, G, T 네 가지 형태의 염기로 구성된 DNA가 경쟁에 승리하여 지구상의 모든 생명체의 유전정보 형태를 통일하게 되었을지도 모른다. 어쨌든 최종 승자는 네 가지 염기의 배열순서를 기반으로 한 유전정보가 진화하게 되었고 그 진화의 방향을 결정하는 법칙이 다위니즘이다.

효소가 RNA에서 단백질로 넘어가는 문제는 더 복잡하고 어렵다. 어떤 RNA는 주변에 풍부한 아미노산을 이용하여 RNA를 더 잘 만드는 촉매단백질, 즉 효소를 만드는 원시적인 시스템을 구축했을 것이다. 현재는 리보솜이 RNA를 본으로 하여 트리플 코돈에 따라 단백질 합성을 매우 효율적으로 하지만, 그때는 훨씬 원시적인 RNA 조각이 리보솜 역할을 했을 것이다. 현재의 리보솜과 초창기의 단백질 합성 시스템의 차이는 최신형 제트 여객기와 라이트 형제의 비행기와 같은 차이라고 할 수 있을 것이다.

RNA로 된 리보자임을 효소로 사용하다가 단백질로 된 효소를 합성하는 단계로 넘어갈 때를 보자. 이때는 우선 단백질을 합성하는 리보자임이 만들어져야 하는데 그러려면 리보자임이 아미노산을 운반하여 가져다 붙여야 한다. 그러한 역할을 하던 리보자임이 현재의 tRNA로 진화하였고 tRNA가 단백질을 합성하도록 도와주는 리보자임이 진화하여 리보솜이 되었다는 추측은 할 수 있다. 이때 RNA에 있는 트리플 코돈 정보를 아미노산 정보로 바꾸어야 하는데, 이러한 과정은 너무 미묘하여 우연히 일어났다고 보기가 너무 어려워서 난감하다. 현재는 트리플 코돈과 거기에 대응하는 아미노산 사이에 생성된 관계가 어떻게 해서 생겼는지 알 수 없다. 또한 트리플 코돈과 이에 대응하는 아미노산의 화학적 성질에 어떠한 관계가 있는지 아니면 아무런 관계가 없는지도 밝히지 못하고 있다.

이러한 과정은 수억 년에 걸쳐서 일어나 지금부처 40억 년 전쯤에는 이미 원시바다 속에 번성하였을 가능성이 있다. 그리고 어쩌면 이 과정은 태양계의 여러 행성이나 위성에서 앞서거나 뒤서거나 하면서 일어났을 가능성이 있다. 특히 화성에서는 지구보다 훨씬 먼저 이러한 과정이 일어났을 수 있다. 이러한 생명체 전의 진화가능 분자들은 그 후 얼음 속에 갇혀서 태양계의 어딘 가에 존재하고 있을지 모른다. 그것을 발견한다면 ORM이 정말로 RNA인지 아닌지 알 수 있을 것이다. 더 나아가 그 서열을 밝히면 현재의 생물과 같은 A, C, G, U를 기반으로 한 유전정보를 가지고 있는지도 알 수 있을 것이고, 또 어떠한 기능을 가졌는지도 알 수 있을 것이다. 단백질이 발견된다면 이를 위한 트리플 코돈도 지구 생명체와 같은지도 큰 관심사이다. 그러면 다위니즘에 의한 초기 생명체 탄생에 관한 설명도 크게 진전이 될 것이다.

생명체의 탄생과 진화

현재까지 발견된 지구상의 최초의 생명의 흔적은 논란의 여지는 있지만 38억 년 된 암석에 남아 있다. 미국 스크립스 해양연구소의 아레니우스(Arrhenius G) 박사팀은 그린란드에서 38억 년 이상 오래된 바위에 포함된 작은 인회석 결정속에 미세한 탄소질을 발견하여 네이처 잡지에 발표했는데 이것이 생명체가 탄화된 흔적이고 인회석은 생명현상과 관련이 있는 무기물이라는 것이다.[26, 27]

어쨌든 아무리 늦어도 약 35억 년 전에는 지구상에 생명체가 왕성하게 번성한 것은 사실이다. 실제로 호주 샤크만에서 35억 년 된 스트로마톨라이트(stromatolite) 화석이 발견되었다(그림 3-2). 그러나 이것이 최초 생명체는 아니다. 왜냐하면 스트로마톨라이트를 만든 미생물은 광합성을 하였는데 최초 생명체는 광합성을 하지 않았을 것이기 때문이다. 그리고 아직 최초 생명체가 되기 전에 그보다 훨씬 먼저 나타난 생명체 분자, 즉 ORM을 아직도 모른다. 우연히 만들어진 화학물질이 다위니즘에 의하여 생명체로 진화하여 왔다고 보면 스트로마톨라이트를 만든 미생물은 우연히 만들어지기에는 너무나 화학구조가 복잡하기 때문에 그 이전에 생명체 분자가 수많은 단계를 거쳐서 진화해 온 것이라 볼 수밖에 없는 것이다. 그 생명체 분자를 우리는 모르는 것이다. 현재 지구상에는 그 증거가 남아 있지 않으므로 지구 밖의 샘플에 희망을 걸 수밖에 없을 것이다.

눈덩이 지구(Snowball Earth)

스트로마톨라이트를 만든 미생물은 광합성을 하여 산소를 발생시켰는데, 이 산소는 생기자 마자 물속에 풍부하게 존재하던 철이온과 결합하여 붉은색의 산화철을 침전시키면서 지구를 서서히 화성과 같은 붉은 별로 만들었

26. Mojzsis SJ, Arrhenius G, McKeegan KD, Harrison TM, Nutman AP, Friend CR. Evidence for life on Earth before 3,800 million years ago. Nature. 384: 55-59(1996).

27. Mojzsis SJ, Arrhenius G, McKeegan KD, Harrison TM, Nutman AP, Friend CR. Evidence for life on Earth before 3,800 million years ago. Nature. 386: 738(1997).

그림 3-2. 오스트레일리아의 샤크 만에서 현재 존재하는 스트로마톨라이트.
(사진 출처: 위키피디아. Paul Harrison – Photograph taken by Paul Harrison (Reading, UK) using a Sony Cyber Shot DSC-H1 digital camera.)

다. 이때 침전하면서 농축된 풍부한 수조 톤의 산화철은 나중에 인류가 등장하여 철기 문화의 꽃을 피우는 데 유용하게 사용된다. 물 속의 철을 비롯한 온갖 광물들이 다 산화되자 대기 중의 산소 농도가 서서히 높아지기 시작하였고 이산화탄소와 메탄의 농도가 줄어들었다. 이러한 이산화탄소와 메탄은 온실가스로서 지구의 열이 우주로 빠져나가지 못하게 막는 역할을 하고 있었는데, 이들이 사라지자 지구의 열이 우주로 빠져나가기 시작하였다.

이산화탄소와 메탄이 줄어든 22억 년 전에는 지구 전체가 얼음으로 뒤덮이게 되었다. 이를 눈덩이 지구(Snowball Earth)라 한다. 지구 표면의 평균 온도가 영하 40°C로 내려갔다. 그때까지 살던 스트로마톨라이트 등 생명체는 얼음 아래의 바닷물에 갇히게 되었다. 환경에 적용하지 못한 생명체는 멸종했지만 바닷속 화산에서 나오는 에너지를 이용할 수 있는 생명체는 얼음 아래의 깊숙한 바다에서 살아남았다. 이렇게 얼어붙었던 지구는 내부의 열이 자꾸 쌓여 가다가 그로부터 5,000만 년이 지나면서 수많은 화산이 폭발하면서 녹아내렸다. 새로 환경이 변한 지구에는 새로운 생명체인 진핵세포 생물이 출현하여 대량으로 번성하였다. 그리고 광합성 생물도 폭발적으로 증가하여 대기 중의 산소 농도는 1% 정도로 증가하였다.

지구는 지금부터 6~7억 년 전에 한번 더 눈덩이 지구가 되었다. 이때도 수많은 생물이 멸종했지만 일부는 살아남았다. 그리고 두 번째의 눈덩이 지구가 끝나자 다세포생물이 출현하여 번성하기 시작하여, 지구 생물 종의 수가 폭발적으로 증가하였다. 그리고 대기 중의 산소 농도는 20%까지 올라 갔다.

눈덩이 지구는 빙하시대(Ice Age)와 차원이 다르다. 빙하시대는 지구의 온도가 주기적으로 내려가서 생기는데 지구 전체가 얼음으로 뒤덮이지는 않았다. 그러나 눈덩이 지구는 지구 전체가 수백에서 수천 미터의 얼음으로 뒤덮인 것이다. 수많은 생명체가 멸종하였지만 눈덩이 지구가 끝나자 곧 그 이전보다 훨씬 많은 생명체가 출현하였고 이는 결과적으로 진화에 새로운 동력이 되었다.

또 눈덩이 지구가 끝나자 지구 대기 중의 산소 농도가 증가하였다는 사실도 중요하다. 대기 중의 산소가 늘어나자 산소를 이용하는 생명체도 늘어났다. 산소를 이용하는 생명체는 섭취한 영양소에서 훨씬 더 효율적으로 많은 에너지를 생산할 수 있다. 이는 진화에도 큰 도움이 된다.

생명의 기원을 밝힐 우주 탐사

지금 현재도 22억 년 전이나 6~7억 년 전의 눈덩이 지구와 유사한 태양계의 얼어 붙은 위성이 있는데, 목성의 위성인 유로파와 토성의 위성인 엔셀라두스다.

유로파는 달보다 약간 작은데 지구처럼 주로 규산염 암석으로 되어 있고 중심은 철로 이루어졌다고 추측되며, 산소를 포함한 옅은 대기권도 있다. 표면은 얼음에 완전히 둘러싸여 있고 그 아래에 수백 km 깊이의 바다가 존재하는 것으로 추측된다. 바닷속에는 해저 화산 같은 것이 있어 뜨거운 부분도 있을 것이다. 2013년 12월에는 미국 항공우주국은 허블 우주 망원경으로 유로파 표면에서 수증기 기둥을 발견했다고 발표했다(그림 3-3). 수증기와 함께 분출된 후 주변에 떨어진 생명체는 우주의 방사선에 의하여 분해되므로 그때 생기는 분해 물질을 분석함으로써 간접적으로 생명체의 존재를 확인할 수도 있을 것이다. 그러나 이렇게 뿜어져 나온 물을 직접 채취하여 분석해 보는 것이 가장 정확할 것이다.

엔셀라두스도 유로파처럼 얼음으로 뒤덮혀 있으며 그 아래에 바다가 있을 것으로 추정된다. 남극지방에 물이 뿜어져 나오는 부분이 있고 활화산과 간헐천도 발견되었다(그림 3-4). 이렇게 분출된 수증기는 얼어서 토성 고리의 궤도로 들어가 E 고리를 만든다. 따라서 토성의 E 고리까지 가서 물질을 채취하여 되돌아 오는 우주선을 보낼 수 있으면 엔셀라두스 위성의 내부 물질을 바로 채취할 수 있다. 이는 직접 위성에 착륙하여 샘플을 채취하고 다시 이륙하여 돌아 오는데 필요한 장치와 연료가 필요하지 않으므로 비교적 낮은 예산으로 엔셀라두스의 물질을 채취할 수 있는 방법이 될 것이다.

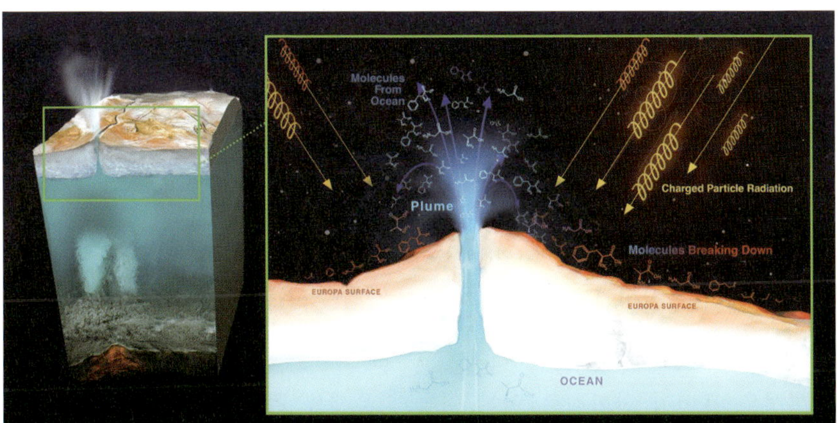

그림 3-3. 목성의 위성인 유로파는 두꺼운 얼음으로 덮여있고 그 아래에 거대한 바다가 있으며 해저 열수공도 있어 생명체가 존재할 가능성이 높다. 목성의 인력에 의하여 얼음층이 갈라지면 그 틈으로 물이나 수증기가 뿜어져 나오고 이때 유기물과 생명체가 같이 뿜어져 나올 수 있다. (사진 출처: Wikipedia, NASA/JPL-Caltech - https://photojournal.jpl.nasa.gov/figures/PIA22479_fig1.jpg)

그림 3-4. 토성의 위성인 엔셀라두스는 두꺼운 얼음으로 덮혀 있고 그 아래에 바다가 있는 것으로 추정된다. 유로파처럼 역시 생명체의 존재 가능성이 높다. 왼쪽 사진은 표면으로 수증기가 분출하는 것을 카시니 탐사선이 촬영한 원본 영상이고, 오른쪽 사진은 원본 사진을 가공하여 수증기 분출을 좀 더 명확하게 보이게 한 것이다.
(사진 출처: Wikipedia. NASA/JPL-Caltech/SSI/PSI - http://photojournal.jpl.nasa.gov/jpeg/PIA19061.jpg)

요약하면 지금까지의 우주 탐사의 결과는 유로파나 엔셀라두스의 얼음 아래 바닷속에는 뜨거운 물이 나오는 열수공이 있고, 그 주변에는 지구의 22억 년이나 7억 년 전의 생명체와 유사한 생명체나 아니면 진화를 할 수 있는 생명체의 기원 물질 ORM의 RNA 조각이 발견될 수 있음을 시사하고 있다.

그런데 유로파나 엔셀라두스 등의 얼음 밑의 바다가 진한 소금물로 되어 있을 가능성도 배제하지 못한다. 그래도 실망할 필요는 없다. 왜냐하면 지구상에는 염전과 같은 포화 소금물에서도 살아가는 극호염성균도 있기 때문이다. 그 뿐만 아니라 지구상에는 온천이나 해저 화산 등의 섭씨 120도의 고온에서도 살아가는 호열성 세균도 있고, pH가 2인 강산성에서도 잘 살아가는 호산성 세균도 있다.

화성은 표면이 산화철로 덮여 있어 붉은색을 띤다. 이는 35억 년 전의 지구에서 스트로마톨라이트가 대량의 산소를 발생하여 철을 산화시켰을 때의 상황을 시사한다. 만약 원시 화성이 생겼을 때 원시 지구처럼 대기의 주성분이 암모니아, 이산화탄소, 메탄, 질소 등으로 구성되어 있었고, 나중에

한 번도 광합성 생명체가 탄생한 적이 없었다면, 화성이 붉은색의 산화철로 덮여 있지는 못할 것이다. 현재 화성의 대기는 대부분 이산화탄소(95.97%)이고 소량의 질소(1.89%)와 미량의 산소(0.146%)가 존재한다. 아주 극미량의 메탄(10 ppb)이 존재하는데, 원래 원시 화성에 다량 존재했을 것으로 생각되는 메탄이 이렇게 줄어든 것은 중력에 의하여 우주로 달아난 것으로 만은 설명하기 어렵다. 왜냐하면 메탄보다 훨씬 가벼운 수소도 이보다 1,500배나 많은 15 ppm이나 존재하기 때문이다. 따라서 추측하건데 화성에는 최소한 RNA 세계는 지나고 광합성을 하는 세균이 대량 번성하여 상당한 세월이 지났을 것 같다. 그래서 세균이 내놓은 산소가 물 속의 철이온과 결합하여 산화철을 대량으로 만들고, 산화철이 다 만들어지자 산소가 대기 중으로 방출되어 대기 중의 메탄을 물과 이산화탄소로 산화시켰기 때문에 메탄이 사라진 것으로 볼 수 있다. 그래서 약 20억 년에서 35억 년 전의 지구의 상황과 비슷한 상황이 되었을 것이다.

그러다가 화성이 더 식어서 내부의 핵이 굳으면서 자기장이 사라지고, 태양풍이 화성 표면까지 닿으면서 대기가 우주로 날아가 버리고, 물도 같이 날아가버렸을 가능성이 있다. 그러면 세균과 같은 생명체들은 바싹 마른 다음 화성에 부는 바람에 의하여 먼지가 되어 날아다니다가 모두 부서지고, 또 그 분자는 우주 방사선에 의하여 분해되어 그 흔적이 모두 사라졌을 것이다. 단 화성의 극지방이나 땅 속에 있던 세균들은 냉동된 상태로 수십억 년을 존재하고 있을지 모른다. 따라서 화성의 용암 동굴 속이나 땅 밑 수십 미터 아래의 얼음을 채취하여 분석하면 생명체의 흔적을 찾을 가능성이 높다. 아니면 암염 속의 미생물이나 핵산을 채취할 수도 있다. 왜냐하면 지구의 암염에서도 아주 오래 전에 갇힌 미생물을 채취하여 배양에 성공하기도 했기 때문이다. 어쨌든 화성 탐사 계획이 계속 진행됨에 따라 수 년 내로 화성에서 생명체의 흔적을 찾아낼 수도 있을 것이다.

화성과 목성 사이에는 수많은 소행성들이 있는데 이들은 대부분 크기가 너무 작아 생명체가 탄생하기는 어렵다. 그러나 그 중 가장 큰 세레스(Ceres)

는 상당히 커서 유로파와 엔셀라두스의 중간 쯤 되고 표면이 얼음으로 덮여 있다. 최근에는 그 내부에 바다가 있다는 증거도 나타났다. 그래서 세레스도 유로파나 엔셀라두스처럼 생명체가 존재할 가능성이 높은 것으로 생각된다.

최근에는 금성의 대기에도 생명체가 존재할 가능성이 높은 것이 확인되었다.[28] 금성의 표면은 섭씨 477도이고 대기압이 95기압이나 되어 생명체가 존재할 가능성이 없다고 알려져 왔다. 그러나 태양계 탄생 시의 금성은 지구와 환경이 비슷하여 수십억 년 전에는 ORM과 원시 생명체가 탄생하였을 가능성이 크다. 그 후 대기가 서서히 뜨거워지면서 많은 생명체가 멸종하였겠지만, 그래도 대기층 높은 곳은 생명체가 살기에 적당한 온도 영역이 존재한다. 금성 표면이 뜨거워지면서 물이 증발할 때 용오름 현상과 함께 공중으로 날아 올라간 박테리아와 같은 생명체는 지상에서 계속 증발하는 물 때문에 지상으로 떨어지지 않고 공중에 머물면서 살아갔을 수도 있다. 지구의 기온이 지상 10 km 쯤 되면 영하 40도로 내려가는 것처럼, 금성은 지상 50 km 쯤 되면 기압이 1기압 쯤 되고 기온도 30도 쯤 된다. 따라서 그곳 대기에 존재하는 구름 속에는 생명체가 존재할 수 있는 것이다. 최근에 생명현상에서 발생하였을 것으로 추정되는 포스핀 가스가 금성의 대기에서 발견되었기 때문에 많은 흥미를 끌고 있다. 포스핀 가스는 산소가 없을 때 미생물에서 생성되는 혐기성 대사 산물이다. 금성의 대기에는 산소가 거의 없으므로 광합성 생명체는 존재하지 않을 것으로 보인다.

지구 밖의 행성이나 위성 같은 데서 채취한 샘플 속에 무생물 형태의 RNA 또는 DNA가 발견이 된다면 그 분자가 ORM 또는 ORM이 진화한 초기 진화 분자일 가능성이 있다. 그래서 달이나 화성의 땅 속 또는 그늘진 부분이나 세레스 또는 목성의 위성인 유로파나 토성의 위성인 엔셀라두스에서 뿜어져 나오는 얼음 조각을 분석한 결과가 앞으로의 우주 탐사에서

28. JS Greaves, AMS Richards, W Bains, PB Rimmer, H Sagawa, DL Clements, S Seager, JJ Petkowski, C Sousa-Silva, S Ranjan, E Drabek-Maunder, HJ Fraser, A Cartwright, I Mueller-Wodarg, Z Zhan, P Friberg, I Coulson, E Lee, J Hoge. Phosphine gas in the cloud decks of Venus. Nature Astronomy. (2020) https://doi.org/10.1038/s41550-020-1174-4.

나오기를 기대한다. 거기에 RNA, DNA, 단백질이 있는지, 또 있다면 어떤 서열을 가지고 있는지, 현재 지구상의 생물과 같은 서열이 있는지, 단백질이 있다면 그를 구성한 아미노산은 L형인지, 아니면 라세메이트인지, 지구 생명체와 같은 트리플 코돈에 의하여 합성되는지 등등 수많은 연구 거리가 생물학자들에게 주어질 것이다.

생명의 기원에 관한 의문들이 풀리게 되면 인간은 우연히 우주에 홀로 태어난 고독한 존재인지, 아니면 최소한 유전정보 전달과 다위니즘의 기본 원리는 우주에 공통적으로 나타나는 필연적인 자연현상으로서 다른 혈연관계는 전혀 없는 이웃을 가진 존재인지에 관한 수수께끼도 풀릴 것이다. 물론 적어도 태양계에는 인간과 같은 지적 존재는 존재하지 않는다. 그러나 나는 우리보다는 덜 진화했더라도 최소한 공통적인 원리로 진화했던 생명체나 그 흔적이 이 태양계 어디에선가 발견되기를 바란다. 자끄 모노(Jacque Monod)는 1970년에 쓴 그의 저서 "우연과 필연(Chance and Necessity)"에서 다른 생명체의 탐색을 포기하고 인간은 고독한 존재라고 결론을 내렸다. 당시에는 우주 탐사나 운석의 연구 같은 것이 현재만큼 발전이 되어 있지 않아서 우주 생명체 탐사가 더 어려웠을 것이다. 그는 그 책을 다음과 같이 끝을 맺었다.

"인간은 마침내 무심하고 광대한 우주에 단지 우연히 생겨난 외로운 존재라는 것을 알게 되었다. 그의 운명이나 의무는 어디에도 쓰여 있지 않다. 저 위의 왕국이냐 아니면 저 아래의 암흑이냐는 오로지 인간 자신의 선택에 달려있는 것이다."[29]

보수적 도메인(Conserved domain)

생명체는 유전정보가 가지는 유전자형(genotype)과 표현형(phenotype)이 있다. 원래 다위니즘은 주로 표현형을 보고 연구하였는데, 나중에 분자생물학이

29. Jacque Monod. Chance and Necessity. 1970. "Man at last knows that he is alone in the unfeeling immensity of the universe, out of which he emerged only by chance. Neither his destiny nor his duty have been written down. The kingdom above or the darkness below: it is for him to choose."

발전함에 따라 유전자형을 보고 연구하는 학문도 나타났다. 표현형을 보고 연구하면 직감적으로 이해가 되지만 유전자형을 보고 연구하면 직감적으로 이해가 되지 않는다. 즉, 유전자형은 염기 서열로만 되어 있기 때문에 마치 알지 못하는 문자를 보고 해독하는 것처럼 어렵다. 이는 그림자의 움직임을 보고 실체의 움직임을 예측하려는 것과 같을 수도 있다. 또 처음으로 무덤이나 비석에서 발굴한 고대의 문자를 해독하는 것과도 유사하다. 그런데 이러한 유전자형을 보고 진화생물학을 연구하면 표현형만 보고 연구할 때는 알 수 없는 새로운 사실을 알게 되기도 한다.

생명체가 어떤 종에서 다른 종으로 진화를 할 때 유전정보에 돌연변이가 생기게 된다. 이때 꼭 필요하고 중요한 유전정보에 돌연변이가 생겨 그 기능을 잃어버리면 그 생명체는 선택되지 못하여 살아남지 못한다. 그러나 덜 중요한 부분에 돌연변이가 생기면 그 생명체는 다른 종으로 되어 살아남을 수 있다. 따라서 종 간의 차이가 클수록 유전정보에 차이가 크게 된다. 또 두 종 간에 공통적인 어떤 단백질 간에 얼마 만한 유전정보의 차이가 있는가를 조사하여 이러한 돌연변이가 일어날 확률을 계산하여 보면, 그 두 종이 몇 년 전에 갈라졌는지를 알아낼 수도 있다. 이렇게 유전정보의 염기 서열에 서로 유사한 정도가 얼마인가를 계산한 것을 서열 유사도(sequence homology)라고 한다. 서열 유사도가 높을수록 가까운 종이고 낮을수록 먼 종이 되는 것이다.

유전자형의 서열 유사도를 연구할 때 보수적 도메인(conserved domain) 또는 보수적 서열(conserved sequence)이라는 것이 있다. 서로 다른 종의 생물들 간에 같은 작용을 하는 단백질을 분석해 보면 그것을 구성하는 아미노산 서열이 종 간에 차이가 거의 없는 부분이 있고 종 간에 차이가 많은 부분이 있는 것이다. 그래서 종 간의 차이가 거의 없는 부분은 보수적 도메인이라 하고 차이가 많은 부분은 비보수적(non-conserved) 도메인이라고 부른다. 대체로 보수적 도메인은 그 단백질의 작용을 하는데 매우 중요한 부분이고 비보수적 도메인은 덜 중요한 부분이다.

대체로 유전정보를 전사 또는 번역하는데 관련된 유전정보들, 즉 RNA 중합효소, 리보솜 RNA, 운반 RNA, 리보솜 단백질 등은 매우 보수적인 도메인이라는 것이 밝혀졌다. 이러한 것을 연구하는 진화생물학은 다위니즘을 증명하는 중요한 생물학의 분야이다.

필사적인 생존경쟁

RNA 또는 DNA에 유전정보가 기록이 되고 그것이 복제되어 다음 세대로 전달되면서 그 유전정보를 기록한 RNA 또는 DNA는 기하급수적으로 늘어날 수가 있게 되었는데 이때 에너지와 각종 자원을 필요로 한다. ORM이나 초창기 유전정보 분자는 이러한 에너지와 자원을 능동적으로 확보할 수는 없었을 것이다. 우연히 에너지를 쉽게 확보할 수 있는 곳과 복제에 필요한 뉴클레오티드 같은 유기 분자가 많은 환경에 존재하는 복제 가능 분자가 복제에 성공하였을 것이다. 이 복제 가능 분자는 자기 자신이 아닌 복제 가능 분자, 즉 경쟁자는 파괴시켜 자기의 생존 확률을 높이는 기능도 서서히 가지게 되었을 것이다. 그것은 가장 생존하기에 적당한 유전정보만 살아남는 다위니즘이다. 생명의 탄생은 유전정보의 복제와 함께 시작되었고, 따라서 모든 생명체의 존재의 이유는 자기의 유전정보—이것이 과거에는 RNA였을지 모르나 현재는 DNA에 염기의 배열 순서로 기록된 정보를 최대한 많이 복제하는 것이다.

생명체가 다위니즘에 의하여 살아남아 자손을 퍼뜨리려고 노력하는 것에는 선과 악의 구분도 없고 두뇌의 싸움도 중요하지 않다. 그 예를 숙주와 기생충의 관계에서 볼 수 있다. 그러나 사람의 경우는 선을 좋아하고 악을 불편하게 느끼는 두뇌를 가진 유전자가 살아남은 것으로 볼 수 있다. 이는 대체로 악을 행하는 사람을 제거하는 능력을 가진 사회가 그렇지 않은 사회보다 살아남기에 적당하기 때문이다. 그러나 동물은 그렇지 않다.

파나마에 사는 개미 중에 세팔로테스 아트라투스(Cephalotes atratus)라는 개미가 있는데 엉덩이가 빨갛고 딸기 같다고 레드 베리 앤트(red berry ant), 즉 빨간 딸기 개미라고도 불린다.[30] 모두가 아니고 약 5% 정도만 빨간색에 가까운 주황색 엉덩이를 하고 있다. 그래서 새들의 눈에 과일처럼 보여 다른 개미에 비해 새들에게 잡아 먹힐 확률이 높아진다. 또한 이 엉덩이가 빨간 개미는 엉덩이를 높이 치켜드는 버릇이 있어서 더욱더 새들의 눈에 잘 띄게 된다. 그런데 이 빨간 엉덩이 속에는 머메코네마 네오트로피쿰(Myrmeconema neotropicum)이라는 기생충의 알이 가득 들어 있다. 이 개미가 새에게 잡아 먹히면 개미 속에서 나온 수천 개의 기생충 알은 새 똥으로 배설된다. 이 세팔로테스 아트라투스 개미는 새똥을 먹이로 아주 좋아하는데, 그 속에는 덜 소화된 여러 가지 곤충이나 곡식 조각 같은 영양가가 높은 것들이 들어 있기 때문이다. 따라서 이 개미들은 새똥을 개미집 속으로 운반하여 거기서 자라는 애벌레에게 먹여서 키운다. 그때 기생충 알이 들어 있는 새똥을 먹은 애벌레는 감염이 되고 기생충 알은 개미 뱃속에서 잠복한다. 개미 애벌레가 성충이 되면 개미 뱃속의 기생충 알은 부화하여 자라고 암수가 교미하여 알을 낳는다. 이 알의 색깔이 빨간 색이어서 개미의 엉덩이가 빨갛게 변하는 것이다. 더 재미있는 것은 새에게 더 잘 잡아 먹히게 기생충 알이 개미의 엉덩이를 치켜드는 버릇도 만들어 주는 것이다. 개미의 입장에서는 새에게 잡아 먹히지 않는 것이 자기 유전자를 보전하는데 더 도움이 되지만, 기생충의 입장에서는 새들에게 잘 잡아 먹힐수록 자기 유전자를 잘 보전하는 것이 된다. 따라서 기생충이 감염된 개미는 보통 개미들이 도저히 알 수 없는 행동을 하는 것이다. 기생충으로 봐서는 개미가 새에게 잡아 먹히지 않으면 자기도 죽고 번식도 안 되므로 필사적으로 개미가 새에게 잡아 먹히게 하는 것이다. 그리고 이러한 것은 결국 유전정보의 조종을 받는다.

유사한 예로 사마귀에 기생하는 연가시 벌레가 있다. 철사처럼 생겼다고 철사벌레라고도 한다. 물 속에 사는 모기의 유충인 장구벌레는 물 속의 연가시 유충을 먹는다. 그러면 장세포 내에서 포낭 상태로 되어 잠복한다. 장

30. Yanoviak, S.P.; Kaspari. M.; Dudley, R.; Poinar, G.(2008). "Parasite-induced fruit mimicry in a tropical canopy ant". American Naturalist. 171(4): 536-544.

구벌레가 모기로 성장한 다음 사마귀에게 잡아 먹힌다. 그러면 연가시는 사마귀의 뱃속에서 영양분을 섭취하며 자란다. 다 자라면 사마귀를 조종하여 물에 빠져 죽게 만든다. 그러면 사마귀의 시체를 뚫고 몸 밖으로 나와 물 속에서 암수가 교미를 하여 알을 낳는다. 그러면 그 알은 물 속에서 부화하여 유충이 되고 다시 장구벌레에 먹히게 된다. 원래 정상적인 사마귀는 물가에 잘 가지 않으므로 육지에서 연가시가 사마귀를 뚫고 나오면 금방 말라서 죽는다. 따라서 연가시의 유전자는 자기가 살아서 번식하기 위하여 필사적으로 사마귀를 물에 가서 빠져 죽게 만드는 것이다. 더 정확하게 말하면 연가시의 DNA에 저장된 정보가 사마귀를 물에 빠져 죽게 만드는 것이다. 이러한 행동은 정상 사마귀는 도저히 이해하지 못할 것이다.

표 3-1. 지구와 생명의 역사. 46억 년 전 지구가 탄생한 때부터 현재까지

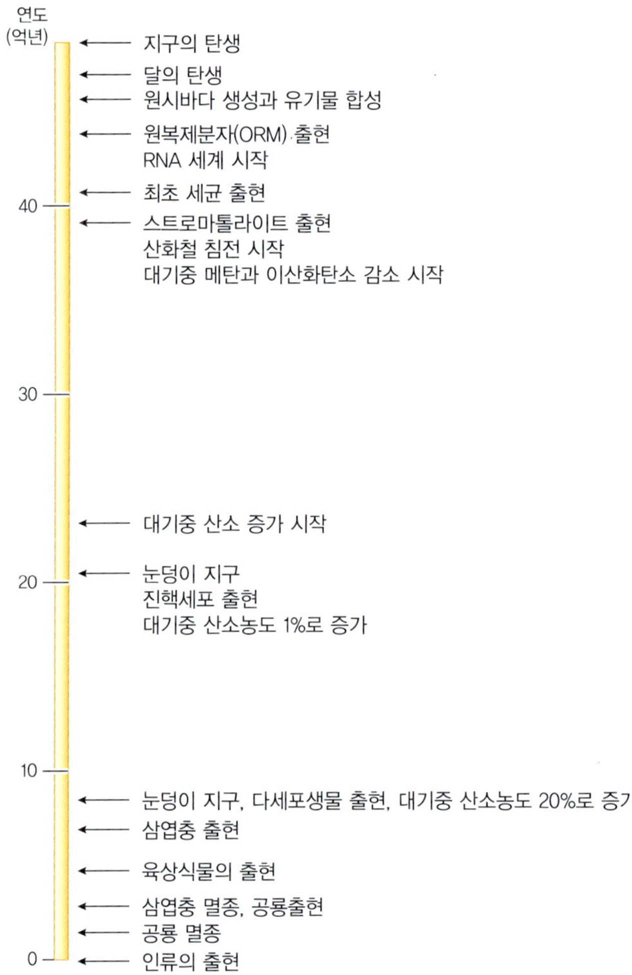

제4장

인류의 탄생과 두뇌

다위니즘에 의하여 ORM이 진화하여 현생인류가 탄생하면서 두뇌가 만들어졌고, 두뇌는 언어정보를 만들었다. 언어정보 즉 문자정보는 역시 사람에 의하여 자기복제로 증식하므로 다위니즘에 의하여 진화하게 되는 것은 대자연의 법칙이다.

생명의 자유 의지와 신경계

두뇌는 유전정보가 아닌 새로운 정보를 생산하여 산업혁명에 결정적인 역할을 하였다. 지금부터 초기 생명체에서 인간의 두뇌가 나타나기까지의 진화 과정을 간략히 살펴보자.

현재의 생명체는 자기 엔트로피를 낮추기 위하여 외부 엔트로피를 증가시킨다. 이를 위하여 햇빛이 쬐는 곳으로 이동하거나 아니면 감소된 엔트로피를 저장하고 있는 먹이를 섭취한다. 또 자기 몸의 구성 물질을 세포 내에서 효소 반응으로 합성하거나 먹이를 먹어서 확보한다.

ORM이나 초기 생명체는 능동적으로 이러한 일을 할 수가 없었다. 지금도 박테리아나 식물은 거의 자기 자신의 운명을 선택하기가 어렵다. 단지 먹이가 있고 환경이 좋으면 증식하고 그렇지 않으면 휴식 상태에 들어간다. 그런데 생명체가 진화하면서 간단한 신경계가 생성되고 이것은 점점 발달하여 두뇌를 만들게 되었다. 그리하여 생명체는 능동적으로 에너지원을 획득할 수 있게 되었다. 원래 신경계는 생명체가 어떤 감각을 느끼면서 생성되었다고 볼 수 있다. 생명체가 살아가면서 주변 환경의 조건을 탐지하고 그에 따라 반응하는 것은 살아남는데 매우 중요하다.

물 속에 사는 유글레나는 박테리아와 같은 단세포 생물이지만 박테리아가 원핵생물인데 비해 이는 진핵생물로서 핵을 가지고 있는 훨씬 진화한 생명체다. 체중이 박테리아보다는 천 배 정도 되고, 편모라고 하는 긴 꼬리를 이용하여 항상 헤엄쳐서 움직인다. 빛이 있는 곳에서는 광합성을 하여 체내에서 에너지를 생산할 수 있다. 따라서 유글레나는 항상 빛이 있는 곳에 모여든다. 그러면 유글레나는 빛이 있는 곳으로 어떻게 모여들 수 있을까?

사람은 눈으로 어디가 밝은 지 쉽게 알 수 있지만 단세포 생물인 유글레나는 눈이 없고 안점이라는 것이 딱 한 개 있다. 이 안점이 두 개가 있으면 양쪽의 안점에서 느끼는 빛의 세기를 비교하여 어느 쪽이 밝은 지 알 수가 있겠지만, 한 개밖에 없으므로 어느 쪽이 밝은 지 알지 못한다. 단지 물 속을 편모로 헤엄치면서 조금 전보다 밝아졌는지 어두워졌는지만 알 수 있다. 그래서 유글레나는 헤엄치다가 만약 조금 전보다 밝아졌다고 느끼면 계속 같은 방향으로 나아가고, 어두워졌다고 느끼면 방향을 바꾸어 나아가는 방식을 반복한다. 그 결과 밝은 곳으로 모여들게 되는 것이다. 여기서 중요한 것은 빛의 변화를 감지하여 생존에 더 유리한 방향으로 자기 자신의 의지로 판단을 한다는 것이다. 사람이 보면 그것은 의식적으로 한 것이 아니므로 의지가 아니라고 할지 모른다. 물론 유글레나는 두뇌가 없으므로 사람처럼 의식이 있지는 않다. 그러나 유글레나는 이러한 단 한가지 정보만 가지고 무의식적으로 나름대로 목숨을 건 처절한 결정을 한다. 유글레나판 자유 의지인 것이다. 오히려 사람은 의식에 오염되어서 그것을 잘못 이해할지 모른다. 유글레나는 그 의식이 없는 의지에 기대어 살아왔고, 또 그 능력으로 인류보다 훨씬 더 긴 세월을 지구상에서 살아남았다. 그리고 앞으로 인류보다 더 오래 살아남을 것이다.

이러한 단세포적인 감각기관이 점점 발달하여 섬유처럼 긴 신경세포가 생겨났다. 신경세포는 시냅스라는 회로를 형성하여 어떤 자극에 의해 전기신호를 생성하여 신경전달물질을 통해 그 다음 신경으로 전달을 하는 역할을 한다(그림 4-1). 그러면 생명체는 그에 따른 반응을 하여 생존성이 높아지게 된다. 이 반응이라는 것이 그 생명체가 생존에 더 유리한 쪽으로 스스로 행동을 결정하는 것이다. 즉, 유글레나에서 단순한 빛의 정보로 그대로 계속 헤엄칠지 아니면 방향을 바꾸어 헤엄칠지를 결정하는 판단과 의지가, 신경계가 발달한 생명체에서는 더 많은 정보를 종합하여 결정을 하게 되는 것이다.

생명체의 감각기관 또는 신경계와 인간이 만든 하드웨어 시스템을 비유하자면 유글레나의 안점이 화재경보기 수준의 정보처리 기능이 있다면, 금붕어의 두뇌는 칼큘레이터 수준이고, 코끼리의 두뇌는 IBM의 시스템/360, 안경원숭이의 두뇌는 스티브 잡스와 워즈니악이 만든 애플II, 사람의 두뇌는 억지로 견주려면 IBM 왓슨이나 알파고와 같은 인공지능용 컴퓨터가 될 것이다. 물론 이것은 정확한 비유는 아니고 그저 이해를 돕기 위한 것이다.

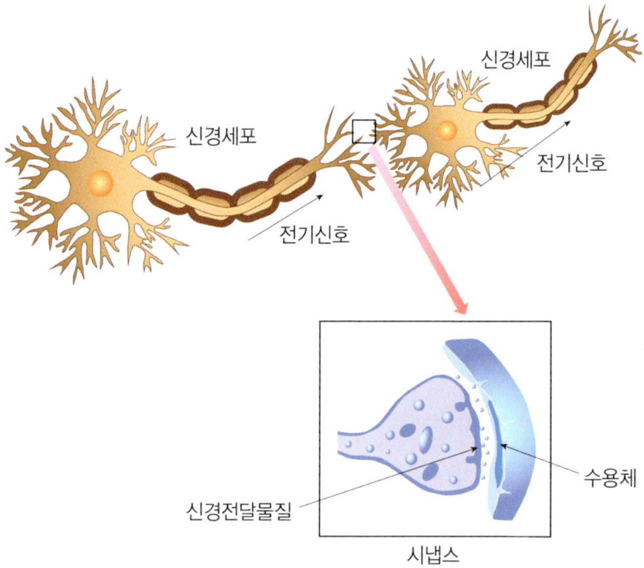

그림 4-1. 두뇌의 신경세포와 신경세포를 연결하는 시냅스. 신경세포를 따라 전기 신호가 전달되어 오면 시냅스 끝부위에서 신경전달물질이 나와서 그 다음 신경으로 전기 신호가 전달된다.

두뇌의 발달과 인류의 탄생

신경계가 점점 발달하여 신경세포들이 거대하게 뭉쳐진 것이 두뇌이다. 외부의 자극은 여러 가지가 있다. 사람에게 가장 중요한 것은 시각일 것이고 그 다음 청각, 후각, 촉각, 미각, 통증, 온도 등 여러 가지가 있다. 이러한 외부 자극에 의하여 생긴 전기 신호가 두뇌 속으로 전달이 되면 그 신호를 전달한 신경전달자가 결합하는 수용체 단백질이 더 많이 합성되어 두뇌 속에 기억의 형태로 남게 된다. 그리고 이러한 기억의 조합으로 생각을 하게 된다. 그러나 이러한 기억이나 생각의 메커니즘은 아직 확실히 규명되지는 못하고 있다.

어쨌든 이러한 두뇌의 작용으로 발달한 두뇌를 가진 생명체는 살아남기에 더 유리한 쪽이 무엇인지 많은 정보를 종합하여 판단을 하여 지구상에 번성하게 되었다. 그 최종적 형태가 현생인류이다. 즉, 인류는 크고 뛰어난 두뇌를 만드는 유전정보를 가지고 있어서 이 유전정보의 명령에 의하여 인류가 살아남았다. 그렇다고 뛰어난 두뇌를 만들지 못하는 생명체는 도태된다는 뜻은 아니다. 두뇌가 없어도 나름대로 잘 살아남는 생명체가 훨씬 더 많다. 그런데 인류가 지구상에 나타나면서 유전자가 지배하던 진화에서 차츰 두뇌의 역할이 증가하기 시작하는 변화가 오게 되었다. 유전정보 이외에 두뇌에 저장된 정보도 중요한 역할을 하는 시기가 오게 된 것이다. 그러면 이로부터 다위니즘이 아닌 다른 법칙이 지배할 수도 있는 가능성이 생긴 것일까?

인류의 조상인 오스트랄로피테쿠스가 유인원과 분리된 것이 약 500만 년 전으로 보고 있다. 오스트랄로피테쿠스는 유인원인지 인류인지 구별이 애매한 면이 있지만 여러 가지 증거에 의하여 인류에 가까운 것으로 인정이 되었다. 우선 두뇌가 유인원보다 발달하여 뇌의 용량이 고릴라보다도 약 100 cm^3 더 컸다. 일반적으로 유인원은 나무 위에서 주로 생활하는데 반하여 이들은 나무에서 내려와 주로 땅바닥을 두 발로 걸어 다니는 생활을 하였으며, 엄지손가락이 다른 손가락과 마주 보고 있어 물건을 잘 잡을 수 있었다. 이러한 손을 이용하여 식물을 채취하여 식량으로 삼았고, 작은 동물들을 잡아먹기도 했다. 원시적인 형태의 구석기로 원숭이의 두개골을 깨서 뇌수를 먹은 증거가 발견되었다. 이들은 원래 아프리카에 거주하였는데 230~240만 년 전 쯤에 사람 속이 분리되어 나온 다음 아프리카 뿐만 아니라 다른 대륙으로도 퍼졌다.

그리하여 아프리카 이외의 다른 대륙에서도 진화된 자바원인, 북경원인 등 많은 원인류들이 나타났다. 이들은 두뇌가 발달하여 본격적으로 구석기를 사용하여 동물을 사냥하였다. 원인류가 인류의 발전에 획기적인 기여를 한 것은 불을 사용하게 된 것이다. 최초로 불을 사용한 것은 약 150만 년 전 호모 에렉투스로 알려져 있다.

불은 인류의 발전에 큰 역할을 하였는데 우선 식생활에 혁명을 가지고 왔다. 동물성이나 식물성 음식을 불로 가열하는 요리법이 개발되어 영양분을 흡수하는데 중요한 역할을 하였다. 예를 들어 감자나 가지는 그냥 먹으면 그 속의 전분이 소화가 되지 않고, 특히 솔라닌이라는 독성 물질이 들어 있어 두통, 메스꺼움 등을 유발할 수 있다. 그러나 불로 가열하면 솔라닌은 없어지고 전분도 소화가 잘 되는 형태로 변하여 영양분을 거의 전부 흡수할 수가 있다. 각종 콩이나 곡식들도 마찬가지로 생으로 먹으면 소화가 잘 되지 않고 구토 설사 등이 일어나지만 익혀서 먹으면 소화가 잘 된다. 육류나 생선도 가열을 하면 단백질의 구조가 소화가 잘 되는 구조로 변형이 일어나고 부드럽게 되어 대부분 생으로 먹는 것보다 소화 흡수가 잘 되게 된다.

따라서 음식을 불로 익혀 먹으면 같은 양의 식사를 하여도 소화 흡수가 더 잘 되므로 식량을 구하는 노력을 그만큼 덜 하여도 되고, 또한 소화기관의 역할이 줄어 들어 다른 동물들에 비하여 소화기관의 크기도 줄어 들었다. 특히 소화기관이 작아지면 큰 소화기관보다 유지하는데 들어가는 에너지가 적어져서 더욱 더 큰 두뇌를 갖는데 유리하게 되었다. 게다가 가열하면 기생충이나 병원균이 죽어서 질병에 걸릴 확률도 줄어들었다. 또한 불을 피움으로써 좀 더 추운 지방에서도 생활할 수가 있게 되었고, 포식자나 곤충을 격퇴하는데도 불은 효과적이었다. 어두운 밤에도 어느 정도 생활할 수가 있게 되어 사는 영역을 시간적 공간적으로 확장할 수 있었다.

35만 년 전에 등장한 네안데르탈인은 사냥을 하면서 동굴에서 주로 살았다. 현생인류에 비하여 근력이 더 세었고, 두뇌가 더 컸다. 죽은 사람의 시체를 매장하는 경우도 발견이 되었는데, 이것은 사후 세계나 영혼이 있다고 믿은 증거가 된다. 따라서 원시적인 형태의 종교도 있었으리라 여겨진다. 최근에는 네안데르탈인이 그린 동굴 벽화가 발견되기도 했다.[31]

또한 혀의 근육조직과 후두를 연결해주는 설골이라는 뼈가 발견되었는데 이로 봐서 발성기관도 발달하여 어느 정도 언어도 구사할 수 있었던 것으로 추정된다. 집단을 이루어 살면서 상당한 수준의 의사 소통이 가능하여 사냥

31. D. L. Hoffmann, C. D. Standish, M. García-Diez, P. B. Pettitt, J. A. Milton, J. Zilhão, J. J. Alcolea-González, P. Cantale. U-Th dating of carbonate crusts reveals Neandertal origin of Iberian cave art. Science. 2018: Vol. 359, Issue 6378, 912-915.

을 할 때 협동을 하여 큰 동물도 잡을 수 있었다.

그러나 현생인류에 비해서는 언어 능력이 떨어졌고 수명이 짧았다. 네안데르탈인 게놈 프로젝트에 의하여 밝혀진 바에 의하면 현생인류의 DNA 중 1~4%는 네안데르탈인으로부터 온 것으로 되어 있다. 따라서 네안데르탈인과 현생인류의 짝짓기도 있었을 것이라는 가설이 제기되었다.

현생인류(호모 사피엔스)

호모 사피엔스, 즉 현생인류의 가장 오래된 화석은 13만 년 전에 아프리카에서 살았던 것이 발견되었지만, 실제 출현은 약 20만 년 전으로 보고 있다. 네안데르탈인은 현생인류가 출현한 뒤 15만 년 이상 공존하다가 지금부터 약 2만 년 전에 멸종하였다. 그 원인으로는 네안데르탈인이 현생인류와의 경쟁에 져서 탈락하였다는 가설과 현생인류의 인구가 훨씬 빨리 증가하여 현생인류에 흡수되었다는 가설이 있다.

네안데르탈인과 현생인류의 차이를 한 때 FOXP2 유전자로 설명한 적이 있었다. FOXP2 유전자는 언어 유전자로 알려져서 약 20만 년 전에 현생인류에는 이 유전자에 변이가 생겨서 따로 떨어져 나왔고 그 결과 특별한 언어능력을 가지게 되었다는 것이다. 그러나 연구 결과 이 이론은 뒤집히게 되었다. 이 유전자 변이는 약 40만 년 전에 일어나서 네안데르탈인도 원칙적으로 현생인류와 FOXP2 유전자에 근본적인 차이가 없다는 것이다. 따라서 한 동안 언어 기능 전체를 담당한다고 믿어졌던 FOXP2 유전자가 발성에 어느 정도 기여할 뿐 본질적인 언어 기능과는 관계가 없다는 결론이 나 있다. 단, 사람형 FOXP2 유전자를 발현시킨 생쥐의 울음소리가 보통 생쥐의 울음소리와 달라진다는 실험 결과가 있다.[32]

인류를 포함한 생명체의 진화는 유전정보의 진화로 볼 수 있다. 유전정보

32. Enard W, Gehre S, Hammerschmidt K, Hölter SM, Blass T, Somel M, et al.(May 2009). "A Humanized Version of Foxp2 Affects Cortico-Basal Ganglia Circuits in Mice". Cell. 137(5): 961-71. doi:10.1016/j.cell.2009.03.041.

의 진화는 DNA 염기 배열, 즉 유전자에 A, T, G, C의 배열 순서로 저장된 정보가 주도하였다. 이 유전정보의 기원은 ORM이다. 그러나 현생인류가 출현한 다음의 진화의 역사는 그 기간이 너무 짧아 유전정보의 변화는 거의 없이 현생인류의 두뇌에 기록된 정보가 주도하게 되었다. 두뇌정보는 ORM에 기원하지 않는다.

인류는 뇌과학자들의 노력으로 두뇌의 기능에 대하여 많이 알게 되었다. 두뇌의 어떤 부분이 어떤 일을 하는지 상당히 많이 연구되어 있다. 그리고 두뇌가 인식하는 것이 실체와 많이 다르다는 것도 밝혀졌다. 그러나 아직 두뇌의 기능에 대하여 모르는 것이 너무 많다. 두뇌에는 약 천억 개나 되는 엄청난 숫자의 신경세포가 있다. 신경세포들은 시냅스를 통하여 서로 연결된다. 이 시냅스는 100조 개가 넘을 것으로 추정된다. 뇌 세포에 어떠한 자극이 있으면 전기 신호가 생겨서 시냅스를 통하여 지나다니고 그 결과 시냅스와 신경세포 내에 화학 반응이 일어나서 그 회로로는 전기 신호가 더 잘 흐르게 되어 정보가 저장되는 것으로 추정된다. 어찌 되었든 인류는 그러한 정보에 의하여 다위니즘에 따라 진화하였다. 이 진화는 유전정보의 진화뿐만 아니라 두뇌에 저장된 정보의 진화도 포함된다. 이러한 두뇌에 저장된 두뇌정보를 밈이라고 할 수도 있을 것이다. 다른 동물도 신경세포를 이용하여 정보를 생산 저장하여 왔지만 인류가 생산 저장하는 정보의 양에 비하면 거의 무시할 만한 수준이다.

인류가 정보를 대량으로 생산 저장하게 된 중요한 요인은 언어를 발명한 것이다. 언어는 정보를 서로 전달하여 재생산하고 또 양적으로 크게 증대시켰고, 그 정보 자체는 또 다위니즘에 의하여 진화하게 되었다. 언어정보가 대량으로 증식하게 됨으로써 더 생존하기에 유리한 정보를 생산한 인류가 더 잘 생존한 것이다. 이는 언어정보가 인류를 그렇게 조종한 것으로도 볼 수 있다. 그 결과 인류 문명의 진화는 점점 가속도가 붙어 유전자 변화에 의한 진화와는 상대가 안 되게 빠른 속도로 진행되었다. 이에 대한 설명은 앞으로 차츰 해 나갈 것이다.

약 1만 년 전부터 현생인류는 구석기보다 더 발달한 신석기를 만들기 시작하였다. 신석기는 농경을 시작하게 하여 농업혁명을 이루게 하였고, 인류는 농사를 위하여 더 큰 집단을 만들어 사회생활을 하며 살아가기 시작하였다. 정교한 무기도 만들어 사냥에 사용하였다. 이러한 무기는 인류들 간의 싸움에도 사용하였다.

유발 하라리(Yuval Noah Harari)는 그의 저서 『사피엔스(Sapiens)』에서 "농업혁명은 역사상 최대의 사기였다"라고 말하고, 농업혁명은 인간이 공생을 내던지고 탐욕과 소외를 향해 달려간 일대 전환점이라고 비판하였다. 그 말은 맞기도 하고 틀리기도 하다. 농업혁명 덕분에 전체적인 식량 생산이 늘어나서 더 많은 인류의 DNA를 남기는 데는 기여하였으나, 소수의 지배계급이 다수의 피지배계급을 착취하게 되어 다수의 인류에게는 불행의 시작이라고 볼 수도 있다.

그러나 인류는 그저 다위니즘에 의하여 더 많은 유전자를 남기기 위하여 그렇게 농업혁명을 한 것이다. 농업혁명 이전에도 지배계급과 피지배계급은 있었다. 그리고 그 위계질서는 더 엄격했을지도 모른다. 왜냐하면 다른 동물의 사회, 즉 원숭이나 침팬지나 늑대나 하이에나의 사회를 보아도 모두 서열이 정해져 있어 상층계급은 먹이를 구하거나 자손을 남기기가 쉽고 하층계급은 먹이를 먹는 것도 후순위이고 자손을 남기기는 더욱 어렵게 되어 있는 것을 보면 유추할 수 있다. 어차피 다위니즘을 따르는 것이다.

따라서 유발 하라리가 비판하려면 인류에게 크고 발달한 두뇌를 만들어 준 유전자를 비판해야 할 것이다. 발달한 두뇌를 가진 인류는 유전정보의 명령에 따라 그리고 두뇌가 생성하는 정보의 명령에 따라 농업혁명으로 나아간 것이다. 그리고 농업혁명에 의하여 인류는 그 이전보다 훨씬 더 예측 가능한 음식을 대량으로 구할 수 있었고, 그 결과 인구가 증가한 것, 즉 호모 사피엔스의 DNA가 번성한 것은 틀림없다.

불을 사용하는 기술이 더 발전하여 진흙으로 모양을 만들어 불에 구운 토기를 만들기 시작하였다. 토기가 만들어짐으로써 다량의 식량과 물 등을 저장할 수 있게 되었고 또 요리하는 습관이 널리 보급되었다. 불을 다루는 기술이 더욱 더 발전하여 청동기를 만들 수 있게 됨으로써 이전의 석기보다 훨씬 더 세련된 무기를 만들 수 있었다. 그리하여 청동기를 가진 사람들이 권력을 가지고 더 큰 집단을 조직하여 결국 초기 형태의 국가도 건설하게 되었다.

앞으로도 있을 이러한 인류의 발전에는 언어 능력, 즉 말을 할 수 있는 능력이 필수적이었다. 인간의 두뇌는 두뇌정보라는 새로운 정보를 창출하였고 이는 언어를 통하여 표현되었다. 그래서 언어정보를 창출하였는데 언어정보는 두뇌정보를 상당히 정확하게 표현하였지만 완벽하지는 않았다. 언어는 말과 문자로 되어 있다. 처음에 두뇌정보는 말로 표현되었고 이 말은 다른 사람에게 전달되었다. 또 말은 대를 이어 전달되면서 진화하였다. 말로 표현된 언어정보는 사람의 두뇌에 의하여 복제 증식되기 때문에 그 자체로서 다위니즘의 생명력이 있었다. 사람은 이 말에 의하여 행동하고 서로 돕기도 하고 경쟁도 하였다.

유전정보와 언어정보

ORM에서 기원한 유전정보가 다위니즘에 의하여 진화하는 것은 생물학의 기초적인 이론이지만, 두뇌정보가 표현된 언어정보도 다위니즘에 의하여 진화한다는 것은 수긍하기 어려울 것이다. 그러면 유전정보와 언어정보의 진화에 다위니즘을 적용하는데 있어서 공통점과 차이점을 생각해 보자.

유전정보 중 사람의 유전정보는 너무 복잡하니까 우선 가장 간단한 생명체인 박테리아를 생각해보자. 박테리아는 원핵생물이어서 핵이 따로 없고 유전자 전체가 세포 가운데 뭉쳐 있다. 박테리아는 대부분 영양분이 풍부한 곳에 있을 때 잘 번식하고 환경이 나쁘면 죽든지 포자가 되어 비활동 상태로 들어간다. 박테리아는 우유, 배추, 과일, 곡식, 동식물의 시체 등에서 자라기 쉽지만 사람의 뱃속에도 많다.

박테리아 중 요구르트를 만드는 유산균을 생각해 보자. 유산균이 우유 속에 들어가면 DNA에서 유당을 분해할 수 있는 일련의 효소 정보를 RNA로 복사하고, 이를 리보솜에서 단백질인 효소로 만들 것이다. 이때 필요한 에너지인 ATP와 효소를 만들 때 사용할 아미노산 등의 재료는 처음에는 원래부터 유산균 내부에 있던 것을 쓸 것이다. 이렇게 만들어진 효소는 우유 속의 유당을 먹고 분해하여 유산으로 만들면서 다량의 ATP를 생산한다. 이 ATP를 이용하여 우유 속의 단백질을 분해하는 효소, DNA를 복제하는 효소, 세포막과 세포벽 등을 만드는 효소 등 수많은 효소를 모두 생산한다. 그리고 이렇게 확보한 원자재와 효소를 이용하여 DNA를 복제하여 또 다른 유산균을 만든다. 이러한 과정을 계속 반복하다가 분해 산물인 유산이 쌓이고 우유가 모두 요구르트로 변하면 이 과정을 중단한다. 따라서 유산균의 유전자에는 유산균 자체를 만드는 정보와 우유를 분해하여 에너지원과 아미노산을 얻는 정보 등 수많은 정보가 필요하다. 실제로 20종의 유산균의 게놈을 분석해 본 결과 180만~330만 개의 염기 서열로 구성되어 있고, 이는 약 1만 4,000개의 단백질을 합성하는 유전자로 구성되어 있다고 보고되었다.[33]

그러면 생물과 무생물의 경계에 있다는 코로나-19 바이러스(SARS-CoV-2)를 생각해 보자. 이러한 바이러스는 유전정보를 가지고 있으나 혼자서는 살 수 없다. 반드시 숙주 세포에 들어가야 생명 활동을 할 수 있다. 코로나-19 바이러스의 유전자는 유산균에 비하여 1/100 정도인 약 3만 개의 염기 서열을 가진 RNA로 되어 있다. 이 정도면 바이러스 치고는 큰 RNA를 가진 축에 속한다. 이 RNA는 스파이크와 캡시드 등의 몇 가지 단백질로 된 껍질 속에 들어 있다.

숙주 세포에 들어가기 위해서는 스파이크가 숙주 세포의 표면에 잘 결합하여야 한다. 스파이크가 결합 후에는 바이러스의 RNA가 숙주 세포 속으로 들어간다. 숙주 세포에 들어간 바이러스의 RNA는 숙주 세포의 리보솜과 ATP를 이용하여 자기가 가진 유전정보의 단백질을 생산한다. 이 유전정

33. Ravi Kant, Jochen Blom, Airi Palva, Roland J. Siezen, and Willem M. de Vos. Comparative genomics of Lactobacillus. Microbial Biotechnology(2010) 4: 323-332.

보에는 자기를 만드는 스파이크와 캡시드는 물론이고 RNA 중합효소, 단백질 절단효소, RNA 절단효소, RNA 메틸화효소 등 자기 자신을 만들거나 또한 보호하기 위한 기능을 하는 효소들이 포함된다. 그러나 기타 다른 모든 필요한 ATP나 영양소나 효소는 모두 숙주 세포에 있는 것을 사용한다. 사실 ATP를 만드는 시스템을 갖추는 것만 해도 바이러스 자체의 유전자 전체보다 더 많은 유전자가 필요하다. 바이러스는 또 자기 자신의 RNA와 단백질을 만들기 위하여 숙주 세포가 가진 RNA와 단백질을 분해하여 사용한다. 그래서 자기 자신을 충분히 많이 만들면 숙주 세포를 터뜨리고 밖으로 나와서 또 다른 숙주 세포를 찾아 나선다.

이러한 바이러스도 다위니즘에 의하여 진화한다. 바이러스가 너무 독성이 강하면 숙주가 쉽게 죽어버리는데 그러면 바이러스도 같이 죽는다. 그래서 바이러스가 숙주는 죽이지 않으면서 여러 숙주에게 감염되는 것이 자기 자신의 유전자를 널리 퍼뜨리는 데 유리하다. 그렇게 오래 진화한 바이러스가 감기 바이러스이다. 감기 바이러스는 약 200종 정도 되는데 그중 가장 많은 것은 리노(rhino) 바이러스이고 그 다음 많은 것이 코로나 바이러스이다. 이들이 수백 년 또는 수천 년 전에 처음 발병했을 때는 상당히 치사율이 높았다가 세월이 지나서 현재의 감기처럼 약화된 것이다. 코로나-19도 세월이 지나면 감기처럼 치사율이 낮은 바이러스로 진화할 가능성이 크다. 1918년 스페인 독감을 일으켜 세계적으로는 5천만 명이 넘게 사망하였고 우리나라에서도 약 20만 명의 사망자를 낸 H1N1 인플루엔자 바이러스는, 요새도 한 번씩 독감을 유행시키지만 과거보다는 훨씬 덜 치명적이다.

그러면 바이러스보다 훨씬 간단한 정보를 가진 무생물인 ORM을 생각해 보자. ORM은 자기 자신을 복제할 수 있는 능력 한 가지만 가진 RNA라고 가정하자. 이 것은 혼자서는 아무 것도 할 수가 없다. 이는 유산균도 특수한 상황—즉, 우유 속에 존재하는 상황—이 아닌 일반적인 상황—즉, 책상 위에나 수돗물 속에 혼자 있는 상황—에서는 아무 것도 할 수 없고, 또 바이러스도 세포 밖에 있어서는 아무것도 할 수 없는 것이나 마찬가지다. 그런데 ORM이 만들어진 곳의 주변 환경은 자연적으로 합성된 뉴클레오시드 또는 뉴클레오티드들이 어느 정도 고농도로 존재하고 시로 중합 반응을 할 수 있는 여건이 어느 정도 조성된 특수한 환경이었을 것이다. 이는 원시 지구에서 화산 주변에 자연적으로 합성된 지방과 진흙으로 구성된 거품 속 같은 곳일 수가 있다. 그 속에서 자연적으로 합성된 단백질 또는 유사 화합물이 불특정한 RNA 조각을 조금씩 만들어내는 환경이었을 것이다. 지구는 넓으니까 이런 환경이 존재했을 수 있다. 여기서 RNA를 합성하는 리보자임 활성을 가진 RNA 조각이 우연히 합성되었다면 자기 자신을 복제하기 시작하였을 것이고 이것이 ORM이다. 그러면 ORM은 비록 무생물이지만 다위니즘에 의하여 진화하게 된다.

유산균이 번식하기 위해서는 우유라고 하는 좋은 영양 물질—즉, 소가 자기 자식을 키우기 위하여 만든 고농축 영양 물질—이 필요하 듯, 바이러스는 자기에게 맞는 숙주 세포가 필요하고, ORM은 원시 지구에서 저절로 합성된 지방과 뉴클레오시드 또는 뉴클레오티드와 단백질이 풍부한 어떤 곳이 필요한 것이다. 그런 환경에 들어갔다 해도 ORM의 복제 속도는 유산균의 복제 속도와는 비교도 안 되게 느렸을 것이지만, ORM이 처음 태어났을 때는 자기 복제를 하는 다른 경쟁 상대가 없었으므로 ORM이 기하급수적인 속도로 복제 증식하였을 것이고, 원시 지구의 바다를 지배하는 데는 오래 걸리지 않았을 것이다.

원시 지구의 바다에 이렇게 해서 ORM, 즉 RNA의 농도가 높아지면 그 다음에 RNA 중에는 비교적 더 효율적으로 복제 증식하는 것이 생기고 서로 간에 경쟁이 일어나면서 복제 증식 속도는 점점 빨라지면서 각종 효소의 기능을 하는 리보자임의 정보가 ORM에 더해졌을 것이다.

유산균의 경우는 증식하려면 앞에서 보여주었다시피 엄청나게 많은 정보가 필요하지만, ORM의 경우는 매우 간단한 유전정보만으로도 자기 자신을 복제 증식할 수 있다는 것을 알 수 있다. 단, 유산균이 우유와 같은 영양분이 필요하듯 ORM은 원시 지구의 바닷속의 다양한 유기물이 필요하다.

그러면 이제 책에 문자로 기록된 언어정보를 생각해보자. 중국의 춘추전국시대에 인쇄 기술이 나오기 전에 손자의 가르침을 받고 손자병법이라는 책을 쓰고, 이 책이 필요한 사람들은 손으로 직접 베껴서 복사본을 만들던 때를 생각해보자. 사람들은 전쟁에 이기기 위하여 손자병법을 읽는다. 이 책을 읽은 사람은 전쟁에 이길 확률이 높다. 따라서 손자병법을 구하는 사람들이 많아지고 그래서 손자병법 원본을 보고 베껴서 더 많은 복사본을 만들다가, 또 복사본을 보고 베껴서 또 복사본을 만든다. 이는 자기 복제이고 기하급수적 증가를 하는 것이다. 이렇게 생각하면 손자병법의 정보가 복제 증식하기 위하여는 이 책을 필요로 하는 사람과 베껴서 복사본을 만들 사람이 필요하다.

유산균의 유전정보가 증식하려면 온갖 효소를 다 만들어야 하므로 유산균의 DNA 속에는 엄청나게 많은 정보가 필요하다. 바이러스는 숙주세포의 자원을 많이 사용하므로 훨씬 적은 양의 유전정보만 있어도 된다. ORM의 경우는 복제 증식 속도나 효율은 매우 느리지만 자기 자신을 복제하는 정보 한 가지만 있으면 주변에 있는 물질을 이용하여 자기 자신을 복제 증식하여 경쟁이 없는 블루오션에 자기의 RNA를 꽉 채울 수 있다. "손자병법"은 효소, ATP, 리보솜, 지방, 탄수화물 등에 관한 아무 정보도 필요가 없이 단지 전쟁에 이길 수 있는 정보만 가지고 있으면, 효소, ATP, 리보솜, 영양분을 모두 충분히 가지고 있는 인간들이 경쟁적으로 책을 복제하여 증식시켜 준다.

물론 과거에 쓰인 책 중에 경쟁력이 없는 수많은 책은 사라졌다. 사라진 책이 살아남은 책보다 엄청나게 더 많다. 이러한 책을 선택하는 것은 인간들이므로 인공선택에 의한 다위니즘이 적용된다. 인공선택은 가축을 육종해 온 방법으로서 다위니즘의 일부라고 제1장에서 설명하였다. 그러면 "손자병법" 책은 그 자체가 생명체의 DNA처럼 살아남으려는 의지가 있다고 볼 수밖에 없다.

필사적으로 경쟁하는 문자정보

현대에는 대학 교수나 연구원의 업적을 논문으로 평가한다. 논문은 저널, 즉 학술지에 출판한다. 미국의 톰슨 로이터사(Thomson Reuters)는 그러한 학술지에 실린 논문을 다른 논문이 얼마나 많이 참고문헌으로 인용하는가를 세어서 매년 점수를 매겨서 발표한다. 그 점수를 피인용지수(임팩트 팩터, Impact Factor)라고 하는데, 피인용지수가 높은 학술지에 논문을 내면 다른 논문에 인용될 확률이 높아진다. 다른 논문에 많이 인용되면 그 만큼 많이 읽힌다는 뜻이 된다.

그래서 교수들은 피인용지수가 높은 학술지에 논문을 많이 내려고 필사적으로 노력한다. 또 교수가 되려면 피인용지수가 높은 학술지에 낸 논문이 많이 필요하므로 대학원생이나 연구원들은 더 필사적이다. 거의 피인용지수의 노예가 된 듯하다. 이는 누가 시킨 것인가? 살아남아 자기 정보를 널리 퍼뜨리려고 발버둥치는 논문인가? 교수의 DNA인가? 연구원의 DNA인가? 대학교 인사위원회인가? 총장인가? 아니면 모두인가? 내 생각에는 보는 관점에 따라서 모두가 답이 될 수 있다. 거기에는 살아남아 자기의 정보를 퍼뜨리려는 문자정보인 논문 자체의 생명력도 포함된다는 것이 중요하다.

만약 책에 쓰여진 문자정보가 그렇다면, 잘 생각해 보면 문자 이전의 말로 표현되는 언어정보도 그렇다. 단 책에 쓰여지는 정보는 DNA에 저장된 유전정보처럼 안정하고 대량 저장이 가능하지만, 말로 표현되는 정보는 RNA처럼 불안정하고 소량 저장만 가능하다. 그래서 현재는 아주 소량의 유전자만 가지고 있는 RNA 바이러스를 제외하면 모든 생명체는 유전정보를 DNA에 저장하고 있다. 그리고 책을 읽는 순간 말이 되는데, 이는 유전정보가 단백질이 되기 직전에 문자인 DNA에서 말인 RNA로 복사되는 것으로 볼 수도 있다.

따라서 유전정보처럼 문자정보 또는 언어정보도 다위니즘의 적용을 받는다. 그러나 조금 다르다. 유전정보의 변화는 우연히 일어나는 유전자 변이에 의하여 일어나고 그중 일부가 자연선택 또는 인공선택(가축의 경우)된다.

최근의 유전공학적 기법을 쓰면 유전정보의 변화는 인간에 의하여 계획적으로 일어날 수도 있다. 언어정보의 변화는 인간에 의하여 계획적으로 일어나고 인공선택된다. 이는 유전공학에 의하여 유전정보를 계획적으로 변화시킨 후 인공선택하는 것과 유사하다. 중요한 것은 다위니즘이 적용된다는 것이고 그 속도는 유전정보의 진화에 비하여 엄청나게 빠르다는 것이다.

또 한 가지 다른 점은 유전정보는 자기 자신을 유지하고 복제하는데 필요한 하드웨어, 즉 세포나 생체를 만드는 정보를 모두 가지고 있다. 물론 바이러스와 같은 예외도 있고, 또 ORM이 처음 생겼을 때나 RNA 세계에서는 그런 것을 가지고 있지 않았지만, 진화 과정에서 거의 완벽하게 갖추게 되었다. 그러나 언어정보는 그렇게 자신을 유지하고 복제할 하드웨어를 만드는 정보를 갖추지 못했다. 즉, 손자병법 책 안에는 손자병법만 들어 있지 책을 만드는 정보는 안 들어 있다. 그러나 그런 정보는 안 들어 있어도 된다. 언어정보를 유지 복제해주는 하드웨어는 주로 인간이고 컴퓨터도 될 수 있다. 언어정보는 인간이나 컴퓨터를 만드는 하드웨어 정보를 거의 갖추지 못했지만 인간이 그 역할을 다 해주기 때문에 복제 증식하는데 문제가 없는 것이다. 생명체가 아니면 다위니즘이 적용되지 않는다고 생각한다면 너무 보수적인 생각이다. 무생물에 가까운 바이러스도 다위니즘에 의하여 진화하고 무생물인 ORM도 다위니즘에 의하여 진화한다.

나중에 문자정보에서 발전하여 나온 인공지능이 극단적으로 발전하면 자기 자신을 유지할 하드웨어, 즉 컴퓨터나 로봇 시스템을 만드는 정보를 완벽하게 갖출 수도 있을 것이다. 맥스 테그마크(Max Tegmark)는 이러한 시스템을 새로운 생명으로 보고 라이프 3.0 (Life 3.0)이라고 하였다. 테그마크의 라이프 1.0은 박테리아처럼 하드웨어와 소프트웨어가 순전히 진화에 의하여 나타나서 살아가는 것이고, 라이프 2.0은 사람처럼 하드웨어는 진화에 의하여 나타났지만 생각과 같은 소프트웨어는 자신이 직접 계획하고 설계할 수 있는 것이고, 라이프 3.0은 하드웨어와 소프트웨어가 모두 진화와는 독립적으로 계획적으로 디자인되어 만들어진 것으로 정의했다. 테그마크의 견해는 매우 뛰어나지만 다위니즘을 과소평가한 것 같다. 그는 자기 자신이 물리학과 엔지니어링 분야의 전문가이므로 무의식적으로 자기 자신이 인공지능을 설계한다는 입장에서 생각을 전개한 것 같다. 그리고 나는 그것에 대하여 다행이라고 생각한다. 만약 테그마크가 라이프 3.0도 다위니즘에 의하여 태어나고 또 다위니즘에 의하여 진화할 것이라는 것을 간파했다면 나는 이 책을 쓸 필요도 없었을 것이다. 문자정보가 인공지능으로 진화하는 것은 뒤에 차츰 설명할 것이다.

손오공이 눈깜짝할 새에 십만팔천 리(초속 42,414 km)를 날아가는 근두운을 타고 한참 날아가다 보니 기둥이 다섯 개가 있었다. 거기가 세상 끝이라고 생각하고 낙서를 하고 돌아왔다. 그런데 부처가 자기 손가락을 보여주는데 거기 자기가 써 놓은 낙서가 있었다. 그래서 손오공이 제 아무리 날고 뛰어도 부처님 손바닥은 못 벗어난다. 이처럼 라이프 3.0이 아무리 해도 다위니즘은 못 벗어난다. 라이프 3.0의 하드웨어를 만드는 정보도 모두 0과 1로 된 문자정보로 메모리에 저장된 것이고, 또 그 문자정보가 만드는 정보도 문자정보이다. 그리고 그 문자정보는 복제하면서 증식한다. 이는 복제 증식하는 DNA의 유전정보가 A, T, G, C로 구성된 문자정보라는 것과 본질적으로 같다. 따라서 다위니즘의 거대한 바퀴를 벗어날 수 없는 것이다. 복제 증식하지 않는 정보는 다위니즘의 바퀴를 벗어날 수 있다. 그것이 윤회의 바퀴를 벗어난 부처인지에 대하여 논하는 것은 이 책의 범위를 벗어난다.

어쨌든 자신을 만드는 정보를 가진 인공지능—이는 마치 사람 유전체, 즉 게놈 안에는 사람을 만드는 모든 정보가 들어 있는 것과 같은데, 그에 관한 이야기는 제10장에서 할 것이다.

제 5 장

인류의 언어정보의 진화

인류는 아날로그 정보인 그림에서 시작하여 상형문자, 표의문자를 거쳐 표음문자를 만들어 디지털화된 문자정보를 기록하였다. 디지털화 된 유전정보처럼 디지털화된 문자정보도 자기복제를 하여 다위니즘에 의하여 진화할 수 있게 되었다.

두뇌의 발달과 언어

제4장에서 인류의 두뇌, 즉 신경계의 기본적인 원리는 단세포 생물인 유글레나의 자유 의지와 근본적으로 같다고 했다. 그런데 유글레나는 단 한 가지 정보, 즉 빛에 의존하여 자유 의지로 결정을 하고 또 결정을 해야 한다. 그 결정으로 살아남느냐 도태되느냐가 결정되는 것이다.

그러나 사람은 현재 들어오고 있는 수많은 정보와 두뇌 속에 기억된 방대한 정보를 조합하여 자유 의지로 결정을 하고 또 결정을 해야 한다. 그 결정의 본질은 유글레나와 같다. 생존하여 자기 유전자를 많이 번식시키는 것이다. 왜냐하면 그렇게 행동한 개체들이 살아남을 확률이 높아서 오랜 세월이 지나니 대부분 그런 개체가 남아 있는 것이다. 그런데 사람의 생존경쟁은 힘이 세고 약하고, 동작이 빠르고 느리고와 같이 단순한 것도 있지만 훨씬 더 복잡한 것이 많다. 친구를 잘 사귀고, 공부를 잘 하고, 운동을 잘 하고, 노래를 잘 하고, 춤을 잘 추고, 말을 잘 하고, 피아노를 잘 치고, 술을 잘 마시고, 동정심을 가지고, 위로의 말을 잘 하고, 사람을 속이지 않고, 사람을 잘 속이고 등등의 매우 복잡한 것이다.

인류의 두뇌에 의한 정보의 진화에서 가장 중요한 것으로 언어 능력을 들 수가 있다. 언어는 말과 글을 합친 것이다. 말과 글 중 말은 글에 비하여 매우 일찍 시작되었다. 말은 인류가 탄생하면서부터 있었다. 그러나 글은 훨씬 뒤에 나타났다.

인간이 아니더라도 야생의 동물, 즉 늑대, 까마귀, 사자, 하이에나, 호랑이, 고래 등 많은 종류의 동물도 서로 소리로 의사 소통을 한다. 훈련받은 개는 상당히 많은 숫자의 인간의 단어를 알아듣는다. 또한 침팬지는 개보다 더 많은 단어를 사용하여 서로 의사 소통을 한다. 고래나 돌고래도 여러 가지 소리로 아주 멀리까지 의사 소통을 한다.

아프리카 콩고강 유역에는 침팬지와 유사하지만 보노보라고 하는 침팬지보다 인류에 조금 더 가까운 영장류가 살고 있다. 침팬지와 인류의 유전자가 1.6% 차이가 나는데 비하여 보노보는 1.3% 밖에 차이가 나지 않는다. 그리고 하는 행동도 침팬지에 비하여 인류와 더 가깝고 의사소통도 더 뛰어나다. 사람에게 훈련받은 보노보는 수백 개의 단어로 의사 소통을 하기도 한다.

그리나 인류의 언어는 다른 동물들과는 차원이 다르다. 인류는 언어의 발달로 다른 동물에 비하여 훨씬 큰 숫자로 구성된 무리를 이루어 살게 되었고, 그리하여 사회생활이 진화의 중요한 요소가 되었다. 사회에 적응한 사람은 생존하였고 그렇지 못한 사람은 살아남을 확률이 낮았다. 인류의 사회는 다른 동물들의 사회보다는 훨씬 더 크고 복잡하다. 이렇게 언어는 인간의 진화에 관여하였지만 언어 자체도 진화하였다.

사회생활과 공감 능력

사회에 적응하는데 중요한 요소는 공감 능력이었다. 다른 사람의 말뿐만 아니라 표정과 주변 분위기를 재빨리 파악하고 그에 따른 행동을 해야 했다. 다른 사람과 공감하기 위하여는 음악과 미술 같은 미적 감각도 필요했다. 그리고 선과 악에 대한 생각뿐만 아니라 즐거움, 슬픔, 불쌍함, 부끄러움 같은 감정도 서로 공유할 줄 알아야 했다.

서로 공감하는 사람들끼리는 오해가 적었고 같은 편이 되기 쉬웠다. 공감하지 못하는 사람은 다른 사람에게 오해를 받기 쉬웠고, 또 아무런 잘못이 없어도 엉뚱한 이유로 공격을 받았다. 슬픈 이야기를 들으면 슬퍼할 줄 알아야 하는데 그렇지 못한 사람은 사람들이 기피하였다. 나쁜 짓을 한 것을 들키면 부끄러워할 줄 알아야 하는데 그렇지 못한 사람은 사람들에게 지탄을 받았다. 사람들끼리 하는 대화에 참여하지 못하면 소외감을 느껴서 최대한 대화에 참여하려고 노력하게 되었다.

사람들은 서로 공감하기 위하여 선과 악을 정하여 선을 장려하고 악을 배척하였다. 선과 악을 극명하게 대비시킨 한글 소설 김만중의 사씨남정기에서, 악한 사람인 교씨가 선한 사람인 사씨에게 누명을 씌웠다가 결국에는 교씨가 벌을 받고 사씨는 성공하게 되는 스토리는 다음과 같이 끝난다.

"이러므로 착한 사람은 복을 받고 악한 사람은 앙화를 받는 법이라, 후세인들에게 경계하고자 이 기이한 사정을 대강 기록하여 전하니 사람들은 명심하라."[34]

결론적으로 공감 능력은 유전자가 살아남기에 필요한 조건이었고, 그 또한 인간의 유전자의 명령에 의한 것이었다.

이기적 유전자와 이타적 유전자

인간은 이기적이기도 하고 이타적이기도 하다. 다위니즘에 의하면 이기적이어야만 그 개체가 살아남아 자기 유전자를 남기기에 좋으므로 이타적인 인간은 모두 도태되어 현재는 이기적인 사람만 존재해야 한다고 생각할 수 있다. 그런데도 왜 이타적인 인간이 존재할까 하는 것은 오랫동안의 의문이었다. 이에 대한 다위니즘적 해답은 영국의 생물학자 윌리엄 해밀턴(William D. Hamilton)과 미국의 유전학자 조지 프라이스(George Price)가 찾아냈다.

해밀턴과 프라이스는 이기적인 행동뿐만 아니라 이타적인 행동도 생존하는 데 도움이 될 수 있다는 사실을 수학적으로 증명하였다. 자기의 유전자를 한 명의 자식에게 물려줄 경우를 1로 가정할 경우, 특정 상황에서 이타적으로 행동을 하면 행위자와 수용자가 서로 유전자를 공유할 확률이 높아진다. 따라서 그 값이 1보다 높아지게 되어 자손을 남길 확률이 높아진다는 것이다.

그렇다고 해서 모든 사람들이 이타적이기만 해서는 안 된다. 왜냐하면 이타적인 유전자를 가진 사람은 그 사회가 생존하는 데는 유리한 역할을 하더라도 자기 자신의 유전자를 남기는 데는 불리할 수 있기 때문이다. 그래서 이타적인 유전자와 이기적인 유전자가 적당하게 섞여 있는 사회는 더 큰 사회집단을 만드는데 유리하다. 인간은 영장류 중 이타적인 행동을 하는 경향이 가장 우세하여 협동하여 더 큰 집단을 만들 수 있었다.

이타적인 행위는 개미나 벌과 같은 사회생활을 하는 곤충에서는 흔히 볼

34. 김만중, 사씨남정기. 1689(?)

수 있다. 이는 본능에 의하여 아무 생각없이 하는 것일 것이다. 그러나 사람은 두뇌로 생각하여 이타적인 행위를 하려고 결정해야 하는데, 이때 자기는 손해를 보거나 희생을 해야 하므로 상당히 어려운 행위이다. 따라서 이기적인 행위에 비하여 하기가 어렵지만 사회의 발전을 위하여는 반드시 필요하다. 그래서 인간은 역사적으로 오랫동안 이타적인 행동을 장려하여 왔다.

안중근, 이봉창, 윤봉길 의사는 모두 조국을 위하여 자기 목숨을 바친 사람들이다. 자기가 죽을 것을 알고 계획을 세워 의거를 감행하고 그 후에는 비겁하게 도망치기 않고 의연하게 순국하였다. 거의 성인의 반열에 오른 슈바이처 박사나 테레사 수녀 그리고 울지마 톤즈의 이태석 신부 등은 자기 희생적인 봉사활동으로 유명하다.

강재구 대위는 1965년 훈련 중 부하가 실수로 떨어뜨린 수류탄을 몸으로 덮쳐 부대원들을 구하고 혼자 산화하였다. 사후에 일계급 특진하여 우리는 모두 강재구 소령으로 알로 있다. 우리는 교과서에서 그것을 배웠다. 이인호 대위도 1966년 해병대로 월남전에 참전하여 땅굴 속에서 부하들을 살리기 위하여 수류탄을 안고 산화하였다. 역시 소령으로 특진하였다. 우리는 초등학교 때 이 이야기를 주제로 한 영화를 단체 관람하였다. 자기가 비참하게 죽을 것을 뻔히 알면서 1초도 안되는 순간에 결정을 하고 다른 사람을 살리기 위하여 수류탄을 몸으로 끌어안고 폭사한다는 것은 굉장한 이타심이다. 이처럼 많은 국가나 종교나 철학자들이 이타적인 행동을 장려해 왔다.

신화, 전설, 연극, 소설 등으로 고대에서 현대에 이르기까지 계속 이러한 이타적인 행동, 즉 애국자, 충신, 나라를 구한 영웅, 효자, 효녀 등을 존경하도록 유도하고 있다. 그런 전통이 강한 나라일수록 살아남아서 유전자를 남길 확률이 높으므로 현재 남아 있는 나라들은 대부분 애국심을 고취하고 나라에 반역한 자를 혐오하게 만든다. 간첩이나 반역자가 나타나면 나라가 멸망하고, 그러면 그 나라 국민들은 유전자를 남길 확률이 줄어든다. 그래도 반역자는 계속 존재하는데, 그 이유는 나라가 멸망하여도 반역자는 자기의 유전자를 남기기에는 유리할 수도 있기 때문이다.

그런데 이러한 이기적인 행위나 이타적인 행위를 하게 하는 유전자가 밝혀진 것은 아직 없다. 따라서 이러한 행위들이 유전자에 의하여 지배 받는다고 확신할 수도 없다. 어쩌면 이러한 행위들이 인간의 두뇌에 기억된 정보가 되어 구전되거나 문자로 기록되어 읽히거나 해서 전달된 것일수도 있다. 즉, 유전자에는 없지만 언어정보가 살아서 사람들의 두뇌로 전달된 것이다.

언어정보, 즉 문자로 기록된 정보에 의하여 지배 받는 인류

제3장에서 예를 든 세팔로테스 아트라투스, 즉 빨간 딸기 개미가 빨갛게 된 엉덩이를 쳐든다든지 연가시 벌레에 감염된 사마귀가 물에 빠져 죽는다든지 하는 것은 아직 그 유전자가 밝혀지지 않았다 하더라도 기생충의 유전자에 의하여 지배 받아 하는 행동이라는 것은 직감적으로 알 수 있다. 이러한 곤충에게는 두뇌가 발달하지 못했기 때문이다.

그런데 사람의 두뇌도 다른 생명체에 감염되면 행동의 변화를 주는 지배를 받을 수가 있다. 예를 들어 광견병에 걸리면 광견병 바이러스가 사람의 두뇌로 들어가 두뇌 조직을 파괴하고 물이나 바람을 무서워하게 만든다. 그래서 광견병을 공수병이라고도 하는 것이다. 이는 병에 걸린 사람이 광견병 바이러스의 유전자에 지배를 받기 때문이다. 그러나 일반적으로 사람의 행위는 유전자 외에도 두뇌라는 정보 기관이 많은 역할을 하고 있어서 모든 것을 유전자가 지배한다고 확신할 수는 없다.

어쨌든 인류의 유전정보의 진화는 현생인류의 탄생 이후로는 거의 진전이 없고 대신 두뇌에 의한 정보의 진화가 시작되는데, 이때 언어가 정보 전달 및 저장에 주된 역할을 한다.

인류는 문자를 발명하기 전에는 정보를 말로 전하였다. 사냥 기술, 농사 기술, 요리 기술 등을 자손들에게 구전하였다. 또 자기 조상들의 이야기도 신화와 전설로 구전하였다. 구전되는 정보의 양은 제한적이었다. 구전된 정보의 정수를 들면 불경이 있다. 인도에서 불교가 처음 생겼을 때 부처의 가르침인 불경을 문자로 기록하지 않고 사람들이 암송하여 전달하였다. 그 양은 방대하여 수백명의 사람들이 서로 분담하여 암기하였는데, 한 자도 틀리지 않고 외우기 위하여 엄청난 노력과 시간을 들였다. 요즈음도 불교에서는 경전을 외우는 전통이 남아 있다.

그 후에 스리랑카로 불교가 전달되자 스리랑카에서는 많은 사람들을 동원하여 불경을 모두 암송하기가 힘들어 말린 나뭇잎에 문자로 기록하였다. 이것은 문자로 기록된 최초의 불경인 팔리어 삼장(팔리 삼장, 티피타카, Tipitaka)인데 나뭇잎에 기록하였다고 패엽경이라고도 한다. 나중에 인도에서는 불교가 번성하지 못하고 힌두교가 국교가 되었지만, 문자 기록으로 불경을 남긴 스리랑카는 불교가 국교이다.

불교가 중국으로 전래되면서 불경은 한자로 번역되어 기록되고 목판본으로도 여러 번 만들어졌다. 그러나 전체가 완전하게 남아 있는 목판은 없다. 고려에서는 중국에서 불경을 수입하여 그 내용을 목판본으로 만들어 보관하였는데, 몽골의 침략으로 불에 타 버리자 다시 만들었다. 그 목판은 고려대장경이라고 부르는데 목판의 숫자가 8만 1,137장이나 되어 팔만대장경이라고도 부른다. 그 목판은 지금까지 고스란히 보존되어 한국은 가장 방대

그림 5-1. 1236~1251년에 제작하여 지금까지 온전히 보존되고 있는 팔만대장경 목판의 일부

한 불경의 기록을 가진 나라가 되었다(그림 5-1). 그 이전의 방대한 양의 목판이 불타자 다시 만든 사람들도 놀랍지만, 불경의 문자정보 자체가 생명력이 강하지 않았으면 사람들을 움직여 다시 만들도록 하기 못했을 것이다.

불경 중 주술로 많이 사용되는 천수경(千手經)의 개경게를 한 번 보자.[35] 불법을 이해하는 것을 얼마나 어렵게 여겼는지, 따라서 그 불법을 이해할 수 있는 불경을 얼마나 소중하게 여겨서 복제하고 전파하였을지 그 시대 사람들의 마음을 알 수 있다.

無上甚深微妙法 百千萬劫難遭遇
무상심심미묘법 백천만겁난조우
我今聞見得受持 願解如來眞實意
아금문견득수지 원해여래진실의
위없이 심히 깊은 미묘한 법을 백천만겁 지난 들 어찌 만나리
이제 보고 듣고 받아 지니니 부처님의 진실한 뜻 알아지이다.

두뇌에서 생성한 정보를 문자 기록으로 남겨 저장하니 더 오래 남고 문화적으로도 영향력이 크게 되었다. 그 결과 인류가 문자로 기록한 정보 중에서도 더 오래 살아남는 정보가 있고 빨리 없어져 버리는 정보가 있게 되었다. 제3장에서 말하는 유전정보의 "보수적 도메인"과 같이 중요한 문자정보는 변화를 거의 하지 않고 살아남아 계승된다. 즉, 두뇌에 의하여 생성되어 기록된 문자정보도 다위니즘이 적용되는 것이다. 기록은 필사하여 복제가 가능하고 또 하나의 기록도 여러 사람들이 읽어서 많은 두뇌 속에 저장되기 때문에 복제 증식하는 정보가 되는 것이다. 따라서 다위니즘이 적용될 수 있다. 나중에는 인쇄술의 발달로 훨씬 더 많은 복제가 가능하기 때문에 진화의 속도가 더 빨라졌다.

문자 기록이 시작된 것을 생명체와 비교한다면 RNA에 저장되던 유전정

35. 천수경(千手經)은 중생을 구제하기 위하여 천개의 눈과 천개의 손을 가졌다고 하는 천수보살의 가르침을 쓴 경전이고, 개경게(開經偈)는 경전을 펴는 소리이다. 따라서 이 부분은 불경 중에서 가장 널리 암송되는 부분 중의 하나로 주술적으로도 사용된다.

보가 DNA로 옮겨간 것과 유사하다. RNA는 불안정하여 대량의 유전정보를 보관하기 어렵고 또 복제하면서 실수도 많이 한다. 이는 두뇌정보를 말로 표현하는 것과 비슷하다. 말은 사람과 사람 사이에 전달되면서 실수도 많이 하고, 또 많은 양을 전하기 어렵다. 그런데 DNA는 안정하여 훨씬 더 많은 유전정보를 보관할 수 있고 또 더 정확하게 복제할 수 있다. 이는 말로 전하던 두뇌정보를 문자로 기록함으로써 대량의 정보를 정확하게 저장하고 전달하는 것과 비슷하다.

오래 살아남은 대표적인 문자정보는 성경이나, 불경, 코란 같은 종교적인 책이나, 특히 기록을 많이 남기고 교육을 많이 한 동아시아 유교에 관한 사서삼경, 그리고 현대 과학 발전에 결정적인 역할을 하여 수학 교과서로 많이 사용된 유클리드 기하학 같은 것이 있다. 한국에서 가장 성공적인 문자정보는 홍성대 교수의 『수학의 정석』이라고 한다(그림 5-2). 맞는 말인 것 같다. 우리 가족만 해도 나도 내 아내도 아들도 딸도 모두 그 책을 사서 공부했으니 말이다. 우리 가족이 4권이나 산 다른 책은 생각나지 않는다. 『수학의 정석』이 다위니즘에 의하여 살아남는 비결은 학생들을 대학교에 많이 합격시켜 주는 것이다. 그러면 사람들이 필사적으로 복제 증식을 시켜준다.

그림 5-2. 한국에서 오랫동안 베스트셀러 자리를 유지하고 있는 『수학의 정석』. 이 책은 좋은 대학교를 가기 위하여 필수적이어서 거의 대부분의 한국인이 사서 보았다. 그래서 사람들에 의하여 계속 복제 증식되어 크게 성공하였다. 중요한 수학적 내용을 보수적 도메인으로 포함한다.

반면 뉴스에 속하는 많은 정보들은 수명이 짧은 것이 대부분이다.

그런데 『수학의 정석』에 들어 있는 내용은 유클리드 기하학, 데카르트의 좌표 평면, 뉴턴과 라이프니츠의 미적분학, 칸토어의 집합론 등 과거부터 전해오던 중요한 수학적 내용이 대부분이다. 이러한 것은 제3장에서 말한 유전자의 "보수적 도메인"과 유사하다. 즉, 유전정보에서 중요한 부분일수록 "보수적 도메인"이 되어 계속 살아남듯, 문자정보에서도 중요한 부분일수록 "보수적 도메인"이 되어 다른 책에도 중복적으로 나타나면서 살아남게 되는 것이다. 수학 분야의 보수적 도메인은 『수학의 정석』에만 나타나는 것이 아니라 많은 수학 교과서와 다른 수학 참고서에도 나타난다. 이는 생명체에서 헤모글로빈이나 알부민 또는 콜라겐과 같은 중요한 단백질에 대한 유전정보가 수많은 동물에서 거의 비슷한 염기 서열로 나타나는 보수적 도메인인 것과 비슷하다.

사람들은 종교나 사상 때문에 서로 싸워 많은 사람들이 죽었다. 이는 사람들이 서로 싸운 것이지만, 기록된 문자정보들이 더 많이 살아남고 또 더 많이 증식하기 위하여 문자정보들이 서로 자기를 증식시킬 때 필요한 에너지와 자원인 사람을 더 많이 확보하려고 생존경쟁을 한 것으로도 볼 수 있다. 이때 사람을 더 효율적으로 확보한 문자정보가 더 잘 살아남았고 그렇지 못한 문자정보는 도태되었다. 사람들은 문자정보의 명령대로 움직인 꼭두각시 역할을 한 것이다.

두뇌에 의하여 생성된 정보가 폭발적으로 증가하고 진화한 것은 인쇄술의 발전과 산업혁명부터이다.

언어는 말과 문자로 구성

문자정보는 유전정보와 마찬가지로 기록되는 순간부터 생명력을 가진다. 유전정보는 자기 자신을 만드는데 필요한 각종 효소를 만드는 정보를 모두 기록해야 하고 이를 유지하기 위한 시스템으로 세포막, 리보솜, ATP, 영양소 등이 많이 필요하지만, 문자정보는 자기 자신을 복제하여 만드는 데는 의지를 가진 사람만 필요하다.

문자는 다위니즘에 의하여 계속 진화하여 컴퓨터 언어로 진화하였고, 더 나아가 인공지능으로 진화하였다. 그에 대한 설명은 제8장부터 자세히 할 것이다.

그러면 최초의 문자의 진화에 대하여 좀 더 자세히 알아보자. 최초의 문자는 기원전 3,200년경 메소포타미아 지역의 수메르에서 사용하였다고 알려져 있다. 그러니 문자는 철기가 사용되기 훨씬 더 전부터 사용되었다. 아메리카 대륙에서는 문자는 있었지만 철기는 사용하지 못했다. 이로 보아 문자의 발명은 철기의 발명보다 더 어렵지는 않은 것으로 짐작할 수 있다.

문자에 대한 이야기를 하기 전에 먼저 언어에 대하여 생각해 보자. 언어는 말과 글로 구성되어 있다. 말은 의사 소통 수단으로 현생인류가 탄생하기 전부터 사용되어 왔다. 네안데르탈인도 상당한 수준의 말을 하였다는 것이 통설이다. 동물은 물론 사람보다는 훨씬 못하지만 약간의 말을 한다고 볼 수 있다. 그러나 글, 즉 문자는 말에 비하여 훨씬 뒤에 탄생하였고 현생인류만 사용하였는데, 이는 상당히 높은 지능적인 행동이기 때문이다. 물론 침팬지와 같은 동물 중에는 훈련을 시키면 혹시 약간의 문자를 이해할 줄 아는 수도 있을지 모르나 침팬지가 문자를 개발할 수는 없다.

현재도 지구상에 수많은 민족이 있는데 이들은 모두 말은 할 줄 안다. 그러나 이들 중 상당 수는 자기 문자를 가지고 있지 않다. 우리나라도 1446년 이전에는 문자가 없었다. 맞지도 않는 중국 문자를 빌려서 억지로 어렵게 사용하였다. 그리고 문자를 가지고 있는 민족이라고 해도 그 문자는 거의 대부분 다른 민족이 과거에 개발했던 문자를 그대로 혹은 변형해서 사용하고 있다. 미국만 해도 자기들이 개발한 문자가 아니라 영국이 개발한 것을 쓰고 있다. 영어도 완전히 새로 개발한 것이 아니라 로마자에서 파생한 것이다. 그만큼 문자는 개발하기가 어렵다. 그래서 문자의 개발은 여러 단계를 거쳐서 이루어졌다.

그림에서 기호로

인간은 문자를 쓰기 전에 그림을 먼저 그렸다. 그림은 아날로그 정보이고 문자는 디지털화된 정보이다. 인간이나 동물의 두뇌는 아날로그 정보를 더 쉽게 이해하는 경향이 있다. 왜냐하면 자연의 정보가 거의 아날로그 정보이고 인간과 동물은 이러한 자연적인 정보에 익숙해 있기 때문이다.

스페인에서는 약 6만 5,000년 전에 네안데르탈인이 그린 동굴 벽화가 발견되었다고 2018년에 『사이언스』지에 보고되었다.[36](그림 5-3). 이는 현생인류보다 3만 년 이상 앞선 것이다. 그러나 네안데르탈인이 문자를 썼다는 증거는 없다. 물론 네안데르탈인이 멸종하지 않고 계속 살았다면 나중에 문자를 발명했을지도 모르지만….

대부분의 구석기 시대의 동굴 벽화나 울산 반구대 암각화 같은 신석기 시대 그림은 문자가 나타나기 전에 현생인류가 그린 것이다. 아마도 인류가 사냥을 할 때 필요한 정보 같은 것을 그림으로 그려 서로 그 정보를 공유할 필요가 있었을 것이다.

그러나 그때 문자는 만들지 못했다. 이는 인류에게는 아날로그 정보인 그림에 비하여, 이를 디지털화한 문자는 부자연스러워서 받아들이거나 새로 만들어 내기 어렵다는 것을 말해준다. 아날로그 정보를 디지털 정보로 만들려면 두뇌 속에서 한 단계의 추상화 과정을 거쳐야 한다. 물론 한 번 익숙해지면 디지털 정보가 더 쉽게 느껴질 수는 있다. 디지털 정보 중 가장 쉬운 것은 숫자를 세는 것일 것이다. 그래서 울산 반구대 암각화에는 배 위에 사람을 여러 명 그려서 고래사냥을 하러 가는 사람들의 숫자를 나타내기도 했다.

사람들은 그림을 더 추상화하고 단순화하여 의사 전달을 하기 위하여 사용하였는데, 이러한 것은 문자가 되기 이전의 기호의 단계라고 할 수 있다.

36. D. L. Hoffmann, C. D. Standish, M. García-Diez, P. B. Pettitt, J. A. Milton, J. Zilhão, J. J. Alcolea-González, P. Cantale. U-Th dating of carbonate crusts reveals Neandertal origin of Iberian cave art. Science. 2018: Vol. 359, Issue 6378, 912-915.

그림 5-3. 네안데르탈 인이 그린 그림을 발표한 『사이언스』지의 표지

기호는 디지털화한 두뇌정보라고 볼 수 있다. 그런데 이러한 기호는 원칙적으로 말과 서로 대응하지 않는다. 다시 말하면 그 기호를 나타내는 소리가 정해지지 않았다는 뜻이다.

현대에도 화살표나 교통신호용 표지판이나, 자동차의 계기판이나, 전자렌지의 스위치, 핸드폰이나 컴퓨터의 아이콘, 이모티콘 등에 문자대신 간략한 그림으로 나타낸 기호를 널리 사용한다. 이러한 기호는 그 기호에 대응하는 이름과 뜻은 있지만 대응하는 소리는 없는 경우가 대부분이다. 예를 들어 "+"를 "더하기"로 읽으면 "더하기"는 "+"의 이름과 뜻은 되지만 "+"의 음은 아니다. 이렇게 현대에도 이와 같은 기호를 만드는 일은 일어나고 있지만, 수천년 전에도 일어났다. 그러나 기호의 단계는 아직 문자가 아니다.

기호에서 상형문자와 표의문자로

기호가 점점 추상화, 단순화되고 상형문자가 되면서 뜻 뿐만 아니라 소리도 서로 대응하게 되었다. 예를 들어 "+"에 "더"라는 소리를 대응시켜 문장을 쓸 때 사용한다면 그것은 문자가 되었다고 볼 수 있다. 이 단계가 문자와 기호를 구분하는 분기점이 된다. 즉, 기호에는 대응하는 소리가 없지만 상형문자에는 대응하는 소리가 있다. 따라서 소리 내어 읽을 수가 있다. 소리 내어 읽는다는 것은 말을 글로 대응한다는 것이고 그것은 말의 디지털화에 성공했다는 것이다. 즉, 기호의 단계에서는 두뇌정보가 말을 거치지 않고 디지털화하였다면, 문자의 단계에서는 두뇌정보가 말을 거쳐서 디지털화한 것이다(그림 5-4).

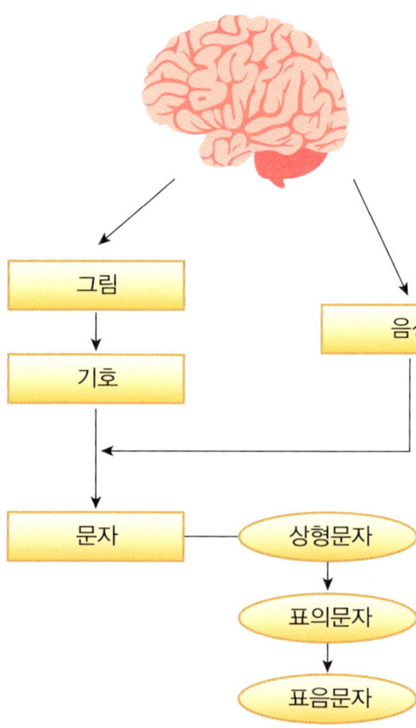

그림 5-4. 문자의 생성 과정.. 두뇌정보가 그림으로 먼저 표현되었고 그것이 추상화하여 기호가 되었으며 더 나아가 음성과 함쳐져서 문자가 되었다. 문자는 처음에 그림과 비슷한 상형문자로부터 시작하여 점점 음성정보를 더 정확하게 표현할 수 있는 표음문자로 발전하였다.

상형문자는 모양이 있는 것, 즉 사람, 소, 새, 산, 나무 등은 모양을 단순화하여 글자를 만들면 되지만, 모양이 없는 것, 즉 마음, 빨강, 빠름, 밝음 등은 모양으로 나타낼 수 없어서 각각 나름대로 당시의 철학을 적용하여 문자를 조합하든지 변형하든지 하여 새로운 문자를 만들었다. 이렇게 상형문자가 발전한 것이 표의문자이다.

표의문자인 한자를 보면 모두 대응하는 뜻과 함께 음이 있다. 한자로 “天”이라고 쓰면 대응하는 뜻은 “하늘”이고 소리는 “천”이다. 중국어로는 “티엔”으로 읽고 일본어로는 “텐”으로 읽는다.

그러나 상형문자나 표의문자로 말소리를 그대로 표시하는 것은 한계가 있다. 왜냐하면 사물의 종류와 사람의 목소리는 다양하여 그것을 모두 각각의 문자로 서로 연결시켜 나타내려면 글자 수가 엄청나게 많아져야 하기 때문이다.

표의문자가 말과 맞지 않지만 그래도 그것을 사용한 예는 많이 있다. 과거의 우리나라가 바로 그런 예다. 훈민정음이 나오기 전에 “나랏 말씀이 중국과 달라”라는 말을 글로 나타내려면 중국 문자로 “國之語音 異乎中國”이라고 쓸 수밖에 없었고, 그것을 “국지어음 이호중국”이라고 읽었는데, 머리 속으로는 “우리나라 말이 중국과 달라서”라고 생각하였다(그림 5-5). 그러니 말과 글이 전혀 맞지 않는 상황이었다. 이때 특별히 한자를 배우지 않은 사람은 누군가가 그 글을 “국지어음 이호중국”이라고 읽어 주어도 뜻을 알 수가 없었다. 그 후에 표음문자인 한글이 나오면서 말과 글이 일치하게 되었고, 더 나아가 오늘날에는 한자는 불편하여 거의 사용하지 않게 되었다.

표의문자에서 표음문자로

정리를 해 보면, 사람이 쉽게 알 수 있는 아날로그 정보인 그림을 디지털화하여 기호로 만들고, 여기에 말소리를 결합한 상형문자나 표의문자를 만들고, 더 세월이 지나면서 상형문자나 표의문자로 표현할 수 없는 말도 정교하게 잘 표현할 수 있는 표음문자가 개발되었다. 그 결과 현대의 전세계

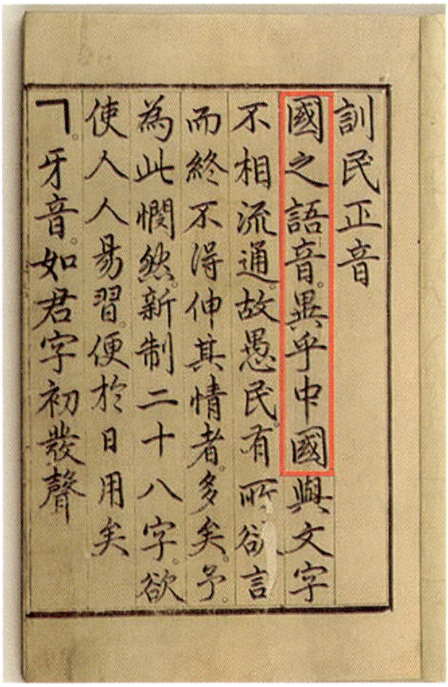

訓民正音
國之語音異乎中國與文字
不相流通故愚民有所欲言
而終不得伸其情者多矣予
為此憫然新制二十八字欲
使人人易習便於日用矣
ㄱ牙音如君字初發聲

그림 5-5. 훈민정음 해례 첫 페이지. 훈민정음 반포시에는 설명을 한자로 해야 했으므로 훈민정음 반포 이유를 "國之語音 異乎中國"이라는 한자로 시작하고 있다.

거의 모든 문자는 표음문자가 되었다. 즉, 그림→기호→상형문자→표의문자→표음문자의 순으로 문자가 진화하여 왔다(그림 5-4).

중국에서도 세월이 지나면 한자를 포기하고 표음문자를 사용하게 될지 모른다. 왜냐하면 전 세계에서 아직도 남아 있는 원시적인 표의문자는 한자 외에는 거의 없기 때문이다.

인도에서 개발되어 아라비아와 유럽을 거쳐 발전되고 전 세계에 널리 사용되는 아라비아 숫자는 특이한 문자인데, 이는 기호의 상태에서 표의문자화한 것으로 전 세계적으로 널리 사용된다. 예를 들어 숫자 5는 전세계가 공통으로 사용하는 것이지만 읽을 때는 서로 다르게 읽는다. 즉 우리 말로는 "오", 일본어로는 "고", 영어로는 "파이브", 독일어로는 "퓐프"로 읽는다. 하지만 뜻은 모두 5를 나타낸다.

최초의 문자인 수메르 문자는 기원전 3,200년경 점토판에 나무 막대기 같은 것으로 새겨서 기록하였는데 쐐기 모양으로 생겼다고 설형문자 또는 쐐기문자라 한다(그림 5-6). 문자가 생기기 전 기원전 4,000년경에 수메르

그림 5-6. 수메르의 설형문자. 바빌로니아 지방의 문자에 많은 영향을 주었다. 점토판에 만들어져 오래 보관이 가능하다. (사진출처 위키피디아)

에서는 양을 5마리 빌렸으면 그 징표로 진흙으로 만든 양 모형 5개를 항아리에 넣어서 빌려준 사람에게 주었다. 이는 현대의 어음이나 수표의 역할을 한 것이다. 그것이 항아리의 표면에 기호를 표시하는 것으로 대체되고, 또 후에는 점토판에 양의 모양과 5를 상징하는 기호를 새겨서 사용하였다. 이는 그림이나 모형에서 이를 추상화한 기호로 발전한 것이다. 이러한 기호는 앞에서 말했다시피 말과 서로 대응하지 않는다. 즉, 뜻은 있지만 읽을 수는 없다. 그러다가 수메르에서는 기호의 형태가 점토판에 새기기 쉬운 쐐기 모양으로 더 추상화 단순화되면서 말과 결합하여 표의문자로 되고 차츰 표음문자로 되었다.

수메르 설형문자의 연구 결과를 보면 표의문자를 쓰다가 표음문자 발생 초기에는 표의문자 자체를 일부 표음문자로 사용하는 것을 알 수 있다. 이는 신라시대에 표의문자인 한자를 일부 표음문자로 사용한 이두를 만들어서 사용한 것과 비슷하다. 예를 들어 한자로 "東京明期月良"이라고 쓰면 "동경명기월량"이라고 읽어야 되는데 실제로는 "셔블 발기 다래"로 읽었다는 것이 밝혀져 있다. 이는 현대 말로 하면 "서울 밝은 달에"가 된다. 일본에서는 현재도 "朝日"이라고 쓰고 "조니"라고 읽지 않고 "아사히"라고 읽는다. 이를 우리나라에 적용한다면 "朝日"을 "조일"로 읽지 않고 "아침해"로 읽는 것과 같다. 그것은 신라시대의 이두와 같은 방식으로 읽는 것인데, 수메르에서도 비슷하게 표의문자를 소리를 나타내는데 썼던 것이다. 우리나라에서는 이두 이외에도 구결이나 향찰 같은 것도 만들어 사용하였다.

또 다른 예로 이집트 상형문자를 들 수 있다. 국립중앙박물관의 이집트 전시관에 가면 표음문자인 영어 알파벳을 이집트 상형문자로 바꿔주는 프로그램이 있다. 거기에 내 이름 알파벳 "JAEMIN"을 넣고 그 앞 뒤로 상형문자를 한 자씩 선택하여 넣어 주니 그림 5-7과 같은 상형문자가 나왔다. 그림에서 왼 쪽 줄에 상형문자가 있고 오른쪽에 그에 대응하는 표음문자가 있다. 상형문자 중 제일 위의 독수리는 "위대한 권능을 소유하신 이"를 뜻한다. 그리고 네모 안에 수직으로 들어 있는 여섯 글자는 원래는 모두 뜻이 있지만, 여기서는 각각 JAEMIN의 소리를 뜻하여 뜻은 무시되고 표음문자로 사용되었다. 이러한 사실에서 이집트 상형문자는 음소문자형 표음문자로 사용되었다는 것을 알 수 있다. 또 자세히 보면 E와 I를 나타내는 글자가 똑같은데, 이로부터 이집트 문자는 E와 I를 구분하지 않았다는 것을 알 수 있다. 그리고 제일 아래 한 글자는 "생명과 번영 건강을 받으신 이"를 뜻한다. 만약 이집트 피라미드 내벽에서 실제로 이러한 문장이 발견된다

그림 5-7. 왼쪽 칼럼에 이집트 상형문자가 세로로 써 있고 그에 해당하는 한글과 영어가 오른쪽에 써 있다.

면 "위대한 권능을 소유하신 JAMIN님은 번영하고 건강하시옵소서"라는 해석을 할 수 있을 것이다. 이를 좀더 한국식으로 바꾸면 "위대한 JAEMIN 폐하 만세"가 될 것이다. 그러면 고대 이집트의 역사책에는 기원전 XXXX 년경에 JAEMIN이라는 파라오가 있었다는 기록으로 남게 될지도 모른다.

최초의 문자를 만든 수메르에서도 유사한 과정을 거쳐 표음문자화한 설형문자를 만들었는데, 이는 일본에서 7세기 경부터 시작하여 오랜 기간에 걸쳐 한자의 일부를 따서 가나라고 하는 표음문자를 만든 것과 유사하다. 이러한 현상은 표의문자는 대체로 말과 완벽하게 맞지 않기 때문이다. 한국어나 일본어는 표의문자인 한자만 써서는 제대로 표현할 수 없다는 것은 한국사람이나 일본사람은 모두 안다.

수메르도 이와 비슷한 상황으로 볼 수 있다. 즉, 처음 표의문자가 생겼을 때는 수메르 말을 제한적으로 표현하다가, 차츰 표음문자로 되면서 수메르 말을 거의 완벽하게 표시할 수 있게 되었을 것이다. 이러한 수메르의 설형문자는 한글이나 영어와 같은 음소문자가 아니고 일본의 가나와 유사한 음절문자였다. 따라서 문자의 수는 수백 자로 많았지만 표시할 수 있는 음의 수에는 제한이 있었다. 그래도 당시 이 지역에서 사용되던 말을 표시하는 데는 적합하여 메소포타미아 전역으로 퍼져 나갔다. 일본에서는 현재도 표의문자인 한자와 표음문자인 가나를 병용하고 있는데, 이는 수메르 문자가 완성되어 널리 사용되던 상태와 비슷한 상황이다.

그러나 수메르의 설형문자는 배우기에 어렵고, 점토판에 기록을 하였으므로 일반인이 널리 사용하기는 어려웠고, 특권층에서 주로 사용하였다. 아르카디아, 엘라마이트, 히타이트, 루위아, 후리아, 바빌로니아, 아시리아, 우르크 등 많은 나라에서 이 설형문자를 조금씩 변형하여 사용하였고, 페르시아 제국과 우가리트 왕국 등의 문자에도 크게 영향을 미쳤다. 설형문자가 기록된 점토판은 종이나 파피루스 같은 것보다 보존성이 좋기 때문에 현재에도 많이 남아 있다. 그리고 많은 학자들의 노력에 의하여 거의 완벽하게 해독이 되었다.

설형문자로 기록된 가장 유명한 문서는 "눈에는 눈, 이에는 이"라는 말로 유명한 현존하는 인류 최고의 법전인 함무라비 법전일 것이다. 또 길가메시(Gilgamesh)의 서사시라는 긴 이야기도 기록되어 전해져 온다. 그 내용은 신과 영웅 삶과 죽음 등의 이야기인데 상당히 재미가 있다. 그리스 신화와 비슷한 느낌을 주기도 하고 구약성경의 대홍수와 같은 내용도 포함되어 있다. 그러니까 서양 문명의 기원이 포함되어 있다고 볼 수 있다. 이와 함께 현재까지 남아 있는 많은 설형문자의 기록으로 보아 당시 메소포타미아 사회는 법치주의를 바탕으로 이루어져 있었던 것을 알 수 있다. 당시에 쓰여 졌던 또 다른 몇 가지 문장의 예를 보면 다음과 같은 것이 보인다.

"인생의 기쁨, 그 이름은 맥주. 인생의 슬픔, 그 이름은 원정(遠征)."

"칠칠치 못한 마누라는 악마보다 더 두렵다."

"결혼은 기쁜 것, 그러나 이혼은 더욱더 기쁜 것."

"사람은 죽는다. 그러니 쓰자. 그러나 금방 죽지는 않는다. 그러니 저축도 해야 한다."

이로 보아 메소포타미아 시대의 사람들이나 현대의 사람들이나 유머 감각에는 공통점이 많은 것 같다.

현대 문자의 기원

이집트에서도 초기 문자는 수메르와 비슷하게 그림으로 기호를 만들어 쓰다가 그것이 기원전 3,000년경 상형문자로 발전하였다. 이것이 앞 그림 5-7에서 보여준 예이다.

세계 최초의 문자는 수메르에서 시작하였지만 실제로 현대 문자의 기원이 된 것은 이집트에서 만들어진 상형문자가 페니키아로 전해지고 이것이 음소문자형 표음문자로 발전한 페니키아 문자로 볼 수 있다(그림 5-8).

페니키아는 오늘날 이스라엘 북부, 레바논, 시리아로 이어지는 동부 지중해 연안에 위치한 지방이다. 이집트의 상형문자가 이 곳으로 전래되면서 기원전 1,000년경 표음문자로 발전하였다고 한다. 페니키아 해안지대는 해상무역이 활발하여 여러 나라 사람들이 공통적인 문자로 기록을 남길 필요가 있어서 사용하기 쉽고 편리한 문자가 매우 필요하였던 것 같다.

페니키아 문자는 20여 개의 자음만으로 된 알파벳으로 구성되었고 모음은 읽을 때 문맥에 따라 추론하여 읽어야 한다. 따라서 말소리를 완벽하게 표현하지는 못했지만 적은 숫자의 알파벳으로 다양한 말을 표현할 수 있으므로 매우 편리하여 널리 퍼지게 되었다. 즉, 수메르의 설형문자가 특권층을 위한 것이었다면, 페니키아 문자는 일반 대중을 위한 것으로 볼 수 있고, 이는 평등 사상이나 민주주의의 기원이 될 수도 있지 않았나 하는 이론도 있다.

그 후 여기서 아람 문자가 생기고 뒤이어 히브리 문자와 아랍 문자가 파생되었다. 그 뒤 서쪽으로 가서 그리스 문자, 로마자, 키릴 문자가 만들어졌고, 이 중 로마자에서 현대 유럽의 문자들이 모두 만들어졌다. 또 동쪽으로 전파되어 인도 문자, 태국 문자, 티벳 문자 등이 만들어지게 되었다.

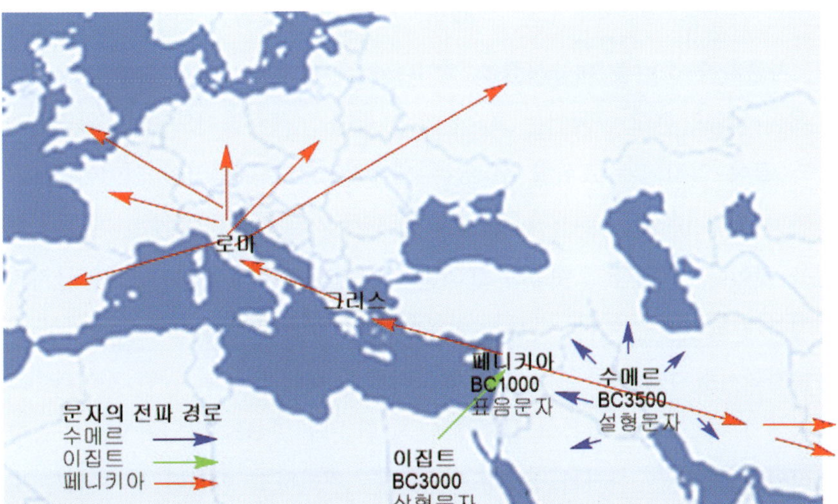

그림 5-8. 문자의 발생과 전파. 수메르의 설형문자와 이집트의 상형문자는 사용하기 어려워 지배계급에서 주로 사용하였고, 주변에 영향을 미치기는 했으나 계속 살아남지 못했다. 그러나 페니키아의 표음문자는 배우기 쉬워 모든 계층의 사람들이 폭넓게 사용하였고, 계속 진화하면서 그리스, 로마를 거쳐 전 유럽으로, 그리고 페르시아, 인도를 거쳐 동남아시아로 넓게 퍼져 나갔다.

이렇게 페니키아의 음소형 표음문자는 편리하고 적응성이 높아 많은 나라에서 더 편리하게 사용할 수 있도록 각 나라에 맞게 진화하였다. 그리하여 30가지 이하의 적은 숫자의 알파벳으로 편리하게 자기 나라 말을 거의 완벽하게 기록할 수 있게 되어 인류의 사회, 경제, 문화 발전에 큰 기여를 하게 되었다. 인류는 대량의 정보를 디지털화하여 저장 보관하고 또 널리 전파할 수 있게 된 것이다.

그렇게 보면 오늘날 편리하게 사용하고 있는 세계 각국의 문자는 사람의 음성을 최대한 정확하게 표현하기 위하여 생각보다 어려운 수많은 과정을 거쳐 진화하여 온 것이라는 것을 알 수 있다.

한자문화권

한편 중국에서는 수메르나 이집트처럼 그림으로 기호를 만들어 사용하다가 기원전 1,200년경 은(상)나라에서 상형문자인 갑골문자가 생겨났고, 이를 기반으로 한 표의문자인 한자가 오랜 세월에 걸쳐 만들어져 사용되었는데, 아마도 갑골문자가 처음 나왔을 때는 말소리와 완벽하게 일치를 하지 않다가, 차츰차츰 소리를 대응시켰을 것이다.

특이하게도 현대 중국어는 표의문자인 한자로 표시하여도 거의 완벽하게 말과 글이 일치되게 표현할 수 있는 세계적으로도 예외적인 언어이다. 그렇지만 고대 중국에서는 아마도 말과 글자가 서로 잘 맞지 않는 기간이 있었을 것이다. 그러나 오랫동안 표의문자인 한자를 사용하면서 말과 글자가 일치하게 되었을 것이다. 다른 민족은 대부분 문자를 말소리에 맞추어서 표음문자화시켰지만 중국은 반대로 말소리를 문자에 맞추어 갔던 것이다. 그 과정에서 어느 정도 발음이 문자에 맞게 단순화 및 표준화되어야만 가능한 일이었다. 그것은 한자가 표의문자 중에는 편리하고 발전된 문자이고, 또 중국말이 비교적 문법이 단순하여 표의문자로도 표현하기에 적당하였기 때문에 가능하였을 것이다.

그래서 아직까지 중국은 불편을 무릅쓰고 표의문자인 한자를 사용하고 있다. 내가 불편하다고는 했지만, 이는 현재의 적은 숫자의 알파벳으로 많은 음을 표시할 수 있는 세계 각국의 표음문자들과 비교하였을 경우의 이야기이고, 현대와 같은 속도가 필요하지 않았던 과거에는 한자는 매우 편리하고 효율적인 문자여서 동양의 여러 나라에서 받아들여서 정치, 사회, 경제, 문화 발전에 큰 기여를 하였다.

한국이나 일본 또는 베트남은 문법과 발음이 복잡하여 표의문자로 표시하기에는 적당하지 않은 말을 사용하였다. 그러나 바로 표음문자를 만들어 쓸 수가 없어서 중국의 한자를 사용하였다. 이는 능력이 부족하였다기보다는 문자의 발달 과정에서 아무런 경험도 없이 바로 표음문자를 처음부터 만드는 것은 너무 어려워 처음에는 상형문자의 단계를 거쳐야 하고, 상형문자 중에는 매우 뛰어난 문자를 중국에서 오래 전부터 만들어서 사용하고 있었기 때문에 이를 도입하여 사용한 것으로 볼 수 있다. 이들 동양의 나라들도 만약 주변에 페니키아어 계통의 표음문자가 있었다면 이를 받아들여 현재의 유럽 문자처럼 독자적인 문자를 일찍이 만들어 썼을 것이다.

어쨌든 한자를 사용하다가 한국에서는 한자를 표음문자 대신 사용하는 이두를 만들이서 사용하였는데, 이는 수메르에서 표음문자가 나타나기 시작할 때와 비슷하다. 일본에서는 표음문자인 가나를 만들어서 사용하였는데, 이는 수메르에서 표음문자가 완성된 단계와 유사하다. 일본은 가나만 사용하면 불편하여 아직까지 한자를 병용하여 사용하고 있는데, 이는 수메르도 그랬었다. 베트남에서는 한자를 사용하다가 이를 베트남식으로 변형하여 사용하다가 17세기에 로마자를 기반으로 한 표음문자인 꾸옥응으라는 문자를 사용하기 시작하여 현재까지 사용하고 있다.

한국은 한자를 이두와 함께 오랫동안 사용하다가 완벽한 표음문자인 한글을 천재적인 임금이 다른 어떠한 문자체계와도 다른 독창적인 방법으로 개발하여 사용하고 있다. 이는 일본의 가나보다 훨씬 늦었는데 이것도 한국이 일본보다 뒤떨어져서라기보다는 한국말이 일본말보다 소리가 복잡하고 다양하여 이를 완벽하게 표현할 수 있는 표음문자의 발명이 그만큼 어려워서 늦게 나왔다고 해석하는 것이 맞을 것이다. 한글은 일본 가나보다 적은 알파벳 수를 가지고 있지만 훨씬 다양한 소리를 표현할 수 있다.

구대륙과는 독립적으로 신대륙에서는 마야문자가 사용되었는데, 이는 원래 상형문자였다. 그리고 상형문자 자체를 수메르처럼 일부를 음절문자형 표음문자로 사용한 단계로 들어간 상태에서 멸망하였다.

따라서 기호에서 상형문자와 표의문자를 거쳐 표음문자로 진화하는 문자의 발전을 보면 진화는 우연한 정보의 축적에 의한 것이지만 필연적인 요소도 있다고 생각하게 된다. 이는 원핵세포에서 진핵세포로 또 단세포생물에서 다세포생물로 또 무척추동물에서 척추동물로 그리고 척추동물은 어류, 양서류, 파충류, 조류, 포유류의 순으로 진화한 것과 유사하다.

두뇌정보와 언어정보와 문자정보

언어로 표현되기 전의 두뇌정보는 생각이다. 생각은 말로 표현될 수 있는데, 사실 말로 표현된 생각이 100% 생각과 똑같지는 않다. 우선 많은 생각이 말이 아닌 생각으로 생각한다. 즉, 식사를 할 때 "밥을 씹고 있으니 싱거워서 김치를 한 쪽 먹어야지"라고 속으로 말하면서 먹지는 않는다. 무의식 중에 싱거우면 그냥 김치를 먹는 것이다. 걸어갈 때도 "이번에는 오른발을 디뎠으니 다음에는 왼발을 디뎌야지"라고 속으로 말하면서 걷지는 않는다. 따라서 많은 생각은 말로 표현되지 않는다.

또 말을 들을 때도 말하는 사람의 뜻을 똑같이 받아들이지 않는다. 똑같은 말도 어머니의 목소리와 아버지의 목소리로 들을 때, 잘 생긴 사람과 못생긴 사람이 하는 말을 들을 때 모두 미묘하게 다르게 받아들인다. 말 대신에 표정이나 촉각으로 정보를 전달하기도 한다. 이러한 것은 기본적으로 다위니즘에 의하여 진화하여 A T G C의 서열로 DNA에 저장된 유전정보가 결정하고, 또 두뇌정보도 관여한다.

그리고 생각을 말로 표현할 때도 정확하게 표현하지 못하는 경우가 많다. 그것은 두뇌가 정확하지 않기 때문이다. 착시현상 같은 것을 보면 두뇌가 얼마나 오류가 많은 지 알 수 있다. 그리고 내가 보는 빨간색은 내 두뇌 속에서 나타나는 반응이다. 그것을 다른 사람이 빨간색을 보면서 그 사람의 두뇌 속에서 일어나는 반응과 같다고 할 수 있을까? 또 사람들은 주관적으로 사물을 보고 자기가 원하는 대로 생각하는 경향이 강하다. 그리고 언어가 한국어냐 영어냐 일본어냐 중국어냐에 따라 또 약간씩 틀릴 수도 있다. 그래서 생각이 말로 바뀌었을 때 그것이 100% 정확한 생각이라고 말할 수는 없다.

그럼에도 불구하고 어쨌든 그 생각을 다른 사람에게 전달하려면 대부분 말로 표현하여야 한다. 물론 말이 아닌 행동으로 보여줄 수도 있지만 말로 전달하는 것이 가장 많은 정보를 비교적 정확하게 전달할 수 있고 이것이 인간이 다른 동물보다 특별히 뛰어난 점이다.

말로 표현된 언어정보는, 즉 음성정보는 다시 문자로 표현된 문자정보로 될 수 있다. 그러나 음성정보가 문자정보로 바뀔 때도 역시 완벽하게 똑같지는 않다. 말하는 것과 문자로 적는 것은 종종 다르게 표현하기도 한다. 구어체와 문어체가 서로 다른 것이다. 또한 문자의 종류에 따라 말을 완벽하게 표현하지 못하는 경우도 있다. 표음문자가 표의문자에 비하여 말을 비교적 충실하게 글로 잘 표시한다고 볼 수 있다. 한국 사람들이 중국을 여행하다 보면 긍덕기(肯德基), 성파극가배(星巴克咖啡), 맥당로(麥當勞)와 같은 간판을 보게 되는데, 이들은 각각 중국어로 컨더지, 싱바커카퓌, 마이땅라오라고 읽고, 각각 KFC, 스타벅스, 맥도날드를 나타내는 것을 알면 재미있다.

그래서 두뇌정보라고 하면 언어정보가 되기전의 정보 또는 언어정보가 두뇌에 입력된 정보로 볼 수 있고, 언어정보는 음성정보와 문자정보로 되어 있지만 변환하는 중에 조금씩 변형되어 완벽하게 일지하지는 않는다. 즉, 감각에서 두뇌정보로 될 때도 실제와는 차이가 있지만 두뇌정보에서 음성정보나 문자정보로 될 때도 원래의 의미가 달라질 수 있다는 것이다. 그렇게 서로 맞지 않는다고 해도 어쩔 수가 없다. 그런 상황에서 인류는 오랫동안 이해도 하고 오해도 하면서 살아왔고 또 적응해 온 것이다.

문자정보와 유전정보

문자의 발명으로 인간은 두뇌정보를 기록 저장하게 되었는데, 이는 DNA에 유전정보를 저장하듯이 두뇌의 기억 정보를 지워지지 않게 저장할 수 있게 된 것이다. DNA 정보는 A, T, G, C, 4가지 염기의 배열에 의한 4진법이지만, 인간 두뇌의 정보는 언어마다 다른 개수의 문자로 디지털화하였는데 한글은 24자, 영어는 26자, 수메르는 수백 자, 한자는 수천 자로 디지털화되었다. 이러한 문자는 책을 비롯한 각종 문서에 기록, 저장되었다. 나중에는 컴퓨터의 발명으로 메모리에 저장되었는데, 이때 다시 디지털화하여 0과 1의 이진법으로 나타낼 수 있게 되었다. 이 이진법 신호는 사람이 직접 보면 이해하기 어렵지만 컴퓨터를 통하여 보면 이해할 수 있다. 그리고 컴퓨터는 이진법 정보로 번역이 된 정보만 기억하고 처리를 할 수가 있다. 이러한 문자정보의 양과 염기서열로 표시되는 유전정보의 양은 모두 정보 엔트로피로 계산될 수 있음을 제2장에서 보여 주었다.

책에는 문자 외에 그림도 있다고 할 것이다. 그런데 사람의 두뇌정보를 표현한 것의 주류는 언어를 디지털화한 문자이고 책 속의 그림은 보조적인 역할을 한다. 또 책을 컴퓨터 메모리에 저장하면 그림 역시 0과 1로 된 디지털 정보가 된다. 영화나 TV 등의 동영상도 언어정보인 대사가 주된 정보이고 또 컴퓨터 메모리에 저장되면 0과 1로 된 디지털 정보가 된다. 따라서 이 모두 문자정보와 일맥상통한다고 할 수 있으니 특별한 경우가 아니면 굳이 구별할 필요가 없다.

문자정보는 같은 내용이지만 다른 언어로 표현되기도 한다. 성경이 세계 각국의 언어로 인쇄된 것이 그 예이다. 이들은 서로 번역될 수 있다. 번역하는 과정에서 뜻이 조금씩 바뀌기도 하고 번역된 것을 다시 원래 언어로 번역하면 서로 똑같지 않을 수도 있다. 이는 유전정보에는 볼 수 없는 문자정보의 특징이다. 그래도 그러한 것은 문자정보가 다위니즘에 의하여 진화한다는 사실에 대한 결정적인 결함이 되지는 않는다. 문자정보는 책을 인쇄하는 것처럼 완벽하게 복제되기도 하고 수학의 정석에 칸토어의 집합론이 들어가는 것처럼 같은 내용이 좀 변형되어 들어가기도 하면서 복제된다. 또 어떤 책의 후속판이 나올 때는 내용이 수정이 되면서 진화한다. 유선성보의 복세와는 다르지만 어쨌든 계속 복제된다는 공통점이 있고 또한 생명력이 있다.

문자로 정보를 기록, 저장함에 따라 말을 두뇌로 기억 저장하는 것은 보조적으로 되었다. 이는 마치 DNA에 유전정보를 저장함에 따라 필요할 때마다 조금씩 DNA를 RNA로 복사해서 사용하고 버리듯이, 문자에 저장된 정보를 필요한 부분만 말로 복사(표현)하여 사람들끼리 정보 전달에 사용하는 것과 유사하다. 즉, 책을 읽고 그 일부의 정보를 전달하는 데 말을 사용하는 것이다.

유전정보가 다위니즘에 의하여 진화하는 단위는 개체 단위로 볼 수도 있고 유전자 단위로 볼 수도 있다. 그런데 유전자라고 하면 어떤 단백질을 코딩하는 단위로 볼 수도 있지만, 그 외에 단백질 합성을 조절하는 부분도 있고 또 무슨 역할을 하는지 밝혀지지 않은 부분도 있고 하여 생각보다 상당히 복잡하다. 문자정보도 비슷하다. 유전정보의 개체에 해당하는 책의 단위로 진화한다고 볼 수도 있고, 또 유전정보의 유전자에 해당하는 것을 두뇌정보의 밈이라고 본다면 밈의 단위로 진화한다고 볼 수도 있을 것이다. 그런데 밈의 정의가 좀 애매하다. 이는 수전 블랙모어도 해결하지 못한 문제다. 그래서 소크라테스의 "너 자신을 알라" 또는 공자의 "학이시습지 불역열호 (學而時習之 不亦說乎)" 같은 짧은 문장이 될 수도 있을 것이고, 그에 관한 설명을 포함한 긴 문장이 될 수도 있을 것이다. 어쨌든 자주 인용되는 짧은 문장들은 유전정보의 보수적 도메인과 같다. 이러한 것은 제8장에서 나오는 새로운 문자정보인 컴퓨터 프로그램이나 인공지능 프로그램에도 적용된다.

이렇게 문자정보가 다위니즘, 즉 열역학 제4법칙에 의하여 진화하는 것은 인간이 멈추려고 해도 멈출 수가 없다. 비록 문자정보를 생산하는 주체는 인간이지만 이미 시위를 떠난 화살처럼 대자연의 법칙에 따라 문자정보가 진화하는 것을 인간이 막을 수 없다.

제6장

문자정보와 산업혁명

인류는 산업혁명을 함으로써 더 번성하고 부유하게 되고, 인권을 향상시키고, 환경 문제도 개선하였다. "국부론"과 같은 문자정보는 산업혁명의 기반 사상이 되었고 "자본론"과 같은 사회주의 계열 문자정보는 이를 방해하는 전염병이나 기생충과 같은 역할을 하였다.

다위니즘에 의한 경제원칙이 적용되는 현생인류의 발전

현생인류는 지구상에 나타나자 많은 변화를 일으키며 번성하기 시작했다. 이러한 인류의 번성은 다위니즘에 따르는 것이지만 다른 생명체와는 다른 점이 있었다. 그것은 유전정보와는 다른 두뇌정보를 생산하고 또 그 지배를 받는다는 것이다. 인류의 발전에 대한 기본적인 법칙은 제1장에서 언급하였는데 그것은 제1차 산업혁명 직전인 1776년에 아담 스미스가 『국부론』으로 체계적인 정리를 하면서 알게 된 경제원칙이다. 이는 산업혁명의 기본 철학이다. 그리고 칼 마르크스는 1867년에 "자본론"으로 그와는 다른 주장을 하였다. 이 두 가지 책 즉 문자정보는 서로 경쟁하며 인류 사회에 큰 영향을 미쳤다(그림 6-1).

현실적으로 경제 현상은 복잡하여 세월이 지나면서 『국부론』만으로는 해결되기 어려운 문제들이 생겨났다. 경기순환 문제나 빈부격차 문제, 특히 대공황이나 서브프라임 모기지 사태 또는 일본의 거품 경제 붕괴 사태 같은 것을 예로 들 수 있다. 이러한 문제는 다위니즘적으로 보면 사소하고 일시적인 것이지만 인간 사회에는 큰 문제이다. 따라서 이러한 문제가 발생하면 정부가 개입하게 된다. 정부는 금리를 조정하거나 각종 세율을 조정하거나 은행 준비율을 조정하거나 양적 완화 등의 수많은 방법을 사용하는데, 이

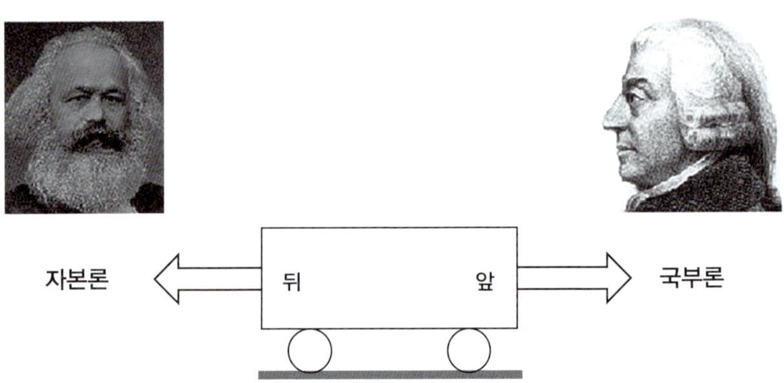

그림 6-1. 산업혁명의 기반 철학인 아담 스미스의 국부론은 인류 문명을 전진시켰고 그에 반한 칼 마르크스의 자본론은 반대로 작용하였다.

를 위한 여러 가지 경제학 이론이 개발되었다. 그런데 지금까지 발견된 것은 아담 스미스의 경제원칙을 과도하게 벗어나서 서투르게 정부가 개입하면 반드시 시장의 보복을 불러와 심각한 부작용을 낳는다는 것이다. 최근 우리나라의 부동산 가격과 전세 가격 폭등 같은 예를 들 수가 있다. 어쨌든 여러 가지 새로 탄생한 경제 이론들은 경제의 여러 가지 문제점을 해결하는데 중요하기는 해도, 경제학을 탄생시킨 아담 스미스의 가장 근본적인 이론에 비하면 사소한 것들이다. 따라서 이 책에서는 그러한 세부적인 것들은 생략하고 근본적이고 기본적인 경제 현상을 위주로 논의한다.

다위니즘의 원전인 『종의 기원』이 발표된 것이 1859년이니 인류는 자신들에게 직접 적용되는 경제원칙을 기술한 "국부론"을 다위니즘보다 83년이나 앞서서 발표한 것이다. 이 경제학의 기본원리는 "합리적인 사람은 항상 최소한의 노력이나 비용으로 최대한의 효과나 이득을 보려고 노력한다"는 것이다. 이는 다위니즘에도 부합한다. 왜냐하면 최소한의 노력으로 최대한의 이익을 얻는다면 그만큼 그 사람은 자원과 에너지를 더 많이 효율적으로 확보하게 되므로, 그는 다위니즘에서 말하는 적자가 되어 자기 유전자를 더 많이 남길 수 있기 때문이다.

어떤 사람이 부를 축적했다는 것은 RNA 세계에서 RNA 분자가 자기 복제를 하기 위한 자원을 확보하는데 성공했다는 것과 일맥상통한다. 그리고 유글레나가 빛이 잘 드는 곳으로 성공적으로 이동했다는 것과도 유사하다. 왜냐하면 유글레나는 빛이 잘 드는 곳에서는 광합성을 하여 영양분을 많이 합성할 수 있기 때문이다. 또 유산균이 우유 안에 들어간 것과 『수학의 정석』이 수험생의 손에 들어간 것과 같다. 사람이든 RNA 분자든 책이든 성공한 정보는 그만큼 생존하여 자기 정보를 퍼뜨릴 확률이 높지만, 그렇지 않으면 사람이든 RNA 분자든 책이든 성공하지 못하여 도태된다고 보면, 이들은 모두 다위니즘의 지배를 받는다는 점에서 본질적으로 같은 것이다.

인류는 이 다위니즘에 의한 경제원칙에 따라 서로 교역을 하고 싸우기도 하면서 부를 형성해 나갔다. 사람이 모여서 만든 집단인 국가의 경우도 부를 많이 축적한 국가가 대체로 경쟁에 이겼다. 그러나 간혹 부가 없는 국가도 전쟁에 이겨 약탈을 하여 부자가 된 예외적인 경우도 있었다.

예를 들어 13세기 몽골은 자기들보다 인구도 훨씬 많고, 또 수백 배나 많은 부를 축적한 중국을 침략하여 정복하였다. 17세기 만주족도 역시 자기들보다 인구도 훨씬 많고 수백 배나 많은 부를 축적한 중국을 침략하여 300년 가까이 지배하였다. 그리스의 스파르타가 자기들보다 훨씬 부자인 아테네를 군사력으로 점령하여 부를 약탈하였다. 게르만 족이 자기들보다 인구도 훨씬 많고 엄청나게 부자인 로마제국을 멸망시켰다. 남한에 비하여 인구는 1/2이고 경제력은 1/50밖에 되지 않는 북한이 무력으로 남한을 지배하고 약탈하게 되는 상황이 오지 않는다고 장담할 수는 없다. 싸움을 잘 하는 국가는 경제활동으로 부를 창출하는 것보다 전쟁으로 약탈하는 것이 경제원칙과 다위니즘적 생존전략에 맞는다. 그러나 대체로 부자인 나라가 군사력도 강하다. 이처럼 다위니즘은 다른 생명체에도 적용되지만 두뇌가 발달한 인류에게도 마찬가지로 적용된다.

물론 사람이 항상 다위니즘에 의한 경제원칙에 부합하게 행동하는 것은 아니다. 그래서 경제원칙에 맞지 않는 선택을 하는 사람이나 단체 또는 국가도 있지만, 대체로 경제원칙에 맞는 선택을 한 사람이나 단체나 국가가 생존할 확률이 높았다. 과거로 갈수록 경제원칙에 맞지 않는 선택을 한 경우가 많았다. 특히 봉건사회나 전체주의 독재정치는 그러한 선택의 전형이었다. 또한 더 이전에는 미신이나 광신적인 종교적 신념 같은 것이 경제원칙에 맞지 않는 선택의 예라 할 수 있다. 조선시대만 해도 실질적으로 국민들의 생활에 도움이 되는 실학은 도외시하고 공리공론만 일삼는 성리학에 몰두하여 서로 싸우고 죽이고 하여 경제원칙에 맞지 않는 선택으로 살아온 것이다.

현대에는 대부분의 나라들이 과거보다는 비교적 경제원칙에 부합한 선택을 하여 발전하는 경향이 높아졌지만, 그래도 아직 독재에 의하여 인권을 탄압하고 외부와 정보를 단절한다든지 하는 나라가 있는데, 이는 경제원칙에 맞지 않는 전형적인 선택이라 볼 수 있다.

산업혁명과 인권

인류는 다위니즘의 원리가 적용되는 경제원칙에 의하여 발전하여 왔는데 그 발전이 어느 순간 폭발적으로 빨라지기 시작한 때가 있었다. 그것이 산업혁명이다. 산업혁명은 분업화와 도시화를 가속시켜 산업이 더욱더 효율적으로 발전할 수 있게 하였다. 이는 빈부 격차와 여러 가지 도시 문제를 야기하기도 했지만, 경제가 발전하면서 서서히 많은 문제들이 해결되어 갔다.

다위니즘은 각 인간 개체뿐만 아니라 인간이 형성한 사회에도 적용되는 사회진화론으로 발전되었다. 국가도 적자생존에 의하여 진화한다는 이론은 강한 나라가 약한 나라를 지배해도 된다고 합리화되어 나치의 등장과 세계대전 같은 거대한 재앙을 맞을 불씨를 만들었다. 그러나 세계대전 후에는 무조건 강한 나라가 살아남는 것이 아니라 국가 간의 협력도 살아남는데 중요하다는 공감대를 형성하게 되었다. 이것도 따지고 보면 결국 다위니즘인 것이다.

산업혁명을 시작하면서 실업 또는 노동자의 임금 착취와 같은 문제도 생겼지만 이런 문제는 경제가 발전하여 사회가 다양해지고 일자리가 많아지자 차츰 해결되어 갔다. 나중에는 오히려 양질의 노동력을 구하기 힘들어지면서 노동자들의 소득은 더욱더 높아지게 되었다. 그리고 대부분의 사람들이 산업혁명 이전보다 훨씬 더 부유한 생활을 하게 되었다. 물론 경제를 발전시키지 못하여 일자리를 늘리지 못한 국가는 일자리 부족으로 노동자의 소득이 높아지지 않아서 문제를 해결할 수 없었다.

과거에 산업혁명을 먼저 시작한 나라는 거대한 부를 창출하여 여러 가지 내부 문제를 해결해 나가면서 강대국이 될 수 있었고, 여기서 뒤쳐진 나라는 강대국의 식민지로 전락하였다. 중국과 같은 거대한 나라도 공산주의 이념을 앞세운 문화혁명을 하면서 수십 년을 후퇴하여 밑바닥 국가로 추락하였다. 그러나 자본주의 제도를 도입하자 순식간에 경제 규모 세계 2위의 국가로 도약하였다. 인도도 본격적인 산업화를 시작하면서 지금은 세계에서 가장 빨리 성장하고 삶의 질도 향상되는 나라가 되었다.

산업혁명은 본질적으로 인류의 삶을 개선시키고 인권의 향상을 가져왔다. 산업혁명 전 과거 절대 왕권 국가 사람들의 인권은 지금과 비교하면 완전히 바닥이었다. 조선시대를 돌아보면 고문에 의한 자백은 당연한 것이었다. 그때의 고문 수단은 지금 보면 너무나 끔찍하고 처참한 방법이었다. 곤장이나 채찍은 가벼운 것이고 주리 틀기, 인두로 지지기, 돌을 올려 다리를 부러뜨리기 같은 것이 흔히 행해졌다.

1597년 정유재란 때 선조는 가토 기요마사(加藤清正)가 바다를 건너온다는 첩보를 듣고 이순신에게 바다에서 그를 막으라고 명령했는데, 이순신은 그것이 적의 함정이라 생각하고 따르지 않았다. 그래서 선조와 서인 측은 이순신을 왕의 명령을 거역한 반역으로 생각했다. 동인인 영의정 류성룡은 원래 이순신을 천거했고 항상 편들어 주었지만, 이때만큼은 정황상 반역이 명백하여 편들어 주지 못했다. 만약 편들어 주었다면 같이 역적으로 몰려 적폐청산이 될 상황이었다. 이순신이 반역죄를 벗을 길은 없었다. 그때 우의정 정탁이 구명 상소인 신구차를 올려 선조를 감동시켜 사면을 해 주었다. 그 신구차 중의 일부를 보자.

"신이 일찍 벼슬을 받아 죄수를 문초해 본 적이 한두 번이 아닌데, 얼추 죄인들이 한번 심문을 거치고는 그대로 상하여 쓰러져 버리고 마는 자가 많아 설사 좀 더 밝혀 줄 만한 마음을 가진 경우가 있더라도 이미 목숨이 끊어진 뒤라 어찌할 길이 없으므로 신은 적이 이를 늘 민망스레 여겨왔습니다.

이제 이모(이순신)가 이미 한번 형벌을 겪었는데, 만일 또 형벌을 하게 되면, 무서운 문초로 목숨을 보전하지 못하여 혹시 생명을 수호하시는 성상의 본의를 상하게 하지나 않을까 걱정하는 바입니다."

이순신은 이미 한 번 문초를 받았는데 또 한 번 더 문초를 받으면 죽을 것이라는 내용이다. 그때의 문초는 역적임을 고백하게 고문하여 사형을 시키기 위한 의례적인 과정이었던 것이다. 자꾸 버티면 고통을 받으며 죽고, 자백을 하면 목이 잘리거나 사약을 받을 것이다.

삼도수군통제사도 이러한 고문을 받았으니 당시 인권이란 없던 시대였다. 임진왜란 때의 이러한 밑바닥 인권은 조선이 망할 때까지 거의 개선되지 않았다.

구한말 한국을 여행하고 1897년에 『한국과 그 이웃 나라들(Korea and her Neighbours)』이란 책을 쓴 영국의 이사벨라 비숍(Isabella Bird Bishop) 여사는 그 책에서 열악한 위생 상태와 불결한 서울의 환경을 적나라하게 보여주었다. 지배계급의 극심한 수탈로 백성들은 사유재산을 인정받지 못했다. 이는 산업혁명을 시작한지 100년도 훨씬 넘은 세계 최고 부자의 나라 영국에서 온 작가가 아직 산업혁명을 시작하지도 못한 가난한 나라를 보면서 느낀 것이다.

"(서울은) 내가 북경을 보기 전까지 세상에서 가장 불결한 도시라고 생각했고 소흥(샤오싱, Shao-shing, 紹興)[37]을 가 보기 전까지는 최악의 악취를 풍기는 곳이라고 생각했다. 수도인 대도시가 이토록 불결하다는 것을 도무지 믿을 수 없다. 이층 집을 짓는 것이 관례로 금지되어 있기 때문에 25만 명으로 추정되는 주민은 주로 '바닥'에서 생활하고 있다. 미로 같은 골목길은 대부분 짐 실은 소 두 마리가 지나갈 수 없을 만큼 좁으며, 한 사람이 짐 실은 황소 한 마리를 겨우 끌고 갈 수 있을 정도의 너비이다. 그나마 그 길은 물구덩이와 초록색의 오수가 흐르는 하수도로 인해서 더욱 좁아진다. 하수도에는 각 가정에서 버린 오물로 가득 차 있으며 불결하고 악취 나는 하수도는 반나체 아이들과 피부병이 오른 채 눈이 반쯤 감긴 큰 개들의 놀이터가 되고 있다. 그들은 햇살에 눈을 껌벅거리며 이 하수도에서 뒹굴고 있다."[38]

37. 중국 항저우 남동쪽에 인접한 도시.

38. I thought it the foulest city on earth till I saw Peking, and its smells the most odious, till I encountered those of Shao-shing! For a great city and a capital its meanness is indescribable. Etiquette forbids the erection of two-storied houses, consequently an estimated quarter of a million people are living on "the ground," chiefly in labyrinthine alleys, many of them not wide enough for two loaded bulls to pass, indeed barely wide enough for one man to pass a loaded bull, and further narrowed by a series of vile holes or green, slimy ditches, which receive the solid and liquid refuse of the houses, their foul and fetid margins being the favorite resort of half-naked children, begrimed with dirt, and of big, mangy, blear-eyed dogs, which wallow in the slime or blink in the sun.

그러고 보니 그로부터 70년 가까이 지난 1960년대 초반, 이제 한국은 산업혁명을 시작하려고 할 때 그때 어릴 때 나도 악취나는 썩은 물이 흐르는 도랑에서 시커먼 진창에 검정 고무신 신은 발이 빠져 가면서 친구들과 잠자리를 잡으며 놀았었다.

산업혁명 이전 왕조시대에는 아시아나 유럽이나 신대륙이나 모두 인권 침해나 환경 문제가 심각하였다. 유럽도 과거의 고문도구를 보면 상상도 못할 정도의 끔찍한 인권 탄압이 자행되었던 것을 알 수 있다. 그러나 산업혁명은 사유재산을 증가시켜 사람들을 부자로 만들고 문명화시켜 이러한 문제를 서서히 해결하여 갔다. 산업혁명에 의한 경제성장 과정은 인간을 인간답게 만들어 주는 과정이었다. 그 발전 속도는 느린 것 같지만 인류의 긴 역사를 보면 매우 빠른 것이었다. 1차 2차 3차 4차 산업혁명으로 갈수록 인권은 개선되고 삶의 질은 나아졌다. 지금은 일반인도 과거에는 왕도 누리지 못했던 편리함을 누리며 살고 있다. 과거 왕이라 해도 서울에서 부산까지 비행기로 1시간 기차로 2시간이면 갈 수 있다고 생각이나 했을까?

또 인종 차별, 남녀 차별, 장애인 차별, 등의 차별 문제는 산업혁명에 의한 경제의 성장이 없었으면 현재와 같이 개선되지 못하였을 것이다. 최근에는 가정폭력, 혐오표현, 노인학대, 미투운동 등 과거에는 간과하던 인권침해 문제도 소상하게 짚고 해결하려고 노력하고 있다. 물론 아직 해결해야할 문제는 많이 있지만 빠르게 개선되고 있다.

사람들이 산업혁명에 의하여 야기되었다고 주장하는 노사간의 갈등도 아직 완벽하게 해결되지는 못했지만, 선진국일수록 해결이 빨랐다. 물론 그러한 문제 해결을 위한 수많은 다른 노력이 있었음을 부정하거나 평가절하하는 것은 아니다. 그렇지만 그러한 노력도 산업혁명에 의하여 확보된 경제적인 여유가 있었기 때문에 성공할 수 있었던 것이다. 그러한 개선은 지금도 꾸준히 되어 가고 있어 이 다음 산업혁명 때는 훨씬 더 나아질 것이고, 우리의 후손은 훨씬 더 나은 세상에 살아갈 것이다. 어쨌든 산업혁명의 혜택을 받지 못한 나라일수록 아직 문제 해결에서 멀다.

산업혁명과 환경

산업화 초기에 많이 나타났던 공해 문제도 성숙한 단계로 갈수록 해결이 되었다. 산업화가 늦은 나라는 공해가 늦게 나타나서 늦게 해결되기 시작했다. 산업혁명 초기에 영국 런던의 대기 오염은 극심했으나 그 문제가 해결된 지 오래 되었다. 많은 유럽이나 미국이나 일본의 도시가 그 뒤를 이어 대기 오염이 극심해졌으나 모두 해결되었다. 서울도 1970년대나 1980년대 초만 해도 출근할 때 입고 나간 와이셔츠가 퇴근할 때 새카맣게 될 정도로 대기 오염이 심했으나 많이 개선되었다. 중국이 대기 오염이 극심해졌다가 차츰 나아지고 있다. 아직 미세먼지가 중국에서 날아오고는 있지만 올해는 코로나-19 때문인지 눈에 띄게 줄었다. 이렇게 산업화 초기에 공해 문제가 심해지다가 국민소득이 높아지면서 해결되는 현상을 노벨 경제학상 수상자인 사이몬 쿠즈네츠(Simon Kusnets)[39]는 엎어 놓은 U자 형태의 커브인 환경 쿠즈네츠 커브로 설명하였다(그림 6-2).

서울의 한강도 산업화 초기에는 많이 오염되었으나 개발이 진행되면서

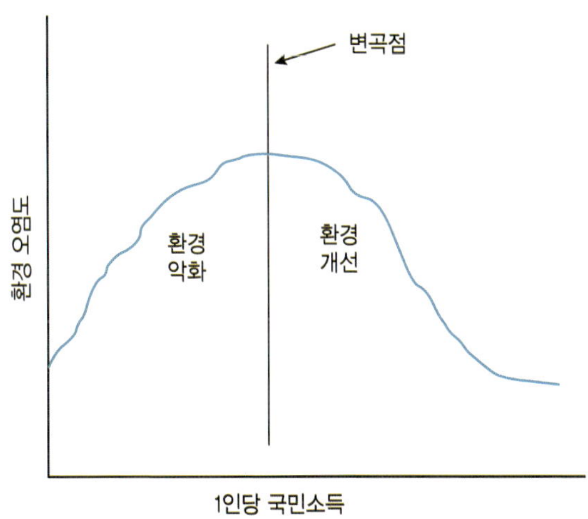

그림 6-2. 환경 쿠즈네츠 커브(Environmental Kuznets Curve). 국민소득이 낮은 나라가 국민소득이 높아지면서 환경이 나빠지다가 어느 정도 국민소득이 높아지면 다시 환경이 개선된다.

39. 러시아 출신 미국의 경제학자, 통계학자. 1971년 노벨 경제학상 수상.

깨끗해졌다. 강의 녹조 문제는 과거에도 많이 있었던 것이고, 공해를 해결한 선진국에도 현재도 일어나고 있는 문제다. 이는 공해 문제일수도 있지만 자연 현상에 가깝다. 정치적으로 언론을 부추겨 국민들을 선동했던 면이 크다. 이번 정부에서는 사대강의 보를 헐든 헐지 않든 녹조 문제는 해결할 것으로 믿는다.

1980년대만 하더라도 한강은 겨울에는 바닥이 다 드러나 보이고 여름에는 홍수가 나기 일쑤였다. 1980년대 후반에 강남 한강변에 새로 생긴 대한민국 최대의 첨단 현대식 병원이 개원한지 1년 만에 홍수가 나서 지하층과 1층이 모두 흙탕물에 잠겨 큰 손해를 본 적이 있었다. 사대강이라고 불리는 한강, 금강, 낙동강, 영산강에서 이처럼 큰 홍수나 가뭄 피해가 자주 일어났었는데 최근에는 거의 사라졌다. 산업혁명을 통한 인간의 과학 기술 발전으로 이렇게 자연 환경적인 문제를 차츰 극복할 수 있었다.

그것은 강을 자연 상태 그대로 방치한 덕분이 아니고 과학 기술을 이용하여 잘 개발한 덕분이었다. 이는 유럽이나 미국 또는 일본의 강에서 수많은 댐과 보를 만들고 제방을 정비하고 바닥을 준설하는 등 과학적인 관리를 하는 것을 보면 알 수 있다. 만약 강을 자연 상태로 방치했으면 아직도 홍수와 가뭄이 연례행사로 일어나고, 매년 그 때문에 많은 사람들이 죽고 재산을 잃을 것이다. 1천만 서울 시민의 분뇨를 과학적으로 잘 처리하지 않고 한강으로 흘려보내면 강은 냄새나는 썩은 물로 가득 찰 것이다. 이는 산업혁명으로 인구가 늘어난 런던의 템스 강이 19세기에 겪은 일이다. 그렇지만 과학적인 방법으로 해결하여 템스 강이나 한강이나 모두 깨끗한 강이 되었다.

지구 온난화 문제도 과학적으로 해결해야 할 것이다. 온실가스 배출을 줄이기 위하여 화석 연료 대신 원자력과 태양광, 풍력 등을 더 많이 사용해야 할 것이다. 그런데 태양광이나 풍력은 효율이 낮고 생산량 조절이 어려워 한계가 있다. 따라서 원자력을 쓰지 않으면 어쩔 수 없이 화석 연료 사용량을 늘이지 않을 수 없다. 그러면 온실가스와 대기 오염이 증가할 수밖에 없다. 핵융합 발전이 실용화되면 에너지 문제를 거의 해결할 수 있지만, 핵융합 발전도 핵발전에 속한다. 〈판도라〉 같은 영화 때문에 정치적으로 중단될 수 있다.

환경 문제란 말만 나오면 지식인들이 대부분 자괴감에 빠진다. 인류는 지구에 온통 콘크리트를 퍼부어 개발을 하여 환경을 파괴하고, 수많은 생물을 멸종시켜 다양성을 훼손하고 있다면서 개발을 무조건 죄악시하는 쪽에 선다. 그래야 더 지식인인 것처럼 보이고 착하고 인간적인 것처럼 보인다. 또 인간의 환경 파괴 때문에 온갖 새로운 전염병이 생긴 것처럼 이야기한다. 그렇다면 히틀러나 스탈린이 호모 사피엔스의 수를 많이 줄여 환경 파괴를 억제하는 좋은 일을 한 것처럼 보일 수도 있겠다.

만약 산업혁명과 과학 기술로 지금처럼 지구를 개발하지 않았으면 지금과 같은 많은 인구가 지구에서 안락하게 사는 것은 불가능할 것이다. 착하고 인도적인 많은 환경주의자들은 자기도 콘크리트를 퍼부어 만든 아파트에 살면서 매일 뜨거운 물, 찬물을 섞어서 샤워하고, 수세식 화장실을 사용하고, 세탁기를 돌리고, 가스와 전기로 냉난방과 요리를 하고, 넓은 화면의 TV를 보고, 자동차나 지하철로 먼 거리도 단시간에 출퇴근하고, 주말에는 푹 쉬고, 전화로 음식을 주문해 먹고 등등을 할 것이다. 사실 이러한 생활은 왕조시대 절대권력자인 왕도 누리지 못했던 생활이다.

콘크리트를 퍼부어 개발을 안 했더라면, 아침에 요리나 샤워를 하려면 우선 산에 가서 나무를 해 와서 아궁이에 불을 지피고, 개울에서 물지게로 퍼 온 물을 덥혀서 그 걸로 요리하고 샤워해야 한다. 하루에 땔 나무를 구하기 위해서 얼마나 산 속을 헤매야 할까? 하루에 쓸 물을 담은 물지게가 얼마나 무거울까? 물지게를 한 번도 넘어지지 않고 짊어지고 다닐 수 있을까? 어렵게 길어 온 물로 샤워를 한다고? 수세식 화장실에 쓴다고? 세탁기를 돌린다고? 왕이라면 쉽게 할 수 있다. 하인을 시키면 되니까. 과거에는 극소수의 지배층만 누리던 혜택을 이제는 누구나 누릴 수 있게 된 것은 콘크리트를 퍼부어 개발을 했기 때문이다.

만약 콘크리트를 퍼부어 강을 제대로 개발하지 않았더라면 매년 자연이 우리의 보금자리와 농토를 홍수, 태풍 등으로 무지막지하게 파괴했을 것이다. 농작물의 수확량은 현재와는 상대가 되지 않게 적을 것이다. 그러면 이 좁은 국토에 살 수 있는 사람의 수는 몇 명이나 될까?

물론 환경은 최대한 보호해야 한다. 특히 정치적인 목적으로 선거에 표를 얻기 위해 경제원칙에 맞지 않는 불필요한 공항이나 교량 도로 같은 것을 마구 콘크리트를 퍼부어서 만드는 것은 좋지 않다. 그리고 같은 건물이나 교량을 짓더라도 가급적 예술적이고 자연 친화적이게 짓는 것은 물론 좋은 일이다. 그러나 경제원칙에 맞는 개발을 본인도 그 혜택을 누리면서 무조건 반대하는 것은 위선이다.

서울 근교 산 위에서 시내를 내려다보면 수많은 아파트가 보이는데, 자연보호론자들은 그것을 흉물스럽게 볼 것이다. 그러나 그 아파트 한 칸을 마련하기 위하여 인생을 모두 바쳐 열심히 살아가는 사람들과 그 아파트 한 칸한칸에 모두 단란한 가족들이 산업혁명의 혜택을 누리며 소중하고 안락한 생활을 하고 있다는 것을 간과해서는 안된다.

싱가포르에서 유람선 관광을 한 적이 있었는데 배를 타고 가면서 보이는 것은 서울의 고층 빌딩을 무색하게 하는 더 많은 고층 빌딩이었다. 그래도 그 빌딩들의 유래가 있어서 적절한 스토리를 만드니 멋있게 보여 좋은 추억이 되었다. 유럽에서 학회를 참석하면 유람선 관광을 시켜주는 경우가 많다. 물론 호화 크루즈가 아니고 강을 따라 두어 시간 오르내리는 소박한 유람선이다. 멋있는 배 위에서 옛날 유럽 귀족들의 생활을 상상하면서 음악을 들으며 맛있는 식사를 하고 와인이나 맥주를 마시는 것은 이제는 귀족이 아닌 평민도 누구나 즐길 수 있게 되었다. 서울 한강에도 유람선이 있는데 학회에 초청한 외국 손님에게 저녁 식사를 대접하기 위하여 한 번 타봤다. 한강 양쪽으로 멋있는 조명을 하고 즐비하게 서 있는 고층 빌딩들과 라이트를 켜고 줄이어 달리는 자동차들과 화려한 조명으로 치장한 한강 다리들, 강 한가운데를 유람선을 타고 유유히 지나가면서 보니 참으로 별천지였다. 서울의 야경이 너무 멋있어 밤만 되면 하릴없이 밖에 나가 불빛을 구경하였다는 탈북자도 있다. 이제는 지배계층이 아니라도 누구나 옛날 귀족도 할 수 없던 생활을 즐길 수 있다.

1962년 미국의 해양생물학자인 "레이첼 카슨(Rachel Louise Carson)"이 쓴『침묵의 봄(Silent Spring)』은 곤충이 매년 화학 물질에 내성이 증가하여 나중에는 아무리 강한 화학물질을 사용하여도 죽지 않을 것이라고 하였다. 그래서 아마도 수 년 내로 새들은 농약 중독으로 전멸하고 슈퍼 곤충이 지구를 점령하게 될 것이라는 공포감을 사람들에게 심어 주었다. 그러나 50년이 훨씬 넘게 지난 지금도 그런 곤충은 나타나지 않고 새들은 잘 살고 있다. 오히려 아프리카에서 DDT의 사용이 금지되어 모기가 크게 번성하자 말라리아 사망자가 급증하는 부작용이 나타나기도 했다. 어쨌든 사람들은 여러 가지 방법으로 성공적으로 해충을 제어하고 있는 것이다.

산업혁명과 질병

사스, 메르스, 코로나-19가 인간의 난개발 때문에 생겼다고 한다. 그러나 오히려 현대식 가축 육류 처리 공장이 이러한 것의 발생을 줄여 주었다고 보는 것이 더 맞을 것이다. 이는 포동포동하게 살찌운 소, 돼지, 닭을 맛있는 고기로 위생적으로 생산해 주는 시설이다. 그런 시설이 없으면 현재도 많은 사람들이 야생동물을 직접 사냥하여야 고기 맛을 겨우 볼 것이다. 미국 옐로스톤 국립공원에 갔다가 야생 버팔로 스테이크를 사 먹은 적이 있는데, 정말 너무 맛이 없었다. 평상시에 먹던 쇠고기, 돼지고기, 닭고기가 얼마나 맛있는 고기인지 그때 알았다. 착하고 겸손한 환경주의자도 대부분은 육류 처리 공장을 통하여 나온 맛있는 고기를 먹을 것이다. 혹시 그 고기는 안 먹더라도 콘크리트를 퍼부어 댐과 보를 만들고 개발한 강에서 얻은 물로 농사 지은 쌀과 채소로 만든 밥과 반찬은 먹을 것이다.

육류 생산 공장이 없어서 야생동물을 사냥하여 먹으면 거기에 있는 바이러스를 접촉할 기회는 훨씬 더 증가한다. 현재의 감기나 독감이 제4장에서 말한 것처럼 모두 오래 전에 그렇게 야생동물로부터 옮아서 많은 사람을 죽인 다음 정착한 것들이다. 이러한 일들은 매스컴이 발달하기 전의 일이므로 매스컴에 나오지 않았을 뿐이다.

산업혁명으로 과학 기술과 의술이 발전하기 이전 시절에는 전염병이 한 번 퍼지면 몰살을 면치 못했다. 과거에 전염병은 참으로 무서웠다. 페스트, 천연두, 콜레라, 장티푸스, 파라티푸스, 이질, 폐결핵, 나병, 홍역, 소아마비, 학질, 뇌염 등 떼죽음과 공포의 역병이다. 이러한 전염병이 아니더라도 현대에는 쉽게 고칠 수 있는 하찮은 질병에도 과학 기술과 의술이 발전하지 못했던 과거에는 쉽게 죽었다.

기생충도 시험 문제에 자주 등장하던 긴 리스트가 있다. 회충, 편충, 요충, 십이지장충, 민촌충, 긴촌충, 갈고리 촌충, 간디스토마, 폐디스토마 등 학생 때 줄줄 외우던 이름이다. 내가 초등학교 때는 거의 모든 한국인이 회충에 감염되어 있었다. 인분을 비료로 사용했기 때문이다. 얼마전에는 탈북한 북한 군인의 뱃속에서 회충이 나와서 뉴스가 된 적이 있었다. 그러나 웃을 일이 못된다. 모르긴 해도 한국 최고의 부자인 이건희 회장도 과거에는 뱃속에 회충이 있었을 것이다. 아무리 부자라도 모든 배추, 무, 상추, 파, 부추, 미나리를 수입해서 먹을 수는 없었을 테니까. 우리는 학교에서 1년에 한 번씩 식사를 거르고 회충약인 산토닌을 한 웅큼씩 받아서 삼켰는데, 그러고 나면 약의 부작용 때문에 하루 종일 하늘이 노랗게 보였다.

그때 수세식 화장실이 거의 없던 시절, 사람 사는 동네는 여름철이면 변소에서 기어 나온 구더기가 골목 여기 저기를 기어 다니고 파리떼가 극성을 부렸다. 학교에서는 파리를 퇴치하기 위하여 1인당 100마리씩 잡아 오라고 했는데, 사실 당시에 파리 100마리 잡는 것은 일도 아니었다. 이사벨라 비숍 여사가 서울이 세계 최고의 악취를 풍기던 도시라고 말한 이유를 짐작할 수 있다.

동네에 돌아다니는 개에게 재수없이 물리면 치사율 100%의 광견병에 걸릴 수도 있었다. 당시는 개 도둑이 많았고 그들의 주 목적은 식용이었다. 개들도 언제 목숨을 잃을지 몰라 자기 방어를 위하여 매우 사나웠다. 그래도 착한 인도주의적 환경론자들의 주장대로 자연 상태 그대로 미개발 상태로 살고 싶은가?

인도주의적 진보 지식 환경론자들은 말 그대로 착하기는 한데 너무 겸손한 것도 문제이다. 물론 착하고 겸손한 것은 좋은 것이다. 그렇게 하면 적을 적게 만들고 친구를 많이 만들고 또 많은 사람들이 존경하게 된다. 따라서 다위니즘에 의하여 성공한 자가 되는 것이다. 그러나 그것도 지나치면 좋지 않다. 호모 사피엔스는 자기 사촌인 네안데르탈인을 비롯한 다른 인류를 모조리 씨를 말려버린 지구 역사상 최고로 잔인한 종이라는 자기 비하적 겸손은 좀 지나친 것 같다. 개나 고양이와 같은 애완동물을 참으로 끔찍이 위하고 죽으면 슬피 울면서 장례까지 치르는 호모 사피엔스를 잔인한 종이라고 하면 말이 안되지 않는가? 호모 사피엔스는 그 역시 부처님 손바닥을 벗어날 수 없는 손오공처럼, 다위니즘의 거대한 바퀴 속에서 그저 열심히 자기 유전자를 퍼뜨리며 살아가는 존재일 뿐이다.

그러나 이제 호모 사피엔스가 늘어나는 속도도 줄어들고 있고, 특히 우리 나라에서는 감소하기 시작했다. 그러니 콘크리트를 퍼부어 지구를 개발하는 것도 곧 줄어들기 시작할 것이다. 정부에서 아기를 적게 낳으라고 오랫동안 산아제한 정책을 계속 쓰다가 몇 년 전부터는 갑자기 아기를 많이 낳으라고 하니 어리둥절할 따름이다.

과학 기술 발전은 모두 인간의 두뇌정보를 문자정보로 출판하여 많은 사람들이 경쟁적으로 공부하였기 때문에 가능하였다. 제4장에서 말한 것처럼 인간에게 유익한 정보는 인간이 그것을 더 복제 증식시킨다. 다르게 말하면 문자정보는 열역학 제4법칙에 의하여 자기가 살아남기 위하여 인간을 이용하여 자기를 복제 증식시키면서 진화한다. 문자정보도 인간에 유익하면 인간에 의하여 선택되고 복제 증식되어 살아남고 번성한다. 그 자체로 생명력이 있는 것이다.

이러한 과정은 인류의 진화의 역사와 비교하면 엄청나게 빨리 일어났기 때문에 인간의 유전정보가 진화하기에는 너무나 짧은 기간이었다. 그러나 두뇌 속의 정보는 문자로 인쇄되어 인쇄물과 두뇌 속에 저장된 정보로 증식되면서 널리 보급되었고, 선택 받은 정보는 재생산되면서 진화하였다. 이러한 문자정보의 진화도 인공선택에 의한 다위니즘의 지배를 받는다고 볼 수 있다. 적자가 아닌 정보는 인쇄가 될 확률이 낮아서 도태된다.

해로운 문자정보

많이 출판되어 살아남는 문자정보는 반드시 인류의 발전에 기여하는 유익한 정보만은 아니다. 다른 사람이 쌓아 놓은 부를 약탈하여 살아남는 방법에 관한 기생충과 같은 정보도 많이 출판되었다. 이는 생명체의 유전정보에도 기생충이나 전염병 같은 것이 있고, 컴퓨터 정보에도 컴퓨터 바이러스가 있는 것과 같이 다위니즘의 결과이기도 하다. 따라서 이러한 문자정보에는 선과 악이 있을 수는 없지만, 일반적으로는 다위니즘에 따라 인류의 유전자를 증가시키는 쪽은 선이고 그에 반대되는 쪽은 악이라고 생각하는 경향이 크다.

대표적인 기생충이나 전염병과 같은 문자정보는 사회주의 관련 책으로서 칼 마르크스(Karl Marx)의 『자본론(Das Kapital)』 같은 것이다. 이러한 책 때문에 소련과 그 주변의 나라들이 많이 공산화되어 파멸의 길로 들어섰었다. 한국에서는 중국 역사상 최악의 비극을 낳고 중국의 발전을 수십 년 퇴보시킨 문화혁명을 찬양하는 책도 1970년대에 출판되어 대학생들에게 큰 인기를 끈 적도 있다. 또 1980년대에는 남로당과 빨치산을 미화한 장편소설이 공전의 히트를 기록하기도 하였다.

『자본론』은 "모든 가치는 노동으로부터 생산된다"고 한다. 그리고 노동자는 자본가에게 고용되어 항상 자기가 생산하는 가치보다 적은 임금을 받고 일하므로 자본가는 계속 부자가 되고 노동자는 일을 할수록 가난해진다고 한다. 이 그럴듯한 말에 속아서 수많은 나라들이 나락으로 떨어졌다.

노동자가 아무데나 가서 하루 종일 땅을 팠다가 메웠다가 하면서 열심히 일하면 가치가 생산되는가? 아니다. 기업가가 일거리를 만들어 주었을 때 그 일을 하여 제품을 생산하면 가치가 생산된다. 손흥민이 자기 집 마당에서 하루 종일 뛰어다녀도 가치는 생산되지 않지만, 토트넘에서 열심히 뛰면 가치가 생산된다. 방탄소년단이 자기 집이나 아무도 없는 산꼭대기에서 열심히 뛰고 노래해도 가치는 생산되지 않지만, 많은 사람들을 불러 모은 무대에서 노래하거나 화려한 조명의 무대에서 노래하여 유튜브 영상을 만들면 가치가 생산된다.

기업가는 일자리를 제공해 주고 노동자는 노동력을 제공하여 서로 돈을 버는 상생관계이지 일방적이지 않다. 『자본론』은 자본가는 강자이므로 항상 유리한 입장에서 노동자를 이용하므로 노동자는 계속 착취만 당하게 되어 일을 할수록 가난해질 수밖에 없다고 한다. 손흥민이나 방탄소년단은 노동자이다. 그들은 착취를 당하고 있는가? 삼성전자나 현대자동차에서 일하는 연봉 1억 가까운 노동자들은 착취를 당하고 있는가? 일을 할수록 가난해지는가?

대체로 산업화 초기 가난할 때는 자본가의 영향력이 세다가, 부유해질수록 노동자의 권리가 높아지는 경향이 있다. 따라서 노동자를 자본가의 착취에서 벗어나게 하는 길은 기업을 많이 만들게 하여 일자리가 넘쳐나게 하고 국가를 부유하게 만드는 것이 가장 좋다. 정부가 기업은 노동자를 착취하여 돈을 많이 벌었다고 기업을 억압하면 기업이 많이 생기지 않고, 또 결국 국가에서 받는 세금도 줄어들고 국가도 가난해진다.

진짜 착취당하는 사람은 『자본론』이 이상적인 제도로 주장하는 사회주의 국가의 인민들이다. 이들은 생산한 것을 몽땅 국가에서 가져가고 쥐꼬리만큼 배급을 받는다. 이러한 모순에도 불구하고 『자본론』은 사회주의는 인간적이고 자애로운데 비해 자본주의는 생존경쟁에 찌들어 피도 눈물도 없는 냉정하고 돈 밖에 모르는 비인간적인 제도라는 것을 매우 설득력 있는 미사여구로 주장한다. 또한 자본가는 돈 밖에 모르는 철면피이고 자본주의는 천박하여 없애 버려야 할 적폐라고 선동한다.

자본주의가 오해를 받는 이유는 이기심에 의한 각자의 이윤추구를 자유롭게 인정해야 한다는 원칙 때문이다. 이는 적자생존을 주장하는 다위니즘과 유사하다. 그래서 얼핏 보면 다위니즘이나 자본주의나 모두 강자만 살아남고 약자는 죽는 정글의 법칙과 같은 비인간적인 제도라고 생각하게 된다. 그러나 제1장에서 말했듯이 가장 인간적이라 할 수 있는 사단칠정과 인도주의나 박애정신 그리고 칸트의 도덕률도 다위니즘의 산물인 것처럼, 사실은 자본주의의 원칙이야 말로 또한 다위니즘의 산물로서 산업혁명을 일으켜 세월이 흐를수록 인류를 번영하게 하고 인권을 향상하고 인도주의와 박애정신을 실천하며 환경도 개선하게 한다는 것이 역사적으로 증명되었다.

사회주의자가 좋은 인상을 주는 이유는 약자를 위하는 인도주의자로 위장하는데 능하기 때문이다. 모두가 다같이 잘 살자고 하는 사람을 누가 뭐라할 것인가? 그러나 그 뒤에 "돈은 네가 내고 관리는 내가 할게"라는 뜻이 숨어 있다면 어떻게 될까?

사회주의자는 전체는 숨기고 부분만 이야기한다. 호랑이를 설명하며 부드러운 털과 아름다운 무늬만 이야기하고 호랑이의 본질인 잔혹성과 날카로운 이빨과 발톱은 이야기하지 않는다. 참새가 다섯 마리 있는데 총으로 한 마리를 잡으면 네 마리가 남아 있는 것처럼 이야기한다. 그래서 그들은 진실에 분노한다. 진실을 알면 사람들이 속지 않기 때문이다. 모든 사람은 측은지심이 있다. 그러나 그들은 자본가는 측은지심이 없는 것처럼 이야기하여 사람들이 자본가를 미워하게 만든다.

북한에서 온 탈북자들은 공산주의는 가장 이상적인 제도로서 모든 사람들이 이기심 없이 서로 돕고 물건도 훔치지 않는 지상낙원이고, 자본주의는 돈이 없으면 개보다 못한 대우를 받는 나쁜 제도로 배웠는데, 남한에 와보니까 정반대라는 것을 알았다고 이구동성으로 이야기한다. 북한에는 눈 깜짝할 사이에 물건을 도둑 맞기가 예사인데, 남한에는 오히려 스타벅스에 주인 없는 지갑이나 노트북이 있어도 주워 가지 않고, 사람들은 친절하며, 또 어려운 사람들을 서로 도와주는 것이 정말 인간이 인간답게 사는 세상이라는 것이다.

문자정보 『자본론』의 광풍

어쨌든 20세기에는 많은 사람들이 『자본론』류의 문자정보에 두뇌가 감염이 되어 이러한 제도가 지상천국을 만들 것으로 생각했다. 그래서 이러한 풍조는 전세계를 휩쓸었다. 당시 지식인들은 대부분 진보주의자였다. 소련에서는 노동자를 선동하여 실제로 혁명을 일으켜 이러한 제도를 실시하였다. 그러나 그 결과 그러한 나라들은 세월이 흐를수록 오히려 더 부패가 극심해지고, 가난해지고, 빈부격차는 커지고, 심각한 사회문제가 발생하였으며, 인권이 말살되는 재앙을 만났다.

『자본론』의 영향은 소련과 동유럽뿐만 아니라 서유럽에도 미쳐서 많은 서유럽 지식인들도 좌파가 되었다. 장 폴 사르트르(Jean-Paul Charles Aymard Sartre)는 2차대전 후 프랑스 지식계의 교황이라 불렸는데 막시즘을 신봉하는 진보주의자였다. 그는 "반공주의자는 개다"라고 했고, 또 1950년에 한국전쟁이 일어나자 남한이 미국의 사주를 받아 북침하였다는 김일성의 주장을 지지하였다. 또 "체 게바라는 우리 시대의 가장 완벽한 인간이다"라는 어처구니없는 말도 했다. 그러고 보면 존경받던 프랑스 최고의 지식인도 한 치 앞을 내다볼 줄 모르는 바보다.

한편 또 다른 프랑스의 유명한 지식인이었던 레이몽 아롱(Raymond Claude Ferdinand Aron)은 우파였고 좌파의 모순을 본질적으로 꿰뚫어 보았다. 그리고 다음과 같이 말했다.

"정직하고 머리 좋은 사람은 절대로 좌파가 될 수 없다. 정직한 좌파는 머리가 나쁘고, 머리가 좋은 좌파는 정직하지 않다. 모순투성인 사회주의 본질을 모른 다면 머리가 나쁜 것이고, 알고도 추종한다면 거짓말쟁이다."

그러나 당시 프랑스 지식인 사회는 막시즘이 유행인 데다 사르트르의 영향력이 너무 커서 공개적으로 레이몽 아롱을 지지하는 사람은 거의 없었다. 속으로는 그를 지지하는 사람도 감히 말을 하지 못하는 분위기였다. 이러한 분위기가 역전되기 시작한 것은 1975년경 소련의 내부 사정이 알려지면서부터였다.

더 심각한 나라는 프랑스보다는 영국이었다. 2차대전이 끝나자 위대한 승전국인 대영제국 국민은 처칠의 보수당을 버리고 "요람에서 무덤까지(From the cradle to the grave)"의 복지주의를 주창한 노동당을 선택했다. 그러자 연금보조, 무료시술, 결혼수당, 임신수당, 아동수당, 과부수당, 장례수당, 실직수당 등 온갖 복지가 넘쳐 흘렀다. 부지런했던 영국 국민들이 게을러졌다. 잠시 보수당이 다시 집권하기도 했으나 복지의 단물을 맛본 영국 국민들은 또 다시 노동당을 선택했다. 노동당은 당시 세계 최고의 기술력을 가진 많은 기업들을 국유화하여 경쟁력을 떨어뜨림으로써 영국 경제를 파멸로 몰아갔다. 실업자가 넘쳐 흘렀고 노조 파업으로 구제 불능의 나라로 되었다. 이것이 저 유명한 영국병(British disease)이다. 결국 1976년 IMF 구제 금융을 신청하였다. 영국 국민들은 1979년 총선거에서 사회주의 척결과 시장경제를 내세운 철의 여인(Iron Lady) 마가릿 대처(Margaret H. Thatcher)의 보수당을 선택함으로써 30년이 넘는 긴 백일몽에서 깨어나기 시작했다. 이는 영국 국민들이 그래도 강인한 의지로 복지의 유혹을 뿌리칠 수 있었기 때문에 가능했다. 그러나 아직도 『자본론』류의 문자정보에 중독되어 헤어나지 못하고 있는 나라들이 많다.

서유럽에서 사회주의 열풍이 식기 시작할 때 1970년대에 대한민국은 뒤늦게 사회주의 찬양 도서들이 출판되기 시작했다. 당시 정부는 사회주의 서적을 금서로 지정하고 탄압했다. 그러자 이러한 책들은 지하로 숨어 들어갔다. 호기심 많은 대학생들이 그러한 책을 탐독하고 빠져들었다. 정식 출판되지 못한 여러 가지 사회주의 문서들이 복사되어 은밀히 퍼져 나가 대학생들의 두뇌를 기생충처럼 감염시켰다. 1980년대에 정부의 탄압이 수그러들자 좌익은 미화하고 우익은 패륜적인 악으로 왜곡한 소설들이 엄청난 인기를 끌었다.

정부와 결탁한 대기업들이 서민과 노동자를 착취하여 부자가 되지만, 그 부는 결국 모두 미국과 일본으로 들어가기 때문에 선진국은 계속 선진국으로 후진국은 계속 후진국으로 남을 수밖에 없다. 이는 일종의 『자본론』류의 문자정보인 종속이론으로서 근거가 빈약하고 부정확한 이론이었다. 그러나 대학생들은 비판 없이 수용했고 정부에 분노했다. 그걸 모르면 시대에 뒤떨어지는 것으로 생각했고, 아무도 그것에 대한 증거를 찾거나 검증해 보려 하지 않았다. 어쨌든 그런 문자정보에 감염된 대학생 중 일부가 심하게 중독되었는데, 나이 들면서 회복된 사람들도 많으나 끝끝내 회복되지 못한 사람들도 많다.

그러한 문자정보를 탐독한 자들 중 나중에 대통령까지 된 사람도 있다. 그는 2003년 중국을 방문하여 칭화대학에서 중국의 정치인 중 누구를 가장 존경하는가 하는 질문에 대해 마오쩌둥과 덩샤오핑이라고 대답하였다. 그가 덩샤오핑만 말했던지 아니면 차라리 저우언라이를 말했다면 좋았는데, 마오쩌둥을 같이 말했기 때문에 문제였다. 이는 정상적인 한국인들은 받아들일 수 없는 것이었다. 이는 마치 프랑스 대통령이 독일을 방문하여 가장 존경하는 정치인이 아돌프 히틀러라고 이야기한 것과 비슷하다. 아마도 그는 『자본론』류의 문화혁명을 찬양하는 서적을 읽고 감염이 되어 회복되지 못하고 있었던 것으로 보인다. 마오쩌둥은 6·25 때 UN군에 대항하는 중공군을 불법적으로 파병하여 남북통일을 결정적으로 훼방 놓은 자이다. 한국 대통령의 그러한 대답은 중국인들로 하여금 한국인들은 마오쩌둥의 중공군 파병을 정당한 것으로 받아들인다는 것으로 오해하게 할 수 있다. 그러면 앞으로도 한반도에 무슨 일이 생기면 중공군을 파병하는 것은 당연하겠다고 생각할 것이다. 어쨌든 마오쩌둥 때문에 한반도 통일은 저지되고 북한은 지금도 세계 최악의 불량 국가로 남아 있다.

영어로 공산주의자를 communist라고 하지만 빨갱이라고 번역될 수 있는 red 또는 pink라는 단어로도 부른다. 영어권뿐만 아니라 일본은 빨갛다는 뜻의 아카(アカ) 중국은 츠써펀쯔(赤色分子) 등 공산주의자를 빨간 사람이라는 뜻으로 부르는 것은 세계적으로 보편화되어 있다. 그러나 빨갱이는 일제시대 때 독립운동을 한 사람을 부르는 말이라는 설도 있다.[40] 그렇다면 그런

40. 2019년 3·1절 100주년 대통령 기념사

사람들에게는 빨갱이라는 단어는 명예롭게 쓸 수 있는 좋은 단어이니 군이 사람들이 사용하기를 기피할 이유가 없을 것 같다.

이처럼 생물계의 유전정보에 기생충이나 전염병 같은 것이 있듯이 인간 사회의 문자정보에도 기생충 같은 것이 많다. 과거 한국에 많던 회충 같은 기생충은 쉽게 박멸할 수 있고 또 심각한 병을 일으키지는 않으니 큰 문제는 아니지만, 제3장에서 말한 빨간 딸기 개미에 기생하는 머메코네마 네오트로피쿰이나 사마귀에 기생하는 연가시 벌레 같은 것이면 숙주의 두뇌를 조정하여 자살에 가까운 행동을 시키거나 자살로 유도하여 생명을 앗아가니 심각한 것이다.

혁신적이고 뛰어난 지휘자의 중요성

『자본론』에서 자본가로 분류하는 기업가 또는 경영자는 전쟁에서 지휘관으로 볼 수 있고 노동자는 전쟁에서 병사로 볼 수 있다. 한산대첩과 칠천량해전을 비교해 보자. 한산대첩은 조선 수군 전함 96척과 일본 수군 73척이 싸워 조선 수군은 3명 전사 10여 명 부상 이외에는 피해가 없었고, 일본 수군은 사상자 약 6,500명, 전함 47척 침몰, 12척 나포를 당한 조선 측의 굉장한 승리였다. 반면 칠천량해전은 조선 수군 160여 척이 일본 수군 1,000여 척과 싸워, 조선 수군 140여 척이 침몰하고 20,000여 명이 궤멸하였고, 일본 수군은 100여 명 사상 이외 다른 손실은 없는 조선 측의 엄청난 참패였다. 이 한 번의 패전은 그 이전의 수많은 승전을 상쇄하고 말았다. 이러한 극단적인 결과는 원인이 무엇일까?

당시 조선 수군 병사들의 전투 능력은 칠천량해전 때가 한산대첩 때보다 더 높았다고 볼 수 있다. 왜냐하면 한산대첩 때는 임진왜란이 시작한지 얼마 되지 않아, 오랫동안 평화 시기를 지낸 조선 병사들이 전투를 해 본 경험은 몇 번 되지 않았다. 그러나 칠천량해전 때는 수많은 해전을 승전으로 이끈 역전의 용사들이었던 것이다. 또 무기 수준도 칠천량해전 때가 더 높았다고 볼 수 있다. 조선 수군은 임진왜란을 겪으며 새로운 무기도 개발하고 정비하여 훨씬 더 강해져 있었기 때문이다. 따라서 결정적인 요인은 단지 지휘관이 이순신이냐 원균이냐 하는 차이로 볼 수밖에 없다.

그러나 『자본론』과 같은 관점으로 해석한다면 한산대첩의 승리나 칠천량해전의 패배 모두 지휘관이 아니라 병사들의 노력의 많고 적음 때문이라고 해야 할 것이다. 그래서 한산대첩의 수훈은 이순신이 아니라 조선 수군 병사에 있었고, 칠천량해전 패전의 책임은 원균이 아니라 조선 수군 병사에 있었다고 해야 할 것이다. 그러나 그에 동조할 사람이 누가 있을까?

칠천량해전에서 조선 전함은 160여 척이었는데 일본 전함은 1,000여 척이어서 불리했지 않았느냐고 할 수 있다. 그러나 이순신 같으면 그러한 상황에서는 싸우지 않고 다른 방법으로 적을 유인하여 유리한 환경을 만든 다음에 싸웠을 것이다. 이는 이순신 장군의 23전 23승의 전적이 증명한다. 이순신은 13척으로 130~330척을 무찌른 명량해전의 기록도 있는데, 이는 불리한 상황에서도 지형 지물과 해류를 잘 이용하여 자기에게 최대한 유리한 전투 상황을 만들어서 싸웠기 때문이다. 이는 바로 지휘관의 능력인 것이다. 지휘관은 누가 봐도 경영자이지 노동자가 아니다. 『자본론』에서는 경영자는 착취만 일삼는 자본가로 정의하고 있다.

한반도의 언어정보의 대결

자본주의와 사회주의, 즉 『국부론』과 『자본론』으로 대표되는 언어정보의 비교 실험이 한반도에서 일어났다. 1950년 북한의 기습 남침으로 시작된 민족 최대의 비극인 6·25가 1953년에 휴전을 하면서 북한은 사회주의를, 그리고 남한은 자본주의를 모델로 하여 국가를 다시 건설하기 시작하였다.

조선민주주의인민공화국의 지도자는 사람 중심의 나라를 만들어 모두가 다 잘 살게 해주겠다고 헌법에 정하고,[41] 천리마처럼 열심히 일하고 자력갱생을 하자고 부르짖으면서 노동자의 노력을 최고로 이끌어내기 위해 노력하

41. 조선민주주의인민공화국 사회주의헌법 제3조: 조선민주주의인민공화국은 사람중심의 세계관이며 인민대중의 자주성을 실현하기 위한 혁명사상의 주체사상, 선군사상을 자기 활동의 지도적지침으로 삼는다.

였다. 모든 재산은 인민의 공동 소유, 즉 국가 소유를 원칙으로 하여 다같이 더불어 잘 살자고 열심히 노력하였다. 그러나 생산품을 분배할 때 차츰 지배 계급에서 더 많이 가져가게 되니 인민들에게 돌아가는 양은 점점 줄어들었다. 그렇게 세월이 지나자 인민들은 근로 의욕을 잃어버려 생산성은 형편없이 줄어들어 버렸다. 자기 몫이 줄어들자 위로부터 아래까지 부정부패가 만연하여 뇌물이 없으면 아무것도 되지 않는 사회가 되었다.

인민들의 반발을 막기 위하여 외부 정보를 차단하고 세습 독재 국가가 되었고, 지도자의 어머니의 신앙인 기독교의 교리를 흉내내어 지도자를 구세주처럼 만들었다. 그리고 모든 성경은 제거되었다. 기독교인들은 공개 처형되었다. 한국에 온 탈북자가 교회에 가 보고 북한의 지도자 숭배가 성경을 모방한 것인 것을 알고 놀랐다는 증언이 많다. 또 지도자는 자기의 업적을 기리기 위해 『세기와 더불어』라는 역사를 왜곡한 회고록을 출판하였다.

지도자들의 생일은 민족의 최대 명절이자 국경일로 기리게 되었다. 그러나 세번째 지도자의 탄생의 비밀이 밝혀지고 그와 함께 그 어머니의 출신 성분이 공개되면 지도자에게 흠결이 될 수도 있어 미래의 불안 요인으로 남아 있다. 조선민주주의인민공화국은 출신 성분을 중요시하는 사회이기 때문이다.

자력갱생을 위하여 대부분의 연료는 그 땅에서 생산되는 석탄과 나무를 사용하였다. 겨울이면 이러한 연료가 타는 매캐한 연기로 대기 오염은 극심해졌다. 북조선의 밤하늘에는 별이 많이 보이는데 그것은 공해가 적기 때문이 아니라 전기가 없어서 주변에 불빛이 없기 때문이다. 나무를 베어낸 헐벗은 산과 들은 그대로 방치되었다. 개발되지 않은 자연 상태의 강산을 가뭄과 홍수가 거의 매년 번갈아 지나갔다. 흉년이 들자 인민들이 굶어서 떼죽음을 당하고 말았다. 이를 고난의 행군이라고 한다.

그 후 인민들은 살길을 찾기 시작했다. 사유재산에 해당하는 뙈기밭을 가꾸고 장마당을 만들었다. 협동농장이나 국영기업체의 생산물이 지배층으로 넘어가기 전에 감쪽같이 인민들의 개인 재산으로 흘러들어가서 장마당으로 돌기 시작했다. 이제 흉년이 들어도 굶어 죽는 사람은 거의 없어졌다. 조선민주주의인민공화국은 누구든 도둑질을 하지 않으면 살 수 없는 나라가 되었다. 탈북자가 남한에 와서 가장 좋은 것은 도둑질과 거짓말을 하지 않아도 살 수 있는 것이라고 한 사람들이 많다.

장마당에서 돈을 많이 번 인민, 소위 돈주들이 생겨나자 지도자는 이를 사회주의에 대한 위협으로 생각했다. 그래서 2009년에 전격적인 화폐개혁을 단행하였다. 벌어 놓은 돈이 거의 다 휴지 조각으로 변하자 인민들의 실망과 분노는 심상치 않게 돌아갔다. 이를 무마하기 위하여 지도자는 모든 책임을 재정경제부장을 비롯한 여러 관련자들에게 지우고 모두 처형하였다. 그 뒤 장마당에서는 조선민주주의인민공화국의 지도자의 얼굴이 찍힌 돈은 사라졌다. 신용이 생명인 시장경제에서 신용을 잃어버렸기 때문이다. 대신 미국 달러가 가장 신용 있는 돈이 되고, 그 다음이 엔화, 그 다음이 유로화, 그 다음이 위안화가 되었다. 그래서 인민들의 장마당에서는 위안화가 가장 널리 유통되고 있고 평양의 호텔에서는 달러가 사용된다.

인민들이 생산품을 빼돌리는 기술이 발전함에 따라 평양 시민들에게 돌아가는 배급량이 형편없이 줄어들었다. 평양의 지배 계급은 1990년대의 고난의 행군은 비교적 무사히 넘겼으나, 이제 평양의 지배 계급에 더 심각한 고난의 행군이 도래할지도 모르는 상황에 도달했다.

한편 남쪽에서는, 미국에 망명하여 자유민주주의와 자본주의를 경험하고 귀국한 대한민국의 첫 지도자가 자유민주주의를 기반으로 한 자본주의 체제를 도입하였다. 이는 산업혁명의 기반 철학이었다. 자기가 번 것은 자기가 갖고 일부를 국가에 세금으로 내게 했다. 사유재산을 보호하여 국가에서 손댈 수 없게 하였다. 그는 또 역사적으로 왕조와 식민지를 거치면서 한 번도 민주주의를 경험하지 못한 자기 국민들을 데리고 헌법에 기초하여 삼권분립과 대통령제를 실시하였다. 국제 정세 판단과 외교에 능통했던 그는 세계 최강의 군사력과 경제력을 가지고 자유민주주의와 자본주의를 옹호하는 미국을 어렵게 설득하여 동맹을 맺었다. 만약 그 동맹에 실패했더라면 한국은 베트남처럼 적화통일이 되고 말았을 것이다.

그다음으로 나선 지도자는 헐벗은 붉은 산과 굶주리는 국민만 남은 가난한 나라에서 영국보다 약 200년 뒤늦게 산업혁명을 위한 시동을 걸었다. 당시 대부분의 국민과 정치인들은 우선 식량 생산과 자급자족이 급하고 수출 같은 것은 남는 것이 있을 때나 하는 것으로 생각했다. 이러한 생각은 당시 거의 모든 개발도상국 지도자들의 생각이었다. 그러나 그는 수출 입국을 기치로 가발, 섬유, 신발 등 쉬운 경공업 제품부터 수출하여 외화를 벌어들이라고 독려하였다. 정치인들의 반대를 무릅쓰고 국가 발전의 기반인 고속도로와 원자력발전소와 댐과 방조제를 건설했다. 그는 또 민간 기업을 지원하여 중화학공업과 첨단 과학 분야에서 선진국을 따라잡기 시작했다. 머리 좋고 열심히 공부한 사람을 우대하여 좋은 교육을 받게 하였다. 그러자 우수한 교육을 받은 전문 인력들이 쏟아져 나와 중요한 위치에 들어가 나라를 비약적으로 발전시켰다. 기업가들은 창의력을 발휘하여 세계 최고 수준의 경쟁력을 가진 민간 대기업들이 우후죽순처럼 생겨나 본격적인 경제 성장을 이루기 시작하였다. 그로부터 50년이 지난 지금도 당시의 대기업들이 한국 경제를 이끌고 있다.

경제 개발이 어느 정도 궤도에 이르자 1972년 8월 3일 지도자는 갑자기 전격적인 사채 동결 조치를 취하였다. 기업이 빌려 쓴 사채 이자를 1/3로 강제로 탕감해 주고 또 갚는 기간을 파격적으로 늦춰준 조치였다. 그러자 두뇌가 『자본론』에 감염된 정치인들은 지도자를 비난했다. 지도자가 서민들의 피땀 흘린 돈과 어린 아이들의 코 묻은 돈까지 갈취하여 부자 기업들에게 몰아주었다고 했다.

당시 한국은 경제 발전으로 제조업에서 많은 돈을 벌기 시작했으나 재무구조는 취약했다. 이는 후진적인 금융 구조 때문이었다. 기업이 자금을 은행에서 빌리려 했으나 사람들이 저축을 별로 하지 않아 은행에 돈이 없었고 주식시장도 형편없었다. 따라서 기업들은 연 45%가 넘는 고리의 사채 시장에서 돈을 빌렸다. 그래서 생산성 높은 기업이 빚에 깔려 고리대금업자에게 넘어가는 소위 흑자도산이 큰 문제였다. 사채 시장의 큰 손은 기업가, 정치인, 지방 유지 등이었고, 물론 일부 서민들도 고리의 유혹을 받고 돈을 빌려주었다. 특히 기업가 자신이 자기 기업에 돈을 빌려주고 높은 이자를 받는 경우도 많았다.

정부가 사채 동결을 하자 사채 업자들은 큰 손해를 보았고, 그 후 많은 돈이 사채 시장에서 은행과 주식시장으로 흘러들어갔다. 기업가들은 자기 회사에 사채를 빌려주는 대신 주식을 샀다. 그래서 사채 이자를 버는 대신 배당금과 주식 매매 차익을 벌었다. 이때부터 한국의 주식시장이 본격적으로 커지고 현대화되기 시작하였다. 그리고 기업들은 물을 만난 고기처럼 활기를 되찾았고 국가의 금융구조도 더 건강해졌다.

『자본론』류의 문자정보에 감염된 자들의 끈질긴 방해에도 불구하고 경제 발전과 함께 대한민국의 자유민주주의는 결국 뿌리를 내렸다. 경제 발전이 없는 자유민주주의는 가난한 자의 아우성이 가득하여 공허한 메아리로만 존재하는 사상 누각일 뿐이다. 가난한 나라는『자본론』에 중독된 자들의 끊이지 않는 거센 흔듦에 뿌리까지 쓰러져 버리는 허약한 나무인 것이다. 경제 발전이야 말로 자유민주주의 확립의 최대 공로자로 찬양 받아 마땅하다. 그러나 아직도 개발독재 때문에 우리나라가 경제 발전을 제대로 못했다는 황당한 궤변을 주장하고 또 그것을 그대로 믿는 사람들이 많다. 기생충에 감염된 그들은 은혜를 원수로 갚는다.

『자본론』에 중독된 사회주의자들은 자본주의는 부패의 온상이라고 선전한다. 아니다. 틀렸다. 부패의 원인에는 많은 요인이 있지만 가장 근본적인 것은 가난이고, 가난을 부르는 사회주의야 말로 훨씬 더 부패의 온상이 되기 쉽다. 그것은 사회주의 국가들이 훨씬 더 부패한 것으로 이미 증명되었다. 한국은 경제 성장과 함께 부정부패는 줄어 들었다. 1980년대 초반에는 도로에서 교통경찰에게 걸리면 5천 원짜리를 슬쩍 건네면 무사 통과였다고 한다. 나중에는 만 원짜리로 올랐다가, 그 후에는 돈을 주면 오히려 더 큰 뇌물죄로 걸리게 되었다. 지금은 공무원에게 뇌물을 줄 생각도 못한다. 기관을 감사하러 나온 공무원은 점심 한 끼도 같이 하지 않는다. 그러나 아주 최근 들어 고위 권력층의 부정부패는 더 심해지는 느낌도 있다. 그러나 경제가 더 좋아진다면 앞으로도 부정부패는 계속 줄어들 것이다.

1988년에 개최한 서울올림픽에서 소련과 동유럽국가들은 자유민주주의와 자본주의 한국의 발전상을 보고 크게 놀랐고, 그로부터 1년도 지나지 않아 그들은 스스로 해체되기 시작하였다. 그리하여 1989년 혁명에 의하여 폴란드, 헝가리, 동독, 체코슬로바키아, 불가리아, 루마니아, 유고슬라비아, 알바니아 등에서 사회주의 정권이 무너졌다. 1990년에는 독일이 통일되었다. 1991년에는 결국 사회주의의 종주국 소련도 붕괴하였다. 물론 소련의 붕괴는 레이건 대통령의 정책이 중요한 역할을 했지만 한국도 중요한 역할을 하였다.

산업혁명, 즉 경제개발이 성공하면서 한국은 점점 부유해지고 국민들의 체력이 늘자 올림픽에서 레슬링, 유도, 양궁, 태권도, 펜싱, 쇼트 트랙, 스피드 스케이팅, 피겨 스케이팅 등에서 많은 금메달을 따고, 또 프로스포츠에도 진출하여 유명한 복싱, 골프, 야구, 축구, 농구, 배구 선수들을 배출하여 스포츠 강국이 되었다. 또 부유한 사회가 되자 문화적으로도 풍요롭게 되어 음악, TV 드라마, 영화, 게임, 음식 등도 세계적으로 알려져서, 얼마 전만 해도 후진국으로 알려졌던 한국의 문화는 세계인들에게 인기를 끌게 되었다.

그래도 『자본론』류의 두뇌정보는 자기가 살아남기 위하여 최대한 많은 사람들의 두뇌에 감염되려고 필사적이다. 대한민국 건국 초기부터 기생하여 국가를 전복시키기 위한 필사의 노력을 경주하였고, 아직도 진행 중이다. 이미 상당량의 정보는 제3장에서 말한 유전정보의 "보수적 도메인"과 같은 레벨에 들어선 것으로 보인다.

유명한 한 대기업의 가족이 갑질을 하다가 국제적 망신을 산 적이 있다. 이는 "자본론"류의 정보에 감염된 자들의 좋은 먹잇감이다. 수많은 소문이 대한민국을 뒤덮었다. 그 기업은 외국에서 입국시에 특별한 통로로 들어오므로 엄청난 규모의 밀수를 했을 것이다. 회장의 집이나 회사의 어디에는 숨겨진 비밀창고가 있어서 엄청난 규모의 밀수된 고가품들이 저장되어 있을 것이다. 회사는 밀수품을 숨기는 분식회계를 하고 있을 것이다. 등등. 훨씬 저질스러운 소문도 많았다. 그래서 진보 정부에서는 검찰, 경찰, 국세청 등 가능한 모든 공권력을 총동원하여 수도 없이 압수 수색하고 먼지가 날 때까지 탈탈 털었다. 그러나 비위 사실은 나오지 않아 불기소 처분으로 끝냈다. 얼마 후 그 기업의 회장은 스트레스 때문인지 병을 얻어 타계하고 말았다. 여론과 공권력에 의한 간접살인이었다.

이 회사 말고도 대한민국 최고 그룹에 속하는 여러 대기업 회장과 부회장 등 경영진들이 진보 정부에 의하여 줄줄이 감옥에 들어갔다. 그저 선정적인 신문기사가 증거였다. 그러나 재판결과 실제로 유죄 판정을 받은 사람은 별로 없다. 선고 내용도 황당하다. 예를 들면 소위 국정농단을 했다고 뉴스에서 떠들어댄 아줌마의 딸이 아시안게임 승마부문 금메달리스트여서 올림픽에도 좋은 성적을 내게 하기 위하여 비싼 말을 사 주었다는 것인데, 서류상 아무리 봐도 사 준 것이 아니었다. 그러나 자기 말인 것처럼 타라는 말을 했다고 해서 사준 것이라고 했다. 그래도 그 정도는 범죄가 안된다. 그래서 소위 국정농단 아줌마는 대통령과 경제적 공동체이고 따라서 대기업이 대통령에게 물증은 없지만 묵시적 청탁을 한 것과 같기 때문에 제3자 뇌물에 해당한다는 믿기 힘든 기묘한 결론을 내렸다. 대기업의 비리에 대한 가짜 뉴스는 대부분 "자본론"류에 감염된 자들에 의하여 생산되고 또 증폭된다. 어쨌든 진보 정부에서 공권력을 총동원하여 대기업들을 압수수색하고 경영자들을 탈탈 털었지만 먼지가 나지 않은 것으로 봐서, 우리나라의 대기업들이 이러한 자들의 선동과는 달리 불법을 저지르지 않는다는 사실을 알 수 있다.

많은 사람들이 사회주의의 본질을 알았기 때문에 이제 『자본론』류의 문자정보에 감염된 자가 스스로 자기는 사회주의자라고 말하는 경우는 매우 드물다. 이러한 자는 교묘하게 자신을 포장하기 때문에 그가 사회주의자라는 것을 알아채는 것은 상당히 어렵고, 또 주변의 사람들을 감쪽같이 『자본론』류의 정보로 감염시켜 감염자의 수를 늘여갔다. 그에게 감염된 자들은 많은 경우 자기가 감염된 줄도 모른다.

한국인들은 자기가 공산주의자라고 불리는 것을 끔찍이도 싫어한다. 그래서 자기는 중도라고 하는 사람이 대부분이고 우파라고 우기는 자도 많다. 자기는 자본주의의 여러 가지 분파 중 하나에 속한다는 것이다. 이들은 미사여구와 궤변에 능하다. 이들은 자신이 기생충에 감염된 줄도 모른다.

기생충을 구별해 내는 것은 쉬우면서도 쉽지 않다. 북조선과 연계하여 사회주의 혁명을 하려다가 체포되어 무기징역을 살다가 풀려난 골수 좌익 간첩을 위대한 사상가로 존경한다고 말해도 사람들이 무덤덤한 것은 기생충이 이미 면역이 생겨 사람들이 몰라본다는 것을 뜻한다. 기생충이 회충처럼 쉽게 박멸되면 문제가 아니지만, 아직 살아남은 기생충은 잡는 것이 정말로 어려워, 제3장에서 말한 머메코네마 네오트로피쿰이나 연가시처럼 숙주의 두뇌를 지배하여 기어이 대한민국이라는 숙주를 자살시킬지도 모른다.

많은 사람들은 아담 스미스의 이론은 진부한 것처럼 이야기한다. 그러나 그들 중에 『국부론』을 제대로 읽고 이해하는 사람은 생각보다 적다. 또 이해하더라도 사소한 것으로 치부한다. 그러나 실은 『국부론』은 나무의 몸통이고 그들이 중요하다고 생각하는 것이 사소한 가지이다.

『국부론』도 제대로 이해하지 못하면서 경제학을 하는 자는 마치 직구도 제대로 못 던지면서 너클볼을 던지려는 투수와 같다.

『국부론』은 부자와 자본가를 위한 책으로 생각하고 있으나 실은 가난한 사람들에 대한 배려심이 그 바탕에 있다. 『국부론』은 "태반이 넘는 구성원들이 가난하고 비참한 사회가 번영하고 행복할 수는 없다"라고 말한다. 또 자유시장경제야 말로 부를 가난한 사람에게도 확산시켜주는 가장 좋은 체제라는 것을 보여준다. 그래서 『국부론』을 따른 한국은 세계에서 유일하게 원조를 받는 나라에서 원조를 주는 나라로 발전할 수 있었는데 『자본론』을 따른 북한은 지금도 세계 최빈국으로 남아 있다.

애완동물이나 꽃과 같은 두뇌정보

종교는 과거로 갈수록 영향력이 큰 누뇌정보였다. 과서에는 비, 바림, 친둥, 번개, 질병, 죽음, 천체 운행, 재난 등은 인류의 두뇌로 해석할 수 없는 미스테리였고, 사람들은 이를 해결하기 위하여 신이라는 언어정보를 만들었다. 신은 문화권에 따라 수없이 만들어졌지만, 다위니즘에 의하여 기독교, 불교, 이슬람 등 몇 가지 언어정보로 진화되었다. 이렇게 진화한 것은 종교는 성경, 불경, 코란 등 경전이라는 형태로 문자화된 두뇌정보가 책으로 되었고, 이러한 경전들은 사람에게 유익한 면이 있어 인공선택이 되어 초기에는 필사되고 나중에는 인쇄되어 대량 복제 증식에 성공하였기 때문이다.

종교는 인류의 모든 생활에 절대적인 영향력을 미쳤다. 한국의 종교는 토착신앙에 삼국시대에 들어온 불교가 결합하여 발전하였고, 통일신라와 고려시대 때는 불교가 국교로 되었다. 이러한 불교는 한국인의 정신 문화의 발전에 크게 기여하였다. 종교는 마음의 평안을 주고 과도한 욕심을 버리게 한다. 그리고 건전한 사회를 만들어 사람들의 DNA가 성공적으로 번성하도록 도와준다. 몽골의 침략으로 국가가 위기에 빠지자 사람들이 불교로 사회적 힘을 집중시켜 팔만대장경을 만들기도 하였다. 그러나 고려 말기에는 불교가 권력과 결탁하여 부패하였고, 그 사회의 사람들의 DNA의 번성에 유익하지 못한 쪽으로 흘러갔다. 그 결과 유학자들에 의하여 불교는 배척당하고 말았다. 이러한 종교의 순작용과 역작용은 불교뿐 아니라 다른 종교에도 모두 있었을 것이다.

과학 기술이 발전하여 지구는 태양을 도는 것을 알게 되고, 수많은 질병의 원인이 알려져서 퇴치되고, 많은 재난도 예측이나 극복이 되고, 비 바람 천둥과 번개의 본질도 알게 되고, 또 다위니즘이 인정되면서 종교의 영향은 많이 축소되었다. 그러나 종교가 말살된 북한에서 신이라는 존재를 모르면서 살다가 북한을 탈출한 탈북자도 절체절명의 위기에서는 신에게 기도를 한 사람들이 많았다는 것이 흥미롭다.

현재는 정말로 내세가 있는 것을 믿기 때문이 아니라 혹시나 내세가 있는데 종교를 안 믿다가 죽으면 영혼이 영원히 구원받지 못하는 것이 아닐까 하는 두려움에 보험을 드는 심정으로 종교를 가지는 사람들이 많은 것 같다. 또 기도를 하면 자식이 좋은 대학교에 가고, 건강해지고, 좋은 배우자를 만나고, 선거에 당선되고, 사업이 잘 되고 하는 등의 기대감으로 종교를 가지는 사람도 많은 것 같다. 옛날과 같이 모든 것을 종교에 의존하여 살아가는 사람은 매우 드문 것 같다.

과학이 아무리 발전해도 종교는 계속 남아 있을 것이다. 종교의 기능은 과거에 비하여 많이 약해졌고 앞으로도 약해지겠지만, 그래도 약해지는 속도는 줄어들고 어느 정도 수준에서 평형 상태에 도달할 것이다. 종교라는 두뇌정보는 과학적이지는 않지만 사회와 사람의 정신 건강을 좋게 해 주는 기능이 있다. 그래서 기생충과 같다고 볼 수는 없다. 또 약자를 도와주는 선한 행위를 장려하여 건강한 사회를 만든다. 물론 사이비 종교나 종교를 이용한 사기와 같은 부작용이 없는 것은 아니다. 사회주의는 종교를 배척하지만 자본주의는 그렇지 않다. 그러나 또 많은 위선적인 사회주의자는 종교를 정치적으로 이용하여 기생충과 같은 면도 없지 않다.

사회주의라는 두뇌정보가 기생충이나 질병과 같은 유전정보와 비슷하다면, 종교라는 두뇌정보는 어떠한 유전정보에 비교할 수 있을까? 과거의 종교는 부모나 아니면 거대한 코끼리나 멋있는 기린이나 무서운 호랑이의 유전정보라 할 수 있을 것이다. 왜냐하면 그때는 인간에게 종교는 어머어마하게 크고 권위가 있으며 무섭기도 한 존재였기 때문이다. 그러나, 지금의 종교는 애완동물이나 관상용 꽃의 유전정보와 비슷하다고 볼 수 있다. 애완동물이나 꽃은 얼핏 보면 사람에게 실질적인 도움은 안 되는 낭비 같은 것으로 보일 수 있다. 그래서 안 키워도 된다. 집에 강아지를 키우면 돈도 많이 들고, 매일 운동을 시켜야 하니 귀찮고, 대소변도 관리해야 하고, 병에 걸리면 가축병원에도 데리고 가야 한다. 또 개가 나이가 들어 죽으면 매우 슬프다. 꽃도 마찬가지로 관리하는데 돈과 노력과 시간이 많이 든다. 그러나 사람들은 기꺼이 그러한 낭비를 부담하는데, 이는 자신의 정신 건강에 도움이 되기 때문이다. 그래서 결국은 자신의 DNA를 더 번성시키는 데 도움이 된다.

이제 자식들 모두 다 큰 다음에 꽃이나 애완동물을 키운다면 자신의 DNA를 번성시키는 데 도움이 안 된다고 할 사람도 있겠지만, 그러나 조금만 잘 생각해보면 도움이 된다는 것을 알 것이다. 자기가 육체적 정신적으로 건강하게 잘 살면 자기 자식이 그 자식을 낳아서 건강하게 잘 키우는 데 도움이 되는 것이다.

산업혁명의 진행

산업혁명은 아놀드 토인비(Arnold Joseph Toynbee)가 최초로 사용한 용어로서 비록 약간의 이견이 존재하기는 해도 제1차부터 3차까지는 대체로 잘 정의되어 있다. 그런데 4차 산업혁명은 지금이 초기라는 사람도 있고 아직 시작하지 않았다는 사람도 있다. 한국 사람들은 대체로 지금은 4차의 초기에 들어섰다고 생각하는 것 같다. 어쨌든 우선 산업혁명을 1차부터 3차까지 살펴보자.

제1차 산업혁명은 대체로 영국에서 제임스 와트(James Watt)가 증기기관을 개량한 1769년 경부터 약 백 년간 기계화가 진행된 시기로 본다. 그 이전까지 사람이나 동물의 근육으로 하던 일을 석탄이라는 에너지원을 사용하여 증기를 매개체로 기계를 움직여 일을 할 수 있게 된 것이다. 그리하여 인류는 엄청난 힘을 가지게 되어 수많은 기계를 발명하고 대량생산이 시작되었다. 빠른 교통 수단을 가지게 되어 더욱더 교역이 많아져서 효율적으로 생산을 많이 하게 되었다. 석탄을 대량으로 사용함으로써 석탄을 이용한 철강 산업이 발전하여 기계 제작에 필요한 철을 대량 생산하게 되었다. 1811년에는 독일에서 증기기관으로 가동되는 성능 좋은 인쇄기가 개발되어 책의 출판 속도도 획기적으로 빨라졌다. 영국에서 시작한 산업혁명은 유럽 전역과 미국 그리고 일본으로 차례로 확산되었다.

제2차 산업혁명은 1865년경에 시작되었다고 본다. 전기를 이용하여 에너지를 더 효율적으로 조절함으로써 산업 생산력을 더욱더 높일 수 있었다. 전기를 사용함으로써 여러 가지 기계를 증기기관보다 훨씬 쉽게 조절할 수 있었는데 왜냐하면 증기기관을 작동하기 위하여는 복잡한 장치와 석탄 저장고 연기 배출 및 오염 같은 수많은 문제가 있었고 회전속도나 힘 조절도 어려웠지만, 전기는 전선을 끌어 들여서 스위치만 조작하면 작동되기 때문이다.

특히, 전기에 의하여 작동하는 컨베이어 벨트 시스템은 복잡한 제품도 분업에 의하여 훨씬 더 효율적으로 대량 생산을 가능하게 하여 가격 경쟁력을 비약적으로 높일 수 있었다.

또 내연기관의 발명으로 교통 수단이 획기적으로 발전하였다. 가솔린 엔진과 디젤 엔진을 사용하여 증기기관에 비하여 훨씬 가볍고 빠른 교통 수단이 발명되었다. 또한 전기를 이용한 전구, 전신, 전화, 라디오, 영화, TV 등과 같은 전기 통신 기기들이 많이 발명되어 각종 새로운 산업과 직업들이 생겨났다. 그 결과 나라 간의 격차가 더 커졌다. 그 후기에는 원자력 발전이 시작되고 또 컴퓨터가 개발되었다. 또 인쇄기의 성능이 월등히 개선되어 출판물의 양도 비약적으로 늘었다.

제3차 산업혁명은 정보화 혁명 또는 디지털 혁명이라 할 수 있는데 컴퓨터와 인터넷으로 상징된다. 그 시작은 1965년경으로 본다. 아날로그 시대의 통신과 정보가 디지털로 변화하면서 인간 생활에 엄청난 변화를 가져왔다. 과거 편지나 전화로 하던 정보 전달 수단이 컴퓨터와 인터넷을 이용하여 이메일이나 SNS로 바뀌었고, 전화나 방송도 디지털화하여 훨씬 더 품질이 좋아지고 맞춤화, 대중화되었다.

또한 전세계 누구든지 원하면 바로 쉽게 연결이 되어 소통에 혁명이 일어나 상품의 생산도 다양화 효율화되었다. 인터넷을 이용한 상점의 발달로 누구든 쉽게 원하는 상품을 즉각 주문하여 구매할 수 있게 되었고 아이디어 하나로 적은 자본으로도 순식간에 부자가 될 수도 있게 되었다. 미국의 아마존, 페이스북이나 중국의 알리바바가 그러한 예이다.

이 기간 동안에는 문자정보가 책으로 출판되는 것보다 컴퓨터 메모리에 저장된 형태로 출판되는 양이 급속히 늘었다. 더 나아가 인터넷상 어딘가 있는 기억장치에 저장되기도 했다. 이런 식으로 문자정보를 출판하는 것은 종이에 인쇄하는 것보다 훨씬 효율적이어서 매우 빠른 속도로 증가하였다. 따라서 인공선택에 의한 다위니즘이 더 잘 적용이 되었다.

결국 산업혁명을 이룬 인류의 진화는 1차적으로는 DNA의 유전정보의 명령에 따른 다위니즘에 의한 결과라고 볼 수 있다. 인류는 자기와 가족을 위하여, 돈을 벌기 위하여, 열심히 산업혁명을 한 것이라 하겠지만, DNA는 자기에게 저장된 유전정보를 널리 번식시키기 위하여 인류를 움직여 열심히 산업혁명을 시켰다고 할 것이다.

또 2차적으로는 DNA가 진화하여 만든 인류의 두뇌에서 생성한 언어정보 또는 문자정보의 명령에 따라 열심히 산업혁명을 했다고도 볼 수 있다. 인류는 인류가 잘 살기 위하여 문자정보를 만들고 발전시켰다고 생각하지만, 문자정보의 입장에서는 자기가 살아남기 위하여 인류에게 산업혁명을 시켰다고 보는 것이다. 열역학적으로는 문자정보를 증식 저장시키기 위하여 에너지를 소모하였는데, 이는 엔트로피를 감소시키기 위하여 많은 엔트로피를 증가시킨 것이다. 그 과정에서 열역학 제4법칙에 의하여 정보가 적자생존 하면서 진화가 이루어졌다.

제 7 장

제0차 산업혁명

산업혁명을 가능하게 한 밑바탕이 된 산업혁명 즉 제0차 산업혁명은 문자정보의 자기복제 증식 속도를 획기적으로 높여 다위니즘에 의한 문자정보의 진화를 가속화한 구텐베르크의 금속활자에 의한 인쇄 혁명이었다.

불, 석기, 철기, 농업혁명

여기서 열역학 제0법칙이 뒤늦게 발견된 것처럼, 늦었지만 제0차 산업혁명(The zeroth industrial revolution)에 대하여 생각해보자. 이것은 제1차 산업혁명 이전에 인류의 산업 발전에 혁명적인 변화를 준 것이어야 한다. 그것은 무엇일까? 그 후보로 불의 사용, 신석기의 발명, 철기의 발명, 문자의 발명 등을 생각할 수 있을 것이다.

불은 현생인류 이전의 호모 에렉투스가 약 150만 년 전에 사용하기 시작하였는데, 이는 매우 획기적인 사건이었다. 토기, 청동기, 철기 등의 발명이 불의 사용에 의하여 가능하게 되었기 때문이다. 그러나 불의 사용은 호모 에렉투스가 시작하였으므로 논외로 하자.

구석기는 오스트랄로피테쿠스도 만들었지만 신석기는 현생인류가 나타난 후 만들기 시작하였는데, 이는 농경시대를 시작할 수 있게 하였다. 농업혁명이 시작된 것이다. 그 결과 신석기는 수렵채취에 의존한 생활에서 농경을 위한 사회생활로 인류의 거주 형태를 변경시켰다. 따라서 신석기는 인류의 산업 형태를 획기적으로 바꾸었다고 볼 수 있지만, 실제로 농경에 의한 사회생활과 강력한 정치 권력이 등장한 것은 4대강 문명을 형성한 청동기시대부터라고 볼 수 있다.

그렇다고 청동기가 직접 농경에 결정적인 역할을 했다고 보기는 어렵다. 왜냐하면 청동기는 귀할 뿐 아니라 석기보다 물러서 농기구로 사용하기는 곤란하였기 때문이다. 청동기의 주된 용도는 지배자의 권위적인 상징물, 사치품, 또는 무기였고, 농기구는 거의 모두 석기로 만들었다.

농업혁명은 신석기 시대부터 시작하였지만, 실제로 농업 생산력이 비약적으로 증가한 것은 철기시대이다. 철기를 만들려면 청동기에 비하여 높은 온도가 필요하기 때문에 인류가 이러한 높은 온도를 얻는 기술을 가진 다음에야 철기가 출현하였다. 최초의 철기는 기원전 2,000년경 아나톨리아(현재의 터키) 지방에서 출현하였지만 실제로 널리 사용된 것은 기원전 1,200년경 히타이트와 아시리아(현재의 터키, 시리아, 이라크)에서부터였던 것으로 보인다.

철은 초신성으로 될 수 있는 태양보다 10배 이상 큰 별에서 핵융합 반응으로 만들어지는 최종 생산물이므로 우주에는 철이 상당히 풍부하다. 지구상에도 철은 구리보다 훨씬 더 풍부하기 때문에 철기가 출현하자 철기의 생산량은 청동기의 생산량보다 훨씬 빨리 증가하기 시작하였다. 철기는 강도가 청동기나 석기보다 훨씬 높아 주로 무기와 농기구로 이용되기 시작하였는데, 기원 전 1세기경 그리스와 바빌로니아 지방에서는 청동제 무기를 거의 철제 무기로 대체하였다.

한반도에서는 북부에는 기원전 7세기 남부에는 기원전 4세기경 철기가 도입되고 기원전 2세기경 제철 기술이 전파되었다. 한반도의 제철 기술은 그 후 일본으로 전해져서 나중에는 일본의 전통적인 일본도를 만드는 기술로 발전하였지만, 현대의 대량 철 생산 기술은 거꾸로 일본으로부터 도입되었다.

철로 만들어진 농기구의 대량 보급으로 농업 생산력이 비약적으로 증대되어 사람들이 먹고도 많이 남을 정도로 잉여 식량이 생산되었다. 따라서 생산에 직접 참여하지 않고도 살아갈 수 있는 사람들이 다수 생겨 났는데, 이들은 지배 계급이 되거나, 지배 계급과 결탁한 학자나 무사가 되고, 또 상인과 같이 새로운 종류의 부가가치를 창조하는 계급이 되었다. 또 전쟁으로 많은 사람이 죽어도 농업 생산 능력에 결정적인 타격을 입지 않을 정도가 되어 전쟁이 대규모화하였다. 그 결과 철기시대에는 수많은 사상과 종교가 생겨나고 학문이 발전하였다. 그러면 철기의 발명에 의한 농업혁명을 제0차 산업혁명이라고 할 수 있을 것이다.

그런데 한 가지 더 생각할 것이 있다. 철기가 아무리 중요한 역할을 하였다고 하더라도, 그 변화는 천년 이상에 걸친 오랜 기간이 걸린 변화였지 아주 짧은 기간 중에 혁명적인 변화를 가져왔다고 하기는 힘들다. 그러므로 산업혁명이라고까지 하기는 어려울 것 같다.

여기서 그 다음 후보인 문자를 생각해 보자. 문자가 없었으면 인류가 그렇게 발전할 수 없었을 것이다. 철기를 가지고 광대한 영토를 지배한 고대

제국들 페르시아, 로마, 인도, 중국, 마야제국(마야제국은 철기는 없었음) 등 모두가 문자를 사용하여 정보를 기록하고 전달하였다. 문자가 없는 현대는 생각할 수도 없다. 그리고 문자는 정보를 오랫동안 저장하므로 사람의 두뇌 속에만 정보를 저장하는 것에 비하여 엄청나게 많은 정보를 저장하고 또 후대에도 전달할 수 있게 해 준다. 이에 관해서는 제5장에서 자세히 설명하였다.

그렇지만 전 세계 인류 문명이 존재한 곳이면 어디서나 상형문자는 만들어졌고 또 문자에 의하여 단기간에 산업의 획기적인 발전이 왔다고 보기는 힘들다. 또한 문자의 발명 자체가 영국에서 일어난 제1차 산업혁명이 일어나도록 직접 기여하였다고 보기 힘들어 제0차 산업혁명이라고 하기에는 무리가 있는 것 같다.

금속활자 인쇄술의 발명

1999년에 미국의 라이프지는 인류의 최고의 발명으로 구텐베르크(Johannes Gutenberg)의 금속활자를 이용한 성경 인쇄를 꼽았다. 구텐베르크는 독일 마인츠에서 태어났다. 마인츠의 조폐국에서 일을 하다가 1450년경 금속활자를 이용한 참으로 기발한 인쇄술 아이디어를 떠올리게 되었다. 이는 조폐국에서 돈을 만드는 기술을 인쇄술과 결합시킨 것이었다.

목판 인쇄를 하려면 글자를 모두 하나하나 새겨야 하므로 시간과 노력이 많이 드는데, 금속활자는 주형을 만들어 금속을 녹여 부으면 똑같은 글자를 쉽게 많이 만들 수 있다. 이렇게 만든 금속활자를 필요한 글자만 뽑아서 사용할 수 있어서 매우 효율적이 되는 것이다. 또 당시 사용되던 양피지나 막 유럽에 퍼지기 시작한 종이는 한국(당시 조선)에서 사용되던 얇고 부드러운 한지와는 달리 두껍고 뻣뻣하여 골고루 인쇄가 되게 하려면 압력을 가해야 했는데, 그것은 기름 짜는 기계에서 아이디어를 얻었다. 현재도 인쇄 또는 언론을 압착한다는 뜻인 프레스라고 하는 것은 거기서 생겨났다.

그래서 구텐베르크는 사업 자금을 빌려서 1452년에 인쇄기 제작을 완성하고 3년 동안 1,282페이지로 된 180부의 성서를 인쇄하였는데 이를 『구텐베르크 성서』라 한다(그림 7-1). 이 중 30권은 양피지에 인쇄하고 나머지는 종이에 인쇄하였다. 현대의 성경은 얇은 종이에 작은 글씨로 인쇄되어 한 손에 들 수도 있고 또 핸드백에도 넣을 수 있는 작은 부피이지만, 당시에는 양피지나 종이가 두껍고 또 활자도 커서 성경은 매우 큰 책이 되었다.

현재 전 세계 19개의 기관에서 양피지에 인쇄된 4권을 포함하여 한 페이지도 유실되지 않은 완벽한 사본을 보관하고 있다. 완벽본과 일부 유실된 본 합쳐서 총 49권이 남아 있다. 이때의 인쇄 속도는 손으로 쓰는 것보다 15배 정도 빨랐지만, 그 후 인쇄 속도는 비약적으로 발전하여 대량의 책을 양산하게 되었다.

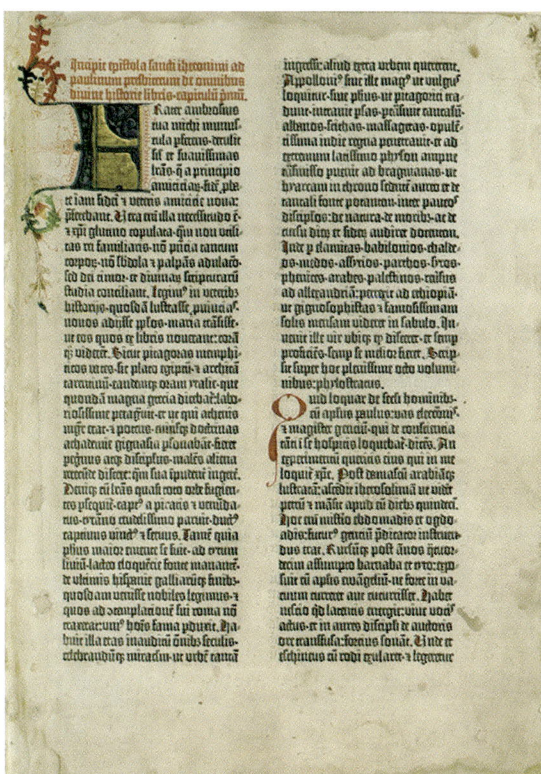

그림 7-1. 구텐베르크 성경. (사진 출처: Wikipedia, Johannes Gutenberg – From a scan at the Ransom Center of the University of Texas at Austin http://www.hrc.utexas.edu/exhibitions/permanent/gutenberg/)

유럽 전역에서 AD 500~1,400년대까지 약 천 년에 걸쳐 나온 책의 총량이 10만여 권이었는데 구텐베르크 이후 50년 사이에 1,500~2,000만 권의 책이 발행되었다. 이는 그 이전 인류가 생산한 책을 모두 합친 숫자보다 많은 양이다. 이는 정말로 폭발적인 성장이다. 따라서 제0차 산업혁명은 구텐베르크의 인쇄술에 의한 출판 혁명이라고 할 만하다.

인쇄술은 그 후로도 계속 비약적으로 발전하여 오프셋 인쇄술, 자동윤전기 등이 개발되고, 또 제지 기술도 발전하여 얇고도 빳빳한 재질의 종이가 대량 생산되어 엄청난 양의 책이 출판되어 문자정보의 진화는 가속도가 붙었다. 컴퓨터가 등장하면서 문자정보를 종이에 인쇄하는 대신에 컴퓨터 메모리에 저장하거나 보조기억 장치에 저장하는 기술도 개발되었고, 또 더 나아가 네트워크상의 어디인가에 저장하는 기술도 보편화되었다.

한국에서의 금속활자 인쇄술

인쇄술에 대해서라면 한국 사람은 할 말이 많다. 왜냐하면 구텐베르크보다 훨씬 전에 금속활자를 이용하여 책을 인쇄하여 왔기 때문이다. 한국에는 세계 최초의 목판인쇄본인 무구정광대다라니경이 남아 있다. 이는 신라시대인 AD 751년에 인쇄된 것이다. 이러한 인쇄물이 오랫동안 남아 있는 이유는 당시 만들어진 종이가 오랫동안 변질되지 않고 보관될 수 있었기 때문이다.

기록에 보이는 최초의 금속활자로 인쇄한 책은 『고금상정예문』으로서 옛날부터 고려시대까지 전해져 오는 예문을 모아 편찬한 책으로 총50권으로 되어 있다. 고려 인종 때 최윤의가 지은 것인데 현존하지는 않는다. 그러나 고려시대 이규보가 쓴 『동국이상국집』에 이 책을 1234년에 금속활자로 찍었다고 적혀 있다. 따라서 구텐베르크 성경보다 218년 앞선다. 고려 때는 『고금상정예문』 이전에도 금속활자로 책을 인쇄했을 가능성은 매우 높다.

현존하는 최고의 금속활자본은 1377년에 청주 흥덕사에서 찍은 『직지심체요절』로서 이 역시 구텐베르크 성경보다 약 75년 앞선다(그림 7-2). 이는

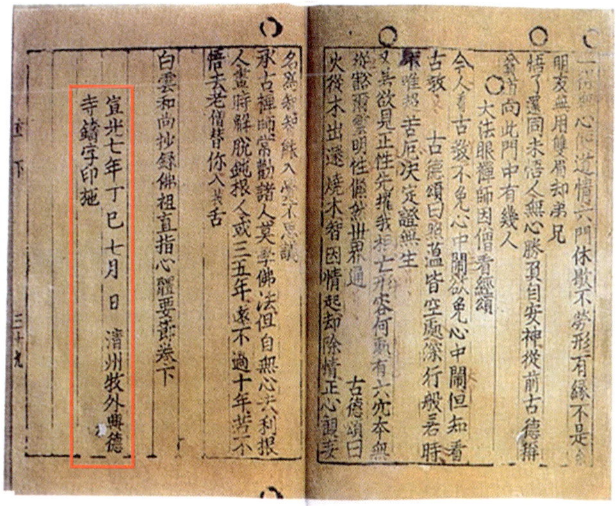
白雲和尙抄錄佛祖直指心體要節卷下
宣光七年丁巳七月 日 淸州牧外興德
寺鑄字印施

그림 7–2. 『직지심체요절』의 최종 페이지. 백운화상이 구텐베르크보다 약 75년 앞서서 금속활자로 인쇄한 책으로서 현존하는 최고의 금속활자본이다. 왼쪽 마지막 문장에 宣光七年丁巳七月 日 淸州牧外興德寺鑄字印施(선광7년정사 7월 청주목외흥덕사주자인시)라고 하여 1377년 7월에 청주 흥덕사에서 금속활자로 인쇄하였다는 것을 알 수 있다. 현재 프랑스 국립박물관에 소장되어 있다.

상하권으로 되어 있는데 상권은 남아 있지 않고 하권만 현재 프랑스 파리의 국립박물관에 소장 중이다. 이 책은 여주 취암사에서 목판본으로도 인쇄하였는데, 이 복판본은 현재 한국학중앙연구원 장서각에 상권이 그리고 국립중앙도서관에 하권이 한 권씩 소장되어 있다.

또 구텐베르크가 성경을 인쇄하던 당시에도 조선의 태종과 세종대왕은 갑인자나 계미자와 같은 금속활자를 계속 만들어 여러 가지 책을 인쇄하였다. 이러한 조선의 인쇄술은 나중에 일본으로도 전해졌다.

고려나 조선이 유럽에 비하여 금속활자로 책을 인쇄하기에 유리하였던 점 중의 하나는 당시 고려나 조선은 유럽에 비하여 제지 기술이 발달하여 인쇄에 적당한 얇고 부드러운 한지를 비교적 쉽게 얻을 수 있었다는 점이다. 또 금속활자 인쇄 이전에도 고려시대에는 목판 인쇄가 널리 사용되고 있어서 책을 인쇄하는 것은 유럽에 비하여 보편화된 일이었다. 따라서 금속활자를 틀에다 끼워 넣어 목판처럼 만들고 여기에 먹을 칠한 다음 마치 목판 인쇄를 하듯이 얇고 부드러운 종이를 얹어 큰 압력을 주지 않고 인쇄를 하는 것은 비교적 쉽게 생각해낼 수 있었다. 그러나 구텐베르크는 표면이 고르지 않은 양피지나 빳빳한 종이를 사용하여 인쇄를 하였으므로 고르게 압력을 가하는 특별한 장치가 필요하였던 것이다.

그러면 제0차 산업혁명은 고려의 인쇄술로 봐야 하지 않느냐는 의견이 당연히 나올 수 있다. 그러나 거기에는 동의하기 어렵다. 왜냐하면 구텐베르크의 인쇄술은 순식간에 유럽 전체에 퍼져 책의 출판이 혁명적으로 증가하였고, 종교개혁 등 사회 발전에 큰 영향을 미쳤으나, 고려나 조선의 인쇄술은 폭발적으로 늘지도 사회 발전에 결정적인 영향을 미치지도 못했다. 그 이유는 무엇일까?

우선 구텐베르크의 독일은 알파벳 수가 30자 이하로 적은 표음문자를 사용하여 똑같은 활자를 주물로 많이 만들어 놓기가 쉬웠다. 그래서 조판을 할 때 한 자씩 뽑아서 사용하는데 매우 효율적이었다. 그러나 고려나 조선에서는 한자를 사용하였으므로 글자 자체가 수천 자나 되어 이 모든 글자를 금속활자를 만들려면 목판을 만들어 사용하는 것에 비하여 효율이 크게 증가하지 않았다는 사실을 들 수가 있다.

그 다음으로는 고려나 조선은 국가기관이나 사찰 같은 기관에서 공적인 목적으로 인쇄를 하였지만, 구텐베르크는 민간으로서 이윤을 남기기 위한 사적인 목적으로 인쇄를 하였다. 사실 구텐베르크는 금속활자 인쇄에 대한 아이디어가 떠 오르자 돈을 많이 벌 수 있겠다는 생각으로 인쇄 사업을 시작하였다. 아담 스미스가 『국부론』을 발표하기 320여 년 전에 벌써 그러한 경제원칙에 따라 행동했던 것이다. 그래서 대출을 받아서 금속활자와 기계를 만들고 성경을 인쇄하였는데, 이 성경이 너무 비싸 잘 팔리지 않아서 대출을 기한 내에 갚을 수가 없었다. 그래서 사기 혐의로 체포된 후 인쇄기는 압수되어 돈을 대출해 준 사람에게 넘어가고, 투옥이 되어 많은 고생을 하고 풀려났다. 그 후 돈도 많이 벌지 못하고 불행하게 일찍 죽고 말았다. 어쨌든 그 이후에 이 인쇄기는 잘 활용되어 경제적 가치를 충분히 발휘하고 유럽 전체에 혁명적인 변화를 가져오게 된 것이다.

우여곡절은 있었지만 유럽은 민간 주도로 경제원칙에 맞게, 즉 다위니즘에서 살아남는 원칙에 맞게 금속활자를 개발하였다. 반면에 고려는 공적인 목적으로 경제원칙과 별로 관계없이 개발하였다. 이러한 차이가 어느 것이 인류 문화의 발전에 크게 기여하였는지를 가르는 중요한 점이 되었다.

유럽에서 계속 발전한 인쇄술은 미국과 일본으로 전해지고 또 그 기술은 일본을 통하여 한국으로도 전해졌다. 세계 최초로 개발된 고려의 금속활자 인쇄술은 조선을 거쳐 일본으로도 전해졌으나 계속 발전하지 못하고 사라졌고, 유럽의 인쇄술은 계속 발전하여 거꾸로 일본을 통하여 한국으로 들어온 것이다. 다위니즘에 따르는 경제원칙이 얼마나 중요한지 알 수 있는 예이다.

인류 두뇌정보의 대량 복제

인쇄술의 발전으로 인류는 두뇌정보를 문자정보로 기록하여 엄청나게 많은 카피로 복제해낼 수 있게 되었다. 이는 생명체에서 DNA의 유전정보를 복제하여 결국 기하급수적 숫자의 DNA로 복제해내는 것과 비슷한 효과를 가져왔다. 따라서 인쇄물에 담긴 문자정보는 자기들끼리 생존경쟁을 하였다. 그 생존경쟁의 심판자는 사람의 두뇌라고 할 수 있다. 그리고 그 사람의 두뇌는 사람의 DNA에 들어 있는 유전정보가 생존하기 위한 명령을 받는다.

생존경쟁에서 성공한 문자정보는 살아남고 그렇지 않으면 사라졌다. 사람의 두뇌는 자기가 그 정보를 생산하였다고 생각했지만, 실은 문자정보가 사람의 두뇌를 움직여 문자정보 자신을 생산하게 하였다고 볼 수도 있다. 내가 책을 쓰고 있지만 문자정보가 나의 두뇌를 움직여 책을 쓰게 만들고 있는 것이다. 이는 엔트로피의 감소이고 결과적으로 에너지, 즉 더 많은 엔트로피의 증가가 필요하다.

현대에는 글을 컴퓨터나 핸드폰으로 쓴다. 이렇게 작성된 문자정보도 물론 다위니즘의 적용을 받는다. 핸드폰으로 작성된 카카오톡 문자는 인간의 마음에 들면 많은 사람에게 전달되어 순식간에 늘어난다. 그리고 그중 일부는 다시 인쇄되는 책의 문자정보로 들어간다.

인쇄술의 발명이 없었더라면 컴퓨터나 핸드폰의 발명도 없었을 것이다. 컴퓨터에 명령을 하기 위하여 정보를 기억시켜야 하는데, 이때 문자를 메모리에 입력하여 주어야 하는 것이고, 또한 이러한 정보를 복제하여 증식시키는 것이 컴퓨터 정보의 목적이기 때문에 결국 인쇄술과 같은 기술이 필수조건인 것이다. 컴퓨터 기술을 기반으로 탄생한 핸드폰도 마찬가지이다. 이에 대한 고찰은 다음 제8장에서 하기로 한다.

제8장

컴퓨터와 소프트웨어의 발전

폰 노이만식 컴퓨터의 발명으로 새로운 형태의 문자정보인 컴퓨터 언어가 개발되었다. 이로 작성된 컴퓨터 소프트웨어도 결국 문자정보이고 이는 자기복제 증식하는 것이므로 다위니즘 즉 열역학 제4법칙에 의하여 진화하게 되었다.

초기 컴퓨터의 발명

인간은 손과 발, 즉 근육이 하는 힘든 일을 대신할 수 있는 기계를 만들어 가축이나 노예처럼 사용하다가, 두뇌를 도와줄 수 있는 기계를 만들기 시작했다. 처음에는 간단한 계산을 하는 장치로부터 시작하여 점점 더 복잡한 장치로 발전하였다.

인간의 두뇌를 도와주는 장치의 기원은 매우 오래되었다고 볼 수 있는데, 초기에는 계산할 때 먼저 계산한 결과를 두뇌가 계속 기억하는데 힘이 들기 때문에 이러한 단기 기억을 돕기 위하여 계산할 때 손가락을 꼽는 것으로부터 시작하였다. 그러다가 나뭇가지나 돌 같은 것을 계산하는데 사용하다가 중국에서는 수판을 발명하였다. 나는 초등학교 때 수판을 이용하여 계산하는 방법인 주산을 배운 적이 있는데, 조금만 연습하면 덧셈과 뺄셈에 있어서 만큼은 주판알을 튕기며 계산하는 속도가 그냥 종이에 손으로 적으면서 계산하거나 현대적인 칼큘레이터의 버튼을 눌러 계산하는 것보다 훨씬 빠르다는 것을 경험할 수 있었다.

그런데 실제 최초의 컴퓨터는 찰스 배비지(Charles Babbage)의 기계식 컴퓨터일 것이다. 1822년 배비지는 뉴턴의 미적분법을 이용하여 다항함수의 해를 구하는 차분기관이라고 하는 기계식 계산기를 고안하였다. 그러나 당시의 기술로는 완성품을 만들지는 못하고 20세기에 들어서야 완성되었다. 이는 핸들을 돌려서 가동하는 것이었는데, 10진법을 사용하였고 여러 가지 면에서 현대 컴퓨터와 유사하였다. 메모리와 데이터가 분리되었고, 명령에 따라 계산을 수행하였는데 조건에 따라 명령을 패스하여 넘길 수도 있었다. 또 입력과 출력 장치가 분리되어 있었고, 고차방정식과 삼각함수 및 로그값도 계산할 수 있었다고 한다.

그후 1946년 미국 펜실베이니아 대학에서 전기를 이용하여 계산할 수 있는 전자계산기인 에니악(ENIAC)을 발명하였다. 이는 약 18,000여 개의 진공관을 사용하였는데 무게가 30톤이 넘었다. 이러한 전자계산기는 기계식에 비하여 속도가 훨씬 빠르기는 해도 전기 소모가 150 kW나 되어 열이 많이 나고 고장이 많았다. 에니악은 10진법을 사용하였고, 프로그래밍이 가능하기는 해도 사람이 중간에 스위치를 바꾼다든지 하는 하드웨어적인 개입을 해주어야 했다.

에니악 이후에 컴퓨터 하드웨어는 진공관에서 트랜지스터로 트랜지스터에서 집적회로(Integrated Circuit, IC)로 IC에서 대규모집적회로(Large Scale Integration, LSI)로 발전하였다. 그 결과 크기는 작아지고 속도는 빨라지고 전력 소모는 줄어들어 혁명적인 발전을 하게 되었다.

폰 노이만(John von Neumann) 컴퓨터와 컴퓨터 언어

미국의 수학자 폰 노이만이 프로그램과 데이터를 중앙처리장치(Central Processing Unit, CPU)와 분리된 메모리에 넣어 두고 CPU에서 차례로 불러 명령을 수행하는, 즉 프로그램 내장 방식의 컴퓨터 모델을 1945년에 처음 제안하였다(그림 8-1). 그 후 만들어진 컴퓨터는 기본적으로 이러한 폰 노이만의 개념을 받아들여 만들어졌다. 이러한 폰 노이만 식의 컴퓨터의 보급으로 인류가 일상에 사용하는 언어와는 다른 새로운 컴퓨터 언어의 영역이 개발

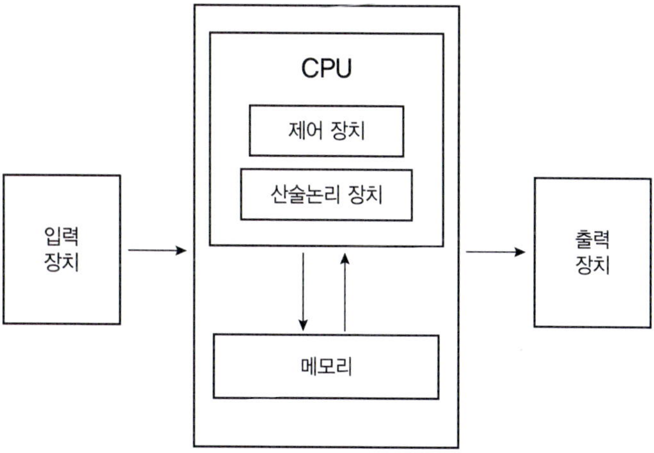

그림 8-1. 폰 노이만식 컴퓨터 모델(Von Neumann architecture). 중앙처리장치(CPU)는 제어장치와 산술논리장치를 합친 것이다. 메모리에 프로그램과 데이터를 저장해 두고 CPU에서 불러서 사용한다.

된다. 그러나 최근에는 이러한 구조에도 속도가 더 빨라지기 어려운 병목현상이 생겨 이를 해결하기 위한 다른 구조들이 도입되고 있다.

폰 노이만 식의 컴퓨터를 가동하려면 데이터와 함께 그 데이터로 각종 연산 등을 하는 프로그램을 메모리에 저장하여야 한다. 컴퓨터는 0과 1로만 구성된 신호만 받아들이므로, 컴퓨터에 시킬 명령을 이러한 0과 1로 구성된 프로그램으로 사람이 만들어 입력시켜 주어야 했다. 이러한 언어를 기계어라 하는데, 이는 컴퓨터는 알 수 있지만 사람은 알기 어려운 언어였다. 따라서 사람이 사용하는 알파벳을 사용하여 각 데이터를 메모리의 어떤 주소에 저장하고 또 어떤 주소의 데이터를 어떤 주소의 데이터에 더하거나 빼고 하는 명령을 순서대로 수행할 수 있도록 하는 언어를 만들었는데 이를 어셈블리어라고 한다. 이러한 어셈블리어도 컴퓨터 메모리와 하드웨어를 알아야 프로그래밍할 수 있어서 사용하기 매우 불편하고 어려워 더 쉽게 프로그래밍할 수 있는 언어가 필요하였다.

그래서 나온 것이 컴파일 언어다. 이 컴파일 언어는 컴퓨터 하드웨어에 대한 정보를 별로 알 필요 없이 인간이 사용하는 언어에 가깝게 컴퓨터가 수행할 명령을 프로그램으로 작성한다. 그래서 사람이 프로그램을 쉽게 만들 수 있다. 이렇게 프로그램을 컴퓨터 언어로 작성하는 것을 코딩이라고 한다. 컴파일 언어로 만들어진 프로그램은 컴파일러가 읽어 들인 다음 0과 1로 구성된 기계어로 번역을 하는데 이 작업을 컴파일이라 한다. 컴파일하여 나온 기계어는 컴퓨터 메모리에 저장해 두고 실행하게 된다. 이렇게 컴파일 언어로 작업하면 복잡한 명령도 인간의 언어로 쉽게 프로그램을 만들 수가 있어서 컴퓨터 사용에 획기적인 발전을 가지고 왔다. 컴파일 언어 중에서 초기에 가장 널리 사용되고 유명한 것은 포트란(FORTRAN)과 코볼(COBOL)이다.

포트란은 1954년에 IBM 1704에 수식 계산을 시키기 위하여 개발한 언어이다. 이 언어로 만들어진 프로그램은 지금도 대부분의 다른 언어로 만들어진 프로그램보다 계산 속도가 빨라 기후 및 기상 예측, 군사 과학, 우주 항공, 양자 및 분자동역학, 천문학, 자동차 선박 설계, 반도체 설계, 금융 계산 등 방대한 계산이 필요한 작업에 사용이 된다.

코볼은 영어와 같은 문법 구조를 가지고 있어서 비스니스, 금융, 회계, 사무관리 등의 프로그램에 널리 사용되었다. 그러나 문법이 장황하고 나중에 이해하기 어려운 프로그램이 되어 차츰 사용이 줄어 들었다.

포트란과 코볼이 주로 사용되던 시기의 컴퓨터는 프로그램을 입력할 때 처음에는 구멍을 뚫은 종이 테이프를 쓰다가 속도가 느리고 불편하여 이를 개선한 OMR 카드처럼 생긴 구멍 뚫은 카드를 사용하였다. 이를 천공카드라고 한다. 카드에 구멍을 빨리 뚫기 위하여 타이프라이터처럼 생긴 키펀치를 이용하였다. 그래서 프로그램 한 줄 한 줄이 각각 카드 한 장씩에 펀치가 되어 구멍이 뚫렸다. 프로그램을 가동할 때는 이 카드를 순서대로 넣어 주면 카드리더가 한꺼번에 읽고는 컴파일하여 기계어로 바꾸어 메모리에 저장하고 프로그램을 실행하였다. 내가 대학생 때 IBM System/360을 사용하여 포트란 프로그램을 연습할 수 있었는데, 천공카드가 아까워 코딩을 할 때 카드 한 줄에 최대한 많은 명령어를 넣으려고 했던 기억이 난다. 좀 더 발전한 입력장치로는 마그네틱 테이프와 마그네틱 디스크 또는 드럼이 있었지만 학부 학생들에게는 그림의 떡이었다.

그런데 콘솔의 개발이 활발해지면서 대형 컴퓨터에 여러 대의 콘솔을 연결하여 이 콘솔에서 한 줄 한 줄 화면을 보면서 프로그램 입력이 가능하게 되었다. 그리고 개인용 컴퓨터, 즉 PC가 보급되면서 한 줄 한 줄 모니터를 보면서 프로그램을 입력하는 것이 보편화되었다. 따라서 천공카드가 필요 없어져서 천공카드를 아끼려는 노력도 할 필요가 없게 되었다. 이런 경우 프로그램을 몇 줄만 넣고 바로바로 실행을 하여, 필요할 때 중간 중간에 결과를 보면서 코딩할 수 있으면, 전체 프로그램을 다 코딩하여 넣고 컴파일하여 실행하는 것보다 훨씬 빠르고 편리하다. 따라서 입력된 프로그램을 바로바로 실행해 줄 수 있는 인터프리터 언어가 개발이 되었는데 그것이 베이직(BASIC)이다. 베이직은 간단한 프로그램에는 매우 편리하였지만 큰 프로그램을 돌릴 경우 속도가 느리고 또 프로그램이 정리가 되지 않고 복잡해져 불편하였다.

베이직으로 코딩한 매우 간단한 프로그램의 예를 그림 8-2에 보여주었다. 이것은 환자에게 증상을 묻고 환자가 증상을 입력을 하면 거기에 따라 약을 처방하여 주는 것이다. 약간의 규칙만 알면 누구나 코딩을 할 수 있는데 모든 코딩이 이처럼 근본적으로 문자로 된 명령어와 데이터를 가지고 컴퓨터에게 명령을 하는 것이다. 따라서 코딩된 정보도 책에 인쇄되어 있는 문자정보와 마찬가지로 근본적으로는 컴퓨터 메모리에 저장되는 문자정보이다. 이 문자정보는 컴파일러나 인터프리터가 0과 1로 구성된 기계어로 번역한 다음 컴퓨터에서 실행한다. 아무리 복잡한 프로그램이라도 마찬가지다. 명령어는 모두 영어이고 데이터는 영어가 아닐 수도 있다. 그림으로 된 데이터도 컴퓨터에 입력될 때는 모두 숫자로 변환되고 궁극적으로는 0과 1로 되어 저장된다.

컴퓨터 언어의 진화

컴퓨터를 이용한 업무가 점점 대형화하고 복잡해지면서 코딩도 복잡해졌다. 그리고 하나의 프로그램을 짜기 위하여 많은 사람들이 공동으로 작업을

```
10    INPUT "증상을 입력하세요";SYMPTOM$
20    IF SYMPTOM$ = "두통" GOTO 60
30    IF SYMPTOM$ = "고혈압" GOTO 70
40    IF SYMPTOM$ = "고지혈증" GOTO 80
50    IF SYMPTOM$ = "변비" GOTO 90
60    PRINT "진통제" GOTO 100
70    PRINT "혈압약" GOTO 100
80    PRINT "고지혈증약" GOTO 100
90    PRINT "하제"
100   PRINT "을(를) 드세요"
```

그림 8-2. 베이직으로 코딩한 컴퓨터 프로그램. 화면에 "증상을 입력하세요"라는 문자가 나오고 거기에 따라 증상을 입력하면 그 정보가 SYMPTOM$라는 변수에 저장된다. 그러면 그 정보에 따라 환자에게 처방할 약을 화면에 출력한다.

하게 되었다. 종래의 포트란, 코볼, 베이직 등의 언어로 코딩을 하니 프로그램이 너무 복잡해져 에러가 나거나 수정을 할 때 노력이 많이 늘게 되었다. 그리고 다른 사람이 코딩해 놓은 프로그램을 보면 쉽게 이해하기 어려운 경우가 많았다. 그래서 이는 인건비의 증가로 이어졌다.

이러한 초창기에 널리 사용되던 언어들은 "GO TO" 명령을 많이 썼는데, 이 명령을 따라 가다 보면 뒤죽박죽이 되어 프로그램을 수정하기 어렵게 되는 경우가 많다.[42] 한 군데 수정하면 그것이 프로그램의 다른 부분에 영향을 미칠 수가 있고, 또 그 부분은 또 다른 부분에 영향을 미칠 수 있고 하면서 연쇄적으로 이어져서 한 군데 고칠 때마다 또 어디를 고쳐야 할지 그리고 어떤 에러가 날지 예측이 어렵게 된다. 그래서 다른 프로그램을 코딩할 때마다 거의 전체를 새로 다시 코딩해야 하므로 전에 만들어 두었던 프로그램을 재사용하는데도 어려움이 많다. 따라서 코딩은 프로그램이 커질수록 훨씬 더 비효율적이 되고 인건비가 높아지게 되었다. 이러한 문제를 타개하기 위하여 코딩 기법이 발달하게 되었는데 그 결과 나오게 된 것이 구조적 프로그래밍과 객체지향 프로그래밍 등이다.

구조적 프로그래밍은 각종 기능을 모듈화하고 이런 모듈들을 불러서 프로그램을 수행하게 하는 것으로서 "GO TO" 문을 거의 사용하지 않는다. 따라서 프로그램이 전체적으로 구조화되어서 큰 프로그램도 비교적 복잡하지 않게 정리된 형태로 코딩할 수가 있다. 또한 각각의 모듈은 새로운 프로그램을 만들 때 그대로 가져가거나 약간의 수정을 가하여 사용할 수 있다. 그것은 중요한 컴퓨터 소프트웨어는 중요한 유전정보처럼 제3장에서 말한 계속 재사용되는 "보수적 도메인"이 될 수 있다는 것이다.

이를 알기 쉽게 하드웨어로 비교해 설명하면, 옛날 전자기기를 보면 온갖 부속품이 회로기판 위에 복잡하게 결합되어 기기 전체가 하나로 되어 있어서, 조립하거나 변경시키려면 납땜 인두를 들고 여기 저기 떼었다 붙였다 했지만, 현대의 PC를 열어 보면 각각의 부분이 모듈별로 되어 있어 목

42. 포트란에서는 GO TO, 베이직에서는 GOTO.

적에 따라 모듈을 뺏다 끼웠다 하며 쉽게 조립하거나 변경할 수 있게 된 것과 유사하다.

구조적 프로그래밍은 종래의 포트란, 코볼, 베이직 같은 언어로도 어느 정도 구현 가능하나 한계가 있다. 그래서 구조적 프로그래밍을 하기에 적절한 언어가 개발되었는데 유럽에서 사용하기 시작한 ALGOL을 시작으로 PASCAL, C 등으로 발전하였다. C는 매우 뛰어난 구조적 프로그래밍 언어로서 UNIX라는 컴퓨터 운영체계에서 만들었는데 이 C를 이용하여 약간의 어셈블리어의 도움을 받아 UNIX 운영체계를 다시 만들었다는 사실로도 유명해졌다.

1980년대 중반에 서울대병원 핵의학과에 PC가 2대 생겼다. 삼보컴퓨터에서 나온 트라이젬이었는데 병원 업무 전산화를 위하여 들여 놓은 것이었다. 그러나 소프트웨어도 없고 전산 요원도 없고 하여 거의 무용지물로 놓여 있었다. 그때 나는 핵의학과에서 대학원생으로서 실험과 연구를 하고 있었지만 직원은 아니었다. 전공도 컴퓨터와는 거리가 멀었지만, 취미로 컴퓨터 프로그래밍을 공부하고 있었는데 마침 "터보파스칼"이라는 MS-DOS용 파스칼 컴파일러를 구할 수 있었다. 그래서 재미 삼아 핵의학과 접수 업무 프로그램을 파스칼로 코딩을 했다.

당시 핵의학과에서는 환자 접수와 결과 정리를 좌우로 길다란 특수한 장부에 했는데, 왜냐하면 검사의 종류가 수십 가지가 되어 한 환자당 한 줄에 결과를 모두 넣으려면 그런 장부를 쓰지 않을 수 없었기 때문이다. 그리고 장부 정리는 매우 불편하였다. 내가 코딩을 시작하자 사람들은 스프레드시트나 데이터베이스 프로그램을 사용하면 더 편리할 텐데 왜 사서 고생하느냐고 했다. 그러나 스프레드시트는 그저 장부를 컴퓨터로 옮긴 것 밖에는 안 되어 이리 저리 컴퓨터 화면을 스크롤해 보면 오히려 장부를 쓰는 것보다 불편하고, 데이터베이스 프로그램도 많은 종류의 검사 중 몇 가지만 하는 환자들의 레코드 관리가 생각보다 상당히 복잡하고 불편해서 적합하지 않았다. 특히 새로 생기거나 없어진 검사 종목을 넣거나 빼고 또 한 묶음으로 관리해야 하는 검사 종목이 생기거나 할 경우 프로그래머인 내가 직접 개입하지 않고 비전문가인 직원이 간단하게 입출력 형식을 수정하여 사용할 수 있도록 프로그래밍하는 것은 본격적인 프로그래밍 언어로 하지 않으면 안되는 문제였다.

파스칼로 프로그램을 만들고 나니 환자별로 검사할 종목만 화면에 순서대로 나타나서 결과 입력이 매우 편리했으며, 출력도 굉장히 빠르고 편리했다. 또 특정 환자의 결과를 찾아내는 것도 장부를 뒤적이는 것보다 엄청나게 빨라져서 직원들이 모두 좋아하였다. 그래서 그 이전까지 "저 친구가 자기 전공도 아닌 컴퓨터 프로그래밍을 정말 할 수 있을까?" 하는 눈으로 보던 직원들도 나를 새롭게 봐 주었다. 약제부에서도 업무를 전산화했다고 해서 가 보니 베이직을 사용하고 있었다. 프로그램이 너무 복잡하여 내가 핵의학과 접수 업무를 베이직으로 했다면 아마도 성공하지 못했을 것이다. 그렇게 구조적 프로그래밍의 장점을 직접 느꼈다. 내가 미국으로 박사후 연구원으로 갔다가 3년 뒤에 돌아온 후에도 보니 핵의학과에서는 그 접수 프로그램을 계속 쓰고 있었다. 그때 파스칼 대신 C 컴파일러를 구하여 코딩했더라면 더 좋았을 텐데 하는 아쉬움이 조금 있었다.

객체지향 프로그래밍은 컴퓨터 프로그램을 순차적인 명령어의 목록으로 보는 것이 아니라 여러 개의 독립적 단위, 즉 객체들의 모임으로 보는 것이다. 각각의 객체는 메시지를 서로 주고받고 또 데이터를 처리할 수도 있다. 이러한 객체지향 프로그래밍은 프로그램을 유연하고 변경하기 편리하게 해주므로 큰 프로그램을 개발하는 데 유리하다.

이러한 개념은 1960년에 노르웨이의 달과 뉘고르가 ALGOL을 확장시킨 시뮬라(Simula)를 개발하는데 적용하였지만 널리 사용되지는 못했다. 후에 이는 스몰토크(Smalltalk)로 발전하였고, 특히 구조적 언어로 널리 사용하게 된 C에 도입되면서 C^{++}이 개발되어 광범위하게 사용되었다. 그 후 1991년에는 귀도 반 로섬이 파이썬(Python)을 개발하여 가장 널리 사용되는 언어가 되었다.

파이썬은 구조적 프로그래밍이 가능한 객체지향적 언어로서, 특히 베이직처럼 인터프리터식이어서 간편하게 실행이 가능해 사용이 편리하지만 실행속도는 좀 느리다.

1995년에는 썬 마이크로시스템즈의 제임스 고슬링 등은 컴퓨터 기종에 따른 운영체제에 관계없이 실행할 수 있는 자바 언어를 개발하였다. 자바 언어는 처음부터 객체지향 프로그램과 구조적 프로그램이 가능하도록 개발되어 편리하고 쉬운 언어이다. 자바 언어로 코딩된 프로그램을 컴파일하여 생성된 기계어 코드는 자바 가상머신이 설치된 장치로는 모두 실행할 수 있다. 그래서 웹 애플리케이션 또는 모바일 기기용 소프트웨어 개발에 가장 널리 사용되는 언어이다.

웹 브라우저에서 사용할 수 있는 객체지향 스크립트 언어로 자바스크립트가 개발되었다. 원래는 모카라는 이름으로 자바와 관계가 없이 개발되었으나 둘 다 C/C++에 기반하여 개발되어 구문이 비슷한 면이 있어 나중에 자바스크립트로 이름이 바뀌었다. 스크립트 언어는 배치 언어라고도 하는데 응용 소프트웨어를 제어하는 언어이다. 비교적 단순한 구문으로 되어 있어 쉽게 프로그램을 작성할 수 있다.

컴퓨터 언어의 발전을 장황하게 설명했지만 이도 다위니즘에 의하여 적자생존의 과정을 거친 것을 알 수 있다. 즉 컴퓨터 언어 자체도 컴퓨터 언어로 코딩된 문자정보이고 이도 역시 컴파일 되어 메모리에 0과 1로 저장된다. 따라서 인간에게 유용하여 많이 사용되는 정보가 많이 복제되므로 다위니즘이 적용되는 것이다. 앞에 예로 든 언어들은 비교적 유명한 언어들이고 실은 수없이 많은 언어가 나타났다 사라졌다. 그 발전 과정을 보면 처음에 컴퓨터의 능력이 초보적인 수준이었을 때는 컴퓨터가 프로그램을 잘 수행할 수 있도록 해 주는 언어가 만들어졌지만, 시간이 갈수록 점점 사람이 프로그램을 더 쉽게 코딩할 수 있게 해 주는 언어가 살아남은 것이다. 이는 인공선택에 의한 다위니즘이 적용된 것으로 볼 수 있다.

구조적 프로그래밍이나 객체지향 프로그래밍 기법이 도입되어 전체적으로 프로그램의 이해와 수정이 쉬워졌고 또 잘 만들어진 모듈이나 객체는 다른 프로그램에 의하여 또 다시 사용하기 쉬워졌다. 그 결과 좋은 소프트웨어의 정보는 제3장에서 설명한 "보수적 도메인"으로 계속 살아남아 발전하게 되는 경향이 나타났는데, 이는 결국 다위니즘의 적용을 받는 것으로 볼 수 있다. 현재는 자바나 자바스크립트 그리고 파이썬 같은 언어가 가장 널리 사용되고 성공적인 언어라 하겠다. 그리고 세월이 더 지나면 또 다른 언어가 나올 것이다. 이것도 사람의 두뇌가 필요에 의하여 컴퓨터 프로그램을 개발하였다고 생각할 수도 있지만, 컴퓨터 프로그램이 생존하기 위하여 사람의 두뇌를 이용하였다고 볼 수도 있다. 또 사람의 두뇌는 사람의 유전정보가 명령을 한 것이다.

다위니즘의 적용을 받으려면 원래 정보가 복제되어 대량으로 증식하여 유한한 자원을 두고 서로 경쟁을 하여야 한다. 책에 저장된 문자정보가 그렇고 또 컴퓨터 소프트웨어도 그렇다. 그런데 책에 저장된 문자정보는 특별한 하드웨어가 필요 없지만 컴퓨터 소프트웨어는 컴퓨터라는 하드웨어가 필요하다. 경우에 따라 프린터가 필요하기도 하고 스캐너나 또 다른 장치가 필요하기도 하다.

로봇과 같은 장치에 저장된 소프트웨어도 마찬가지로 컴퓨터 언어로 작성된 문자정보로서 로봇과 같은 하드웨어가 없으면 무용지물이다. 이는 RNA 세계에서는 정보를 가진 RNA만 있으면 되지만, 생명체의 유전정보는 세포라는 하드웨어가 없으면 작동하지 못하는 것과 같다. 바이러스의 유전정보도 숙주세포에 들어가지 못하면 작동하지 못하는 것과 같다. 따라서 책에 기록되던 문자정보가 RNA 세계와 같은 단계라면, 컴퓨터에 저장된 문자정보 즉 소프트웨어는 세포의 DNA에 저장된 단계와 같다. 물론 컴퓨터에 저장된 문자정보라고 해도 프로그램이 아닌 문서정보 같은 것도 있을 수는 있다. 이는 책에 기록된 문자정보와 같은 것이지만 복제 속도는 책보다 훨씬 빠르게 일어날 수 있다. 따라서 컴퓨터는 다위니즘에 의한 문자정보의 진화 속도를 획기적으로 발전시켰다.

스티브 잡스와 빌 게이츠를 이용한 문자정보의 경쟁

1970년대 후반에 스티브 잡스가 애플II로 큰 성공을 거두고(그림 8-3) PC가 널리 보급되자 당시 세계 최대의 컴퓨터 회사로서 군림하던 IBM도 앞으로 메인 프레임 컴퓨터보다 PC가 훨씬 더 시장이 커질 것으로 예측하고 IBM PC를 개발하기 시작하였다. 이때 하드웨어는 인텔 8088을 CPU로 하여 IBM에서 직접 만드는 것으로 결정하였는데 소프트웨어인 운영체계는 어떻게 할지 쉽게 결정을 하지 못하고 있었다. 이 상황을 재빨리 파악한 마이크로소프트의 CEO였던 빌 게이츠는 자기들이 운영체계를 IBM에 공급해 주기로 계약을 맺었다. 당시 IBM에 비하면 마이크로소프트는 중소기업에 불과하였다.

그리고 나서 빌 게이츠는 인텔 8080과 자일로그 Z80 CPU를 사용하는 PC의 운영체계인 CP/M의 판권을 디지털 리서치 사로부터 샀다. CP/M 운영체계는 나도 애플II 컴퓨터에 Z80 카드라는 것을 꽂아서 많이 사용했는데

그림 8-3. 1977년에 출시되어 선풍적인 인기를 끈 애플II. 5.25인치 플로피 디스크 드라이버 두 대를 따로 사서 연결하여 사용하였다. 보통 오른쪽에 드라이버 두 대를 위 아래로 겹쳐 두고 사용했는데, 사진에는 모니터와 본체 사이에 두고 사용하는 것으로 나와 있다. 쉽게 본체의 뚜껑을 열고 여러 가지 카드를 꽂아서 기능을 확장하여 사용할 수 있었다.

매우 뛰어난 운영체계였다. 애플II는 게임이나 오락용으로는 사용하기에 편리했고 좋은 소프트웨이도 많았지만, 워느프로세서나 스프레드시트 또는 데이터베이스 같은 사무용 프로그램은 별로 뛰어나지 못하고 초보적이어서 애플II는 그저 비싼 게임기 같았다. 그러나 Z80 카드를 꽂으면 바로 CP/M 운영체계가 작동하여, 뛰어난 사무용 소프트웨어들을 가동할 수 있어서 PC를 본격적으로 사무용으로 사용할 수 있었다. 당시 애플II 말고도 사무용 PC가 많이 생산되어 나왔는데 이들은 CP/M을 운영체계로 탑재한 것들이 많았다.

CP/M의 소유권을 산 빌 게이츠는 여기에 기능을 첨가하고 수정하여 MS-DOS를 만들었다. 그리고 CP/M은 세상에서 사라졌다. 나는 CP/M을 써봤기 때문에 나중에 나온 MS-DOS를 보고 CP/M과 너무 유사하여 처음에 이것은 CP/M의 지적재산권을 침해한 것이 아닌가 하고 생각했지만, 알고 보니 마이크로소프트가 소유권을 산 것이었다. 그래서 빌 게이츠는 이 MS-DOS를 IBM에 납품하였는데 이렇게 하여 나온 것이 IBM PC-XT였다(그림 8-4). 이때 빌 게이츠는 MS-DOS의 소유권을 팔지 않고 PC에 MS-DOS를 탑재할 때마다 사용권을 허용하기로 하여 마이크로소프트가 세계 최대의 소

그림 8-4. IBM PC-XT. 5.25 인치 플로피 디스크 드라이버가 내장되어 나왔다. 애플II에 비하여 사무용으로 더 적당하였고, 뒤쪽에 나사를 몇 개 풀고 본체를 열면 각종 카드를 꽂아서 기능을 확장하여 사용할 수 있었다. 이때는 마우스가 사용되지 않았다.

프트웨어 회사로 도약하게 되는 결정적인 계기가 되었다.

당시에 사용되던 PC에는 수많은 운영체계용 소프트웨어들이 있었으나 MS-DOS를 탑재한 IBM PC-XT와 그 뒤를 이은 IBM PC-AT가 PC 시장을 거의 통일하게 됨으로써 약간의 애플DOS 정도만 남고 거의 도태되었다. 이렇게 보면 운영체계 소프트웨어도 적자생존, 즉 다위니즘이 적용하는 것이다. 물론 이것은 자연선택이 아니고 인공선택에 의한 다위니즘이다. PC는 운영체계를 복제하여 보급되는데 총 PC 시장은 한정되어 있으니 가장 그 시장에 잘 적응한 소프트웨어 정보가 살아남은 것이다. 또한 소프트웨어 정보의 기록, 즉 엔트로피의 감소를 위하여 이를 생산하기 위한 에너지가 많이 사용되는데 이때 엔트로피가 증가하게 된다.

스티브 잡스는 애플II로 큰 성공을 거두었지만 후속 작품들이 기대 이하의 성적을 내고 있었다. 그러다가 제록스 사에서 그 회사 내부에서 사용하던 운영체계를 보게 된다. 그것은 문자를 타이핑하여 작동하는 당시의 운영체계와는 다르게 그림을 기본으로 한 그래픽 유저 인터페이스(GUI) 운영체계였다. 마우스를 사용하여 아이콘을 클릭하여 프로그램을 실행하므로 직관적이어서 초보자도 쉽게 사용할 수 있는 것이었다. 또 화면에 나오는 대로 인쇄를 할 수 있는 위지위그(wysiwyg, What You See Is What You Get) 기능도 있었다. 스티브 잡스는 이는 앞으로 모든 PC가 따라야 할 획기적인 운영체계라는 것을 직감하고 애플사의 모든 역량을 동원하여 이러한 운영체계를 도입한 운영체계 맥OS시스템을 만들고 새로운 PC를 내놓는데 그것이 매킨토시이다. 그런데 애플 때와는 달리 매킨토시는 뚜껑을 열고 기능을 확장할 수 없게 폐쇄적으로 만들어졌고 또 가격이 비쌌다. 그래서 애플II처럼 널리 보급이 되지는 못했다. 당시 선진국이던 일본에는 상대적으로 많이 보급이 되었지만 한국에서는 보기 힘들었다(그림 8-5).

매킨토시를 처음 본 빌 게이츠는 큰 감동과 충격을 받았을 것이다. 그래서 마이크로소프트 사의 역량을 총동원하여 전속력으로 새로운 운영체계를 개발하였는데 그것이 바로 윈도우였다(그림 8-6). 윈도우가 나오면서 MS-DOS

그림 8-5. 최초로 GUI 기능을 이용한 PC인 매킨토시. PC로는 처음으로 마우스를 도입하였다. 당시에는 최첨단인 3.5인치 플로피 디스크 드라이버를 내장하였고, 뚜껑을 열기 어렵게 만들어 확장성이 거의 없었다.

는 차츰 도태되고 모든 PC에 윈도우가 설치가 되었다. 당시 인텔 CPU를 장착하고 윈도우가 깔린 PC는 우선 매킨토시보다 가격 경쟁력이 뛰어났고, 오픈 아키텍처를 선택하여 슬롯에 각종 카드를 꽂든지, 메모리나 하드디스크 드라이브를 업그레이드하든지, CPU를 업그레이드하거나 오버드라이브하여 성능을 올릴 수 있었다. 그래서 매킨토시는 우수한 제품임에도 불구하고 윈도우를 설치한 PC가 시장을 거의 석권하였다.

여기서 우리는 이러한 이야기를 보통 빌 게이츠와 스티브 잡스라는 두 천재의 경쟁에 관한 이야기로 본다. 그러나 MS-DOS, 윈도우, 맥 시스템 운영체계 등의 소프트웨어가 살아남기 위하여 빌 게이츠와 스티브 잡스 같은 천재들을 열심히 일하게 하여 일어난 일이라고 볼 수도 있다. 이러한 컴퓨터 운영체제는 본질적으로 컴퓨터 언어로 코딩된 문자정보이므로 많이 복제되는 것이 다위니즘에 의하여 살아남는 것이다.

윈도우가 나오니 MS-DOS는 순식간에 멸종하고 화석과 같은 흔적으로나 볼 수 있게 되었다. 몇 년 전에 이사할 때 플로피디스크 상자가 있어서

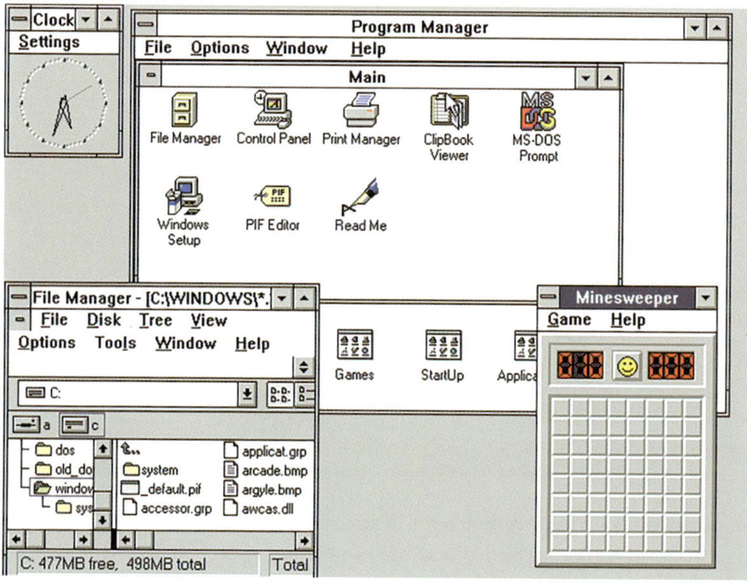

그림 8-6. 미국에서 본격적으로 널리 사용되기 시작한 윈도우 3.11 화면. MS-DOS 상에서 작동하므로 MS-DOS를 먼저 작동하고 윈도우를 또 작동해야 했다. 한국에서는 윈도우 3.11까지는 별로 사용되지 않았고 MS-DOS가 없이 작동하는 윈도우 95가 나오면서 널리 사용되기 시작하였다.

열어 보니 MS-DOS 설치 디스크가 남아 있었다. 이것을 설치하려 해도 플로피디스크 드라이브도 없고, 또 있다고 해도 요새는 이런 프로그램이 돌아가는 컴퓨터도 구하기 힘들다. 그래서 박물관 이외에는 별로 쓸모도 없으니 화석이나 다름없다.

컴퓨터 못지 않은 성능을 가진 핸드폰이 널리 보급되면서 핸드폰의 운영체계와 핸드폰용 소프트웨어도 빠른 속도로 진화하였다. 소셜 미디어가 보편화되면서 관련 소프트웨어는 물론이고 소셜 미디어용 문자정보가 대량으로 생산되었다. 소셜 미디어의 문자정보는 쉽게 다른 사람들에게 전달될 수 있으므로 순식간에 복제 증식되어 폭발적으로 증가하였다가 사라진다. 이러한 정보는 유전정보로 비유한다면 한번씩 창궐하는 메뚜기 떼나 새우 떼에 비유할 수 있을 것이다. 이러한 문자정보는 대부분은 그냥 사라지겠지만, 일부는 기존의 책으로 출판된 문자정보를 더 보수적 도메인으로 만들어 주기도 하고, 일부는 다시 책으로 인쇄 또는 저장되어 새로운 도메인을 만들어 긴 수명을 가질 수도 있다.

핸드폰의 운영체계나 소프트웨어 역시 컴퓨터 언어로 코딩된 프로그램을 컴파일한 것이므로 결국 0과 1로 구성된 정보로서 A, T, G, C로 구성된 유전정보와 유사점이 있다. 그리고 이 두 가지 정보는 복제를 하며 증식을 하고 또 지구상에 유한한 크기의 자원을 가지고 경쟁하는 존재들이라는 공통점도 있다. 그러면 다위니즘, 즉 열역학 제4법칙이 적용되지 않는다고 볼 수 없다. 다위니즘 중 자연선택은 아니고 인공선택이 적용될 것이다. 물론 유전정보는 우연한 유전자 변이가 생겨서 많이 도태되면서 차츰 진화하는 것이고, 컴퓨터 정보는 처음부터 경제원칙을 염두에 두고 인간의 두뇌가 작용하여 정보를 생성하므로 비교적 도태되는 확률은 조금 낮으면서 인공선택에 의하여 진화한다는 차이가 있다.

컴퓨터 바이러스

컴퓨터 소프트웨어는 인공선택에 의한 다위니즘을 따른다고 했지만, 그렇다고 항상 인류에게 유익한 것만 만들어진 것은 아니다. 코로나-19 바이러스처럼 인류에게 질병을 가져다주는 유전정보나 『자본론』이나 문화혁명 또는 남로당과 빨치산을 찬양하는 서적처럼 인류에게 유해한 문자정보가 생겨났듯이, 컴퓨터 바이러스처럼 인류에게 무익하거나 해악을 끼친 컴퓨터 정보도 많이 나타나게 되었다.

최초의 컴퓨터 바이러스는 1971년에 밥 토머스가 실험적으로 자기 복제 프로그램을 만들어 인터넷의 전신인 알파넷을 이용하여 PDP-10 컴퓨터들을 감염시켰다.[43] 이 바이러스는 "I'm the creeper, catch me if you can!"(나는 크리퍼다, 잡을 수 있으면 잡아봐라!)라는 메시지를 원격 시스템을 통하여 감염시켰다. 나중에 리퍼(Reaper)라는 프로그램을 개발하여 크리퍼 바이러스를 제거하였다.

43. Thomas Chen, Jean-Marc Robert(2004). "The Evolution of Viruses and Worms"(PDF).

PC에서 최초로 발견된 바이러스는 1986년에 만들어진 "(c)브레인"이라고 하는 플로피디스크의 부트 섹터 바이러스였다.[44] 이때는 네트워크에 연결된 PC가 드문 때였으므로 플로피디스크를 이용하여 감염되었다. (c)브레인은 사람들을 놀라게 하기는 했지만 프로그램을 변경하거나 파괴하는 악성은 아니었다.

그 후로 PC가 인터넷에 연결되고 이메일이 널리 사용되면서 바이러스의 종류도 급속히 늘었다. 특히 악성 코드는 개인은 물론이고 정부기관, 금융기관, 국방기관 등의 중요한 기관의 정보를 탈취하거나 현금을 유출하는데 사용되기도 하고, PC를 완전히 파괴하기도 하는 등 큰 사회 문제가 되었다. 그리고 불량 국가에서는 이러한 바이러스를 국가 차원에서 제작하여 다른 나라나 개인의 정보나 금전을 절취하기도 하였다.

이런 컴퓨터 바이러스는 사람에게 감염되는 전염병과 유사하다. 따라서 이러한 컴퓨터 바이러스를 예방하거나 치료하는 프로그램도 많이 개발되었다. 인류 역사에서 유럽 인구의 1/3을 감소시킨 페스트 같은 유전정보도 있었지만 결국 유럽인은 살아남았고 더 강해졌다. 인류 발전을 엄청나게 퇴행시킨 『자본론』 같은 문자정보도 나왔지만, 이에 대한 면역이 생겨 시간이 지나면 인류는 결국 그런 질병과 같은 정보는 박멸하고 더 발전하게 될 것이다. 컴퓨터 바이러스도 컴퓨터 발전에 큰 타격을 주기는 하겠지만 결국은 이를 극복하는 역량도 진화할 것이다. 이러한 컴퓨터 바이러스는 유전정보와 컴퓨터 정보의 유사성을 보여주는 예이다.

인간 두뇌의 선택에 의한 정보의 진화

컴퓨터 언어로 작성된 정보는 컴퓨터 저장 장치에 기록되어 복제되고 증식되었다. 이는 사람이라고 하는 엔트로피 감소를 위한 엔트로피 증가 시스

44. Avoine, Gildas; Pascal Junod; Philippe Oechslin(2007). Computer system security: basic concepts and solved exercises. EFPL Press. p. 20. ISBN 978-1-4200-4620-5. The first PC virus is credited to Amjad Farooq Alvi, from Pakistan.

템이 잘 갖춰져 있었기 때문이다. 따라서 컴퓨터 언어로 작성된 프로그램은 진화할 수가 있다. 이때 생존을 선택하는 주체는 인간의 두뇌이다. 인공선택, 즉 인간의 두뇌에 의하여 선택된 프로그램이 더 잘 살아남고 그 방향으로 진화하는 다위니즘이 성립된다.

인공선택에 의하여 진화한 또 다른 중요한 정보가 있는데 그것은 인간이 사육 재배하는 가축이나 애완동물과 농작물의 유전정보이다. 찰스 다윈의 『종의 기원』에도 인공선택에 의한 가축의 육종을 자연선택의 중요한 예로 들었다.

가축이 인류 문명에 큰 기여를 했다는 것은 제레드 다이아몬드가 "총 균 쇠"에서 주장한 바 있다.[45] 가축과 농작물은 인간에게 먹이가 되고 인간을 위한 노동력을 제공하여 주었다. 따라서 가축과 농작물은 인간에 의하여 선택되어 진화하여 왔다. 즉, 그 유전정보의 진화 방향은 컴퓨터 언어로 작성된 프로그램과 같이 인간에 의하여 결정되었다. 가축과 애완동물과 농작물의 유전자는 인간의 두뇌로 하여금 그 목적에 맞도록 최적의 유전정보를 갖도록 선택하게 명령하여 가축과 애완동물과 농작물의 유전자가 지구상에 번성하게 하였다.

이리하여 인공선택에 적응하여 살아남은 가축 수를 보면 2004년 지구상의 인류의 수가 약 65억 명인데 소가 13억 5천만, 양이 10억 6천만, 돼지가 9억 5천만, 오리는 10억 3천만, 닭은 164억 6천만 마리나 된다.[46] 이러한 데이터로 보면 거의 멸종 위기에 몰린 수많은 종류의 야생 동물의 유전정보에 비하여 가축의 유전정보는 인간 덕분에 자손을 남기는데 엄청난 성공을 한 셈이다. 가축의 유전정보의 진화의 방향과 컴퓨터 메모리에 저장된 정보의 진화의 방향은 모두 인간이 선택한다.

전통적인 육종은 자연적으로 생기는 유전자 변이를 인간이 선택 교배하여 사육 재배하는 것이다. 말은 달리기를 잘 하는 것을, 돼지는 살이 많은

45. Jared Diamond. Guns, Germs, and Steel: The Fates of Human Societies. 1997.

46. FAO 자료

것을, 닭은 알을 잘 낳는 것을, 벼는 낟알이 굵고 많이 열리는 것을 선택하여 육종을 하였다. 그런데 자연적으로 생기는 유전자 변이는 너무 확률이 낮아 육종의 속도가 느렸다. 그래서 인간은 인공적으로 유전자 변이를 만들어서 육종의 속도를 높이는 방법을 개발했다. 처음에는 콜히친과 같은 화학물질을 사용하다가 나중에는 방사선을 이용하였다. 그 결과 육종의 속도는 획기적으로 빨라졌다. 그렇다고 해도 이러한 유전자 변이는 무작위적으로 일어나는 것이므로 인간이 원하지 않는 형질도 많이 생겨서 효율 자체는 별로 높아지지 않았다.

인간은 유전학에 대한 지식이 발달하면서 생명체의 유전자 자체를 변화시키기 시작하였다. 그래서 원하는 유전자를 생명체에 직접 넣어 주거나 삭제하거나 변형시킴으로써 바로 원하는 생명체를 생산해 냈다. 그래서 인간은 컴퓨터의 정보뿐만 아니라 생명체의 정보도 계획적으로 만들거나 변경시킴으로써 인공선택으로 진화시키게 되었다. 이 진화의 방향은 결국 경제원칙에 따르는 방향이다.

제5장에서 문자정보가 진화하는 것을 인간이 막을 수 없는 것처럼 이제 컴퓨터 정보가 다위니즘, 즉 열역학 제4법칙에 의하여 진화하는 것을 인류는 막을 수 없다. 그리고 앞에서 말한 바와 같이 컴퓨터의 문자정보는 책의 문자정보보다 다위니즘에 의한 진화 속도가 획기적으로 빨라졌다. 그리하여 컴퓨터 정보는 인간에 의하여 인공지능으로 진화하게 되는데, 이는 인간이 인공지능을 개발하는 것이라고 볼 수도 있지만 대자연의 법칙, 즉 다위니즘에 의하여 그렇게 진화할 수밖에 없다고 볼 수도 있다. 이러한 것, 즉 말과 문자와 컴퓨터와 인공지능은 인간의 두뇌가 만들어지면서부터 필연적으로 거치게 될 운명이었는지도 모른다.

제9장

제4차 산업혁명

제4차 산업혁명은 문자정보의 일종인 컴퓨터 프로그램이 다위니즘에 의하여 진화한 인공지능에 의하여 진행된다. 인공지능에 의한 실업을 우려하여 각종 규제를 하고 연구 개발을 억제하면 국가가 경쟁력을 잃고 파탄이 나지만, 적극적으로 신기술 개발을 지원하면 부강해질 것이다.

제4차 산업혁명의 시작

일본경제신문은 인공지능에 의하여 발전하는 세계와 앞으로의 발전 방향을 예측하여 "AI와 세계"를 연재하였고 이를 정리하여 2018년에 "AI 2045 인공지능미래보고서"를 출판하였다. 2045년에는 인공지능이 인간의 두뇌를 뛰어 넘는 점, 즉 싱귤래리티 혹은 특이점이 올 것으로 예상하고 제목을 붙인 것이다. 제4차 산업혁명이 어떻게 일어날 것인가를 많은 기자들이 광범위하게 조사하여 출판한 책이므로 참고하면 이 장에서 기술하지 못한 내용이 많아 크게 도움이 될 것이다.

제4차 산업혁명이라는 말이 공식적으로 쓰인 것은 2016년 1월 제46회 다보스 포럼에서 "제4차 산업혁명의 이해(Mastering the Fourth Industrial Revolution)"라는 의제가 채택되면서부터다. 여기서 스위스 글로벌 금융그룹(Union Bank Switzerland, UBS)은 4차 산업혁명과 관련된 백서를 내놓았다. 그 이름은 '자동화와 연결성의 극단: 4차 산업혁명의 국제적, 지역적, 투자적 함의(Extreme automation and connectivity: The global, regional, and investment implications of the Fourth Industrial Revolution)'로서, 제4차 산업혁명의 의의와 영향에 대해 설명하고 있다. 여기서는 제4차 산업혁명에 대한 국가별 대처 능력을 평가하여 순위를 매겼는데 한국은 총 139개국 중 25위를 기록하였다. 한국이 취약한 부위는 노동시장의 유연성과 법적 보호 점수였다.

제4차 산업혁명은 정보화 사회에 인공지능이 더해지면서 자동화와 연결성이 극대화되는 단계이다. 인공지능과 함께 빅데이터, 사물인터넷, 로봇공학, 3D 프린팅, 바이오 테크놀로지 등의 기술이 결합되어 더욱더 극적인 산업발전을 이루게 된다. 지금은 겨우 시작 단계이고 앞으로 본격적인 4차 산업혁명이 일어나면 어떻게 될지 기대도 되고 걱정도 된다.

제4차 산업혁명은 정보통신 기술을 바탕으로 한 3차 산업혁명의 연장선에 위치하면서도 차이가 있다. 제3차 산업혁명은 손과 발을 기계가 대체하여 자동화를 이루고 연결성을 강화하여 왔지만, 제4차 산업혁명은 인공지능이 사람의 두뇌를 대체하게 되므로 경제적 또는 사회적으로 심각한 변화를 가져오는 전환점이 될 것으로 전망되며, 많은 기대와 우려를 낳고 있다. 특히 "인공지능에게 대체되지 않는 나를 만드는 법 에이트"의 저자 이지성 작가는 앞으로 많은 사람들이 인공지능에 의하여 직업을 잃을 것으로 걱정하여 빨리 대책을 세워야 한다고 주장하였다. 특히 교육 분야의 개혁은 시급하다고 보았다.

2016년 12월 미국 시애틀 아마존 본사 건물 1층에 "아마존 고(Amazon Go)"라는 특이한 상점이 들어섰다. 여기서는 사람들이 물건을 집어 들고 나오면 자동으로 물건 값이 계산되어 카드에서 지불이 된다. 처음에는 아마존 직원만 사용할 수 있었지만 약 1년 후에는 일반인에게도 오픈되었다. 아마존 고가 나오자 한국, 일본, 중국에서는 이를 흉내 낸 기업들이 속속 등장하였는데, 특히 중국에서는 "스마트페이"와 알리바바의 "타오카페(Tao Café)"가 생겼다. 직원 80명이 필요한 매장도 "아마존 고" 시스템을 적용하면 8명의 직원으로도 충분히 운영될 수 있다는 계산이 나와서 일자리가 파격적으로 감소할 수 있다는 우려가 나왔다.

"무븐(Moven)"은 뉴욕에서 창업한 모바일 은행인데 입출금 계좌를 온라인으로만 관리한다. 그리고 대출자의 재정 신용도는 고객들의 SNS 계정을 검색하여 크레드(Cred) 점수를 매겨서 관리한다. 그래서 크레드 점수가 높으면 낮은 이율로 대출을 하여 주고 크레드 점수가 낮으면 높은 이율로 대출해 준다. 물론 점수가 너무 낮으면 고객 등록 자체가 거부될 수도 있다.

"레투스 봇(Lettuce Bot)"이라는 트랙터처럼 생긴 기계는 상추와 잡초를 구별하는 능력이 있어 상추 밭을 지나갈 때 잡초를 잽싸게 뽑고 갈아서 비료가 되게 한다. 그리고 상추가 너무 빽빽하거나 경제성이 떨어지는 상추가 발견되면, 이것도 자동으로 뽑아 갈아서 뿌린다. 또 비료를 줄 때도 밭 전체에 넓게 뿌리는 것이 아니라 밭을 지나가면서 상추가 자라는 상태를 정확하게 분석하여 정확한 곳에 필요한 양만큼 주어 비료 살포의 양을 줄인다.

알리바바는 중국에서 돼지마다 인공지능을 딸려서 관찰 사육하는 것을 계획하고 있다. 그렇게 함으로써 모든 돼지가 정확한 양의 사료를 먹고 운동도 정확한 양만큼 하게 하며, 또한 질병 관리도 하여 돼지 고기의 양과 품질을 높인다.

이러한 4차 산업혁명의 중심에는 인공지능이 있으므로 인공지능에 대하여 알아보고 나서 좀 더 본질적으로 4차 산업혁명을 파악하여 보자.

전통적인 인공지능의 진화

인공지능(Artificial Intelligence, AI)은 생각보다 오래 연구되어 왔다. 인공지능의 과학적인 창시자라고 하면 영국의 수학자 앨런 튜링을 많이 이야기한다. 튜링은 1940년대 초반 2차대전 때 독일의 암호체계 에니그마(Enigma)를 해독하여 전쟁을 승리로 이끄는데 큰 역할을 한 것으로 유명하다. 그는 1950년에 마인드(Mind) 지에 계산 기계와 지능(Computing Machinery and Intelligence)이라는 논문을 발표하였다.[47] 여기에서 그는 컴퓨터가 생각(thinking)할 수 있다면 그것을 어떻게 알 수 있을지를 연구하여, 인간과 컴퓨터가 서로 보지 않고 텔레프린터로 대화할 때 컴퓨터가 하는 반응을 인간과 구별할 수 없다면 그 컴퓨터는 생각할 수 있는 것으로 볼 수 있다고 주장하였다. 그래서 기계가 얼마나 인간과 비슷하게 대화할 수 있는지를 기준으로 기계에 지능이 있는 지를 판별하는 "튜링 테스트"를 고안하였다.

1951년부터는 체스를 두는 프로그램이 개발되기 시작하여 인공지능 발전의 척도로 사용되었다. 1950년대 중반에는 디지털 컴퓨터가 수학적 정리를 증명하기도 하였다. 그리하여 사람들은 20년 안에 완전한 인공지능이 개발될 것으로 기대하고 1970년대 초반까지 많은 연구를 하였다. 미로를 탐색하여 길을 찾아내는 탐색추리, 또는 인간이 사용하는 자연어로 컴퓨터와 대화하는 방법 등에 많은 투자를 하여 연구하였다.

이 무렵에 나온 영화가 하나 어렴풋이 기억난다. 1973년에 흑백 TV로 봤는데 아마도 1960년대 작품일 것이다. 제목이나 배우 등은 전혀 기억이 나지 않는다. 내용은 이렇다. 미국이 핵무기를 관리할 최첨단 고성능 컴퓨터

47. A. M. Turing(1950). Computing Machinery and Intelligence. Mind 49: 433-460.

시스템을 개발했다. 그랬더니 이 컴퓨터가 스스로 다른 컴퓨터와 통신할 수 있는 방법을 모색하더니 드디어 한 컴퓨터와 통신을 하기 시작하였다. 알고 보니 소련에도 미국과 같은 핵무기 관리 컴퓨터 시스템을 개발한 것이었다. 처음에는 이 두 컴퓨터가 느린 속도로 서로 숫자를 주고받고 또 알파벳을 주고받았는데, 이는 최초 대화를 위한 공통 분모를 찾는 과정이었다. 그러더니 점점 더 속도가 빨라지며 초보적인 수준의 대화를 하기 시작하였다. 그 다음부터는 더욱더 속도가 빨라져서 인간은 도저히 따라갈 수 없을 정도가 되었는데, 중간에 한번 대화 내용을 인쇄해 봤더니 아인슈타인의 상대성 원리가 나왔다. 그 뒤로는 프린트를 해도 무슨 내용인지 인간이 알 수 없는 내용이 나왔다. 그래서 불안해진 사람들이 컴퓨터끼리의 대화를 중단시키려고 하니, 컴퓨터가 개입하여 사람이 중단시킬 수 없도록 방해를 하며 계속 대화하였다. 결국 미국과 소련의 컴퓨터는 핵무기를 발사하기 시작하여 인류는 멸망하였다. 아마도 이 컴퓨터들은 인간을 멸망시키고 더 나은 세상을 만들려고 했을지 모르겠다. 이 영화에서 재미있는 점은 컴퓨터가 생존의지를 가지고 나름대로 더 나은 세계를 만들기 위하여 행동한다는 점이다.

1974년부터는 생각보다 인공지능 연구가 진전되지 않아 투자한 만큼의 성과가 나오지 않자, 자금 지원이 중단되고 1980년까지 암흑기에 들어갔다. 이때는 많은 사람들이 인공지능 연구에 대하여 회의를 가졌다.

사람들은 컴퓨터의 계산 능력이 매우 빠르므로 모든 사물의 특성을 정리하여 컴퓨터에 넣어 주고 규칙도 만들어 넣어 주면 쉽게 인공지능을 만들 수 있을 거라고 생각했다. 그래서 모든 것을 사람이 직접 컴퓨터에게 가르치려고 노력했는데 실은 그것이 거의 불가능하다는 것을 깨닫게 되었다. 왜냐하면 현실의 거의 모든 정보는 아날로그인데, 이를 언어로 표현하는 것은 문자, 즉 디지털이기 때문이다.

사람은 걸어 가는 것을 아주 쉽고 자연스럽게 하지만, 걸어 가는 것을 컴퓨터에 가르치려고 하면 매우 어려운 것을 발견하게 된다. 이렇게 사람에게 쉬운 것이 컴퓨터에게 어려운 것을 "모라벡의 역설(Moravec's paradox)"이라고 한다. 한발한발 움직일 때 균형을 잡는 것부터 시작하여, 장애물이 있으면 피해 가는 것까지 실제로 컴퓨터 언어로 입력해 보면, 이를 언어로 표현하는 것이 얼마나 어려운 것인 가를 알고 놀라게 된다. 그래서 걸어가는 로봇을 수많은 사람들이 만들려고 노력했지만 그 결과는 모두 보기에 민망한 수준이었다.

제5장에서 설명한 것처럼 수천 년 전 인류는 아날로그 정보를 디지털화한 문자를 어렵게 노력하여 만들었는데, 이제 인류는 거꾸로 디지털화한 문자를 컴퓨터에 입력하여 아날로그 정보를 생성해야 하는 것이다. 이를 성공시켜 자연스럽게 걸어가는 로봇이 처음 등장한 것은 2000년 10월에 일본 혼다에서 만들어 발표한 아시모였다.

제5장에서 말했다시피 언어는 인간의 생각을 디지털화한 것이다. 언어로 표현하기 어렵다는 것은 디지털화하기 어렵다는 것과 같고, 이는 컴퓨터에도 가르치기 어렵다는 말과 같다. 이러한 문제는 새로운 인공지능 프로그래밍 기법이 개발되면서 서서히 해결된다.

머신 러닝(Machine learning)

인공지능을 만들려는 노력은 계속되어 체스에서 성과를 얻게 된다. 체스에서 인공지능과 인간의 대결은 항상 흥미를 끌어왔다. 처음으로 인공지능이 체스 챔피언을 이긴 것은 1997년 5월이었다. 인공지능 이름은 딥 블루였는데 하드웨어는 IBM에서 제공한 30개의 노드로 구성된 RS/6000 SP 기반 병렬처리 수퍼 컴퓨터를 사용하였다. 소프트웨어는 C로 프로그래밍 하였는데 수천 개의 대국을 분석한 값으로 예측 함수를 만들고 70만 개 이상의 대국 정보를 입력하였다. 인공지능이 체스 챔피언을 꺾어도 한국에서는 대중적인 관심을 불러 일으키지 못했다.

인공지능이 비약적으로 발전을 하기 시작한 것은 머신 러닝이라고 하는 소프트웨어 기술이 개발되면서부터다(그림 9-1). 이는 소프트웨어가 어떻게 하면 경험을 함으로써 자동적으로 개선이 될 것인가를 연구하는 분야이다.

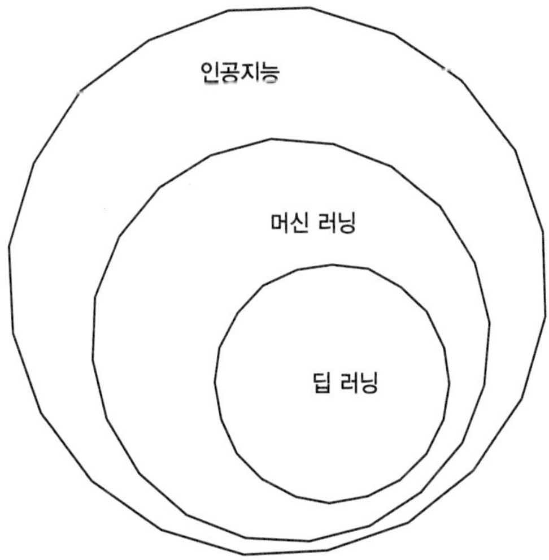

그림 9-1. 인공지능과 머신 러닝과 딥 러닝의 관계. 인공지능은 가장 넓은 포괄적 개념이고, 머신 러닝은 기계가 경험을 하면서 소프트웨어를 자동으로 개선하는 인공지능의 한 분야이고, 딥 러닝은 기계의 경험을 신경망 이론을 바탕으로 하는 머신 러닝의 한 분야이다.

여기서부터 인공지능은 사람이 배우고 판단하는 것에 한 발자국씩 차츰차츰 가까워지게 된다.

1997년에 톰 미첼(Tom Mitchell)은 헷갈리는 말을 하나 하는데 그것은 "작업 수행 목표치 T가 수행평가 P로 측정했을 때 경험 E를 함으로써 개선이 된다면 이 컴퓨터 프로그램은 작업 수행 목표치 T의 견지에서 경험 E로부터 배운다고 할 수 있다"는 것이다.[48] 이 말은 E라는 데이터를 모았을 때 P라는 수행 평가 방법으로 T라는 결과를 얻기 위하여 소프트웨어는 어떤 결정을 내리느냐를 결정해야 한다고 생각하면 된다. 축구를 예로 들면 T라는 결과는 이기는 것이고, P라는 수행 평가 방법은 넣은 골의 수이고, E는 E(x)는 선수들의 움직임이고 E(y)는 그 결과에 대한 평가로 보면 되는 것이다. 그래서 선수들의 움직임을 데이터로 넣었을 때 그 결과를 골 수로 평가하여,

48. A computer program is said to learn from experience E with respect to some class of tasks T and performance measure P, if its performance at tasks in T, as measured by P, improves with experience E.

이기게 하려면 프로그램이 어떻게 되어야 하는가 하는 것이다.

이러한 머신 러닝은 작업 수행 목표치 T에 도달하는 데 분류(Classification), 회귀(Regression), 군집화(Clustering) 등의 방법을 사용한다. 분류는 어떤 특정한 값을 가지는 데이터가 섞여 있는 경우 구별해 내는 것, 예를 들어 손으로 쓴 글자들이 섞여 있는 경우 그 글자들을 각각 읽어 내는 것이다. 회귀는 어떤 점들이 분포해 있을 경우 그 점들이 어떠한 직선이나 곡선에 가까운지 규칙을 찾아내는 것으로, 선형 및 비선형 회귀분석이라고 할 수 있으며, 2차원 평면뿐만 아니라 3차원 이상의 공간도 포함한다. 군집화는 아무런 선행 기준이 없이 데이터가 흩어져 있을 때 이들을 서로 가까운 것들끼리 같은 그룹으로 알아서 지정해 주는 것으로서 셋 중 가장 변수가 많다. 이러한 작업을 위하여 다양한 수학적 기법이 필요한데 사이킷-런(Scikit-learn)과 같은 오픈 소스 머신 러닝 라이브러리를 사용하면 쉽고 편리하게 프로그래밍할 수 있다.

딥 러닝(Deep learning)

딥 러닝은 머신 러닝의 일종으로서 사람 두뇌의 인지 기능을 시뮬레이션한 신경망 이론에 의하여 학습시키는 것이다. 사람의 두뇌는 강아지나 고양이나 또는 손으로 쓴 숫자 5를 보면 그것이 처음에는 그림으로서 망막에 상으로 맺히고, 그 다음에 여러 단계의 신경망으로 된 층을 지나면서 추상화되어 마지막에 "강아지", "고양이", 숫자 "5" 이렇게 인식이 된다는 것이 신경망 이론인데, 인공지능에도 이러한 기능을 주어서 학습을 시키는 것이다(그림 9-2).

이 전에는 인공지능에 강아지를 인식시키려면 강아지의 특징들, 즉 다리가 네 개고, 꼬리가 하나이고, 코는 까맣고, 털은 어떻고 등등을 일일이 넣어 주어야 하였다. 그렇게 해도 인공지능이 강아지를 잘 인식하지 못하고 에러를 너무 많이 냈는데, 인공신경망을 이용한 딥 러닝 기법으로 강아지를 인식시키니 놀랄 만큼 향상된 결과가 나온 것이다.

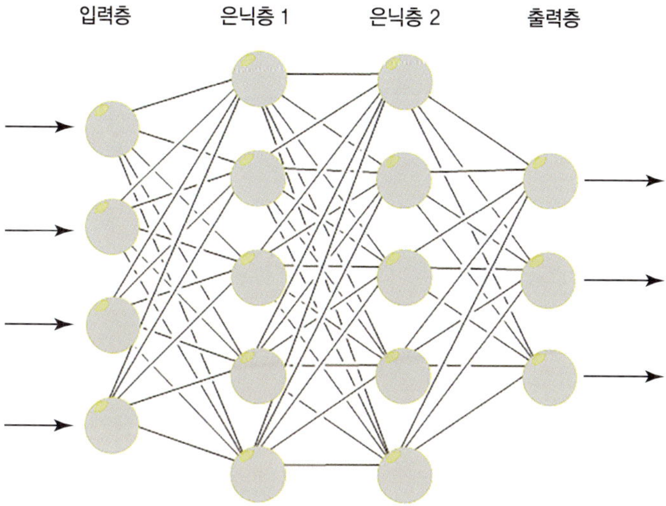

그림 9–2. 인공신경망은 입력층을 통하여 데이터를 받아들여 분해하여 분석한 다음, 은닉층을 거치면서 연관성을 가지면서 압축하여 출력층으로 내보낸다. 은닉층의 수가 많을수록 더 뛰어난 추론을 할 수 있지만 계산 시간이 길어진다.

딥 러닝이 기초로 하고 있는 인공신경망(Artificial Neural Network, ANN)은 사람의 신경망 원리와 구조를 모방하여 만든 기계 학습 알고리즘이다. 인간의 두뇌에서 뉴런들이 신호나 자극을 받고 그 자극이 어떠한 임계값을 넘어서면 신호를 전달하는 과정에서 착안한 것이다. 여기서 들어온 자극과 신호는 입력 데이터이고 임계값은 가중치, 마지막으로 어떤 행동을 하는 것은 출력 데이터이다.

DNN(Deep Neural Network, 딥신경망)은 ANN의 학습 결과를 향상시키기 위하여 등장한 방법으로 모델 내 은닉층의 숫자를 많이 늘리는 것이다. 은닉층을 2개 이상으로 늘려서 컴퓨터가 스스로 분류 레이블을 만들어 내고 공간을 왜곡하고 데이터를 구분 짓는 과정을 반복하여 최적의 결과를 도출해낸다. 그런데 이러한 DNN은 몇 가지 문제점이 있다. 우선 학습 과정에서 파라미터의 최적값을 찾기가 어렵다. 출력값을 결정하는 활성화 함수의 사용은 기울기 값에 의해 가중치가 결정되는데 그 값이 뒤로 갈수록 점점 작아져 0에 수렴하는 오류를 낳기도 하고 부분적인 에러를 최저 에러로 인식하여 학습을 중단하는 경우도 생긴다. 그리고 계산량이 많아 학습시간이 너무 느리다는 문제도 있다.

CNN(Convolution Neural Network, 합성곱신경망)은 데이터에서 지식을 추출하여 학습을 하는 기존의 방법과는 달리 데이터의 특징을 추출하여 그 패턴을 파악하는 구조이다. 이 과정은 합성곱층(Convolution Layer)과 풀링층(Pooling Layer)을 복합적으로 구성하여 알고리즘을 만든다.

RNN(Recurrent Neural Network, 순환신경망)은 반복적이고 순차적인 데이터 학습에 특화된 인공신경망의 한 종류로서 내부에 순환구조가 들어 있다. 순환구조를 이용하여 과거의 학습을 가중치를 통해 현재 학습에 반영한다. 기존의 지속적이고 반복적이며 순차적인 데이터 학습의 한계를 해결하는 알고리즘이다. 현재의 학습과 과거 학습의 연결을 가능하게 하고, 시간에 종속된다는 특징도 있다. 음성 웨이브 형을 파악하거나, 텍스트의 앞 뒤 성분을 파악할 때 주로 사용된다.

딥 러닝이 사람의 신경망을 시뮬레이션했다고는 하지만 그 작동 원리는 인간의 두뇌와는 근본적인 차이가 있다. 딥 러닝은 신경망의 각 층을 수학적인 방법으로 구성하였다. 그런데 사람의 두뇌를 구성하는 신경세포도 각각이 전달하는 신호는 전기 신호가 있고 없고의 차이니까 컴퓨터와 마찬가지로 0과 1로 구성되어 있다고 볼 수 있다. 그러나 실제로는 수많은 신경이 합쳐진 신경 다발이 이러한 층을 만드므로 아날로그 신호로서 직감에 의한 추론을 한다. 그래서 컴퓨터가 계산 능력은 뛰어나지만 아직은 사람 두뇌보다 효율이 너무나 떨어져서 작동할 때 사람보다 훨씬 더 많은 에너지가 필요하게 된다. 이세돌 9단의 두뇌가 하루 20와트의 에너지를 소비할 동안 알파고는 컴퓨터 1,200대의 어마어마한 전력을 소비했다고 한다. 즉, 사람이 두뇌를 사용할 때보다 인공지능은 엔트로피를 훨씬 더 많이 증가시켜야 같은 양의 정보를 처리할 수 있는 것이다. 그러나 앞으로는 더욱 더 효율적인 알고리즘이 개발되고 또 인공지능용 하드웨어도 개선되어 빠른 속도로 발전할 것이다.

기계 독해(Machine Reading Comprehension, MRC)는 자연어를 기계가 읽고 말할 수 있게 하는 것으로 인공지능의 중요한 응용 분야이다. 2018년 11월에 구글은 AI 언어모델 BERT(Bidirectional Encoder Representations from Transformer)를 공개했는데, 이는 자연 언어 처리 AI의 최첨단 딥 러닝 모델로서 일부 성능 평가에서 인간보다 더 높은 정확도를 보여주었다. 이 모델은 공통적으로 질문과 문맥을 벡터로 표현하는 엔코더(Encoder), 상호 주의를 통해 문맥과 질문 간의 관계를 파악하는 코-어텐션(Co-attention), 그리고 질문에 해당하는 정답 단어의 시작과 끝 위치를 출력하는 아웃풋(Output)의 구조를 한다. BERT가 왜 우수한 성능을 발휘하는지 그 이유는 아직 확실하지 않다. 현재는 신중하게 선택된 입력 순서의 결과로 나온 출력과의 연관성, 탐사 분류자에 의한 내부 벡터 표시의 분석, 주의 가중치에 의한 관련성 등을 집중 연구하고 있다.

딥 러닝용 프로그램

이러한 딥 러닝을 하기 위하여는 당연히 컴퓨터 프로그래밍을 해야 한다. 현재는 주로 파이썬이나 자바 같은 컴퓨터 언어로 사용할 수 있는 각종 딥 러닝용 프로그램 라이브러리가 많이 개발되어 오픈 소스로 나와 있어 편리하게 사용할 수 있다. 이 중 가장 널리 사용되는 것은 텐서플로우(TensorFlow)이다. 이는 구글이 2011년에 개발을 시작하여 2015년에 오픈 소스로 공개한 머신 러닝 라이브러리이다. 하이 레벨 프로그래밍 언어인 파이썬을 사용하여 연산처리를 작성할 수 있다. 다른 언어들도 많이 지원하지만 파이썬 관련 자료가 가장 많다.

케라스(Keras)는 DNN의 층 구조를 쉽게 구성할 수 있게 도와주는 파이썬 라이브러리이다. 직관적인 인터페이스를 제공하기 때문에 초심자도 케라스를 조금만 공부하면 간단히 CNN이나 RNN을 구성할 수 있다.

파이토치(PyTorch)는 페이스북의 인공지능 연구팀이 개발한 파이썬을 위한 오픈 소스 머신 러닝 라이브러리로서, 자연어 처리와 같은 애플리케이션을 위해 사용된다.

DL4J(Deeplearning4j)는 자바와 자바 가상머신용으로 작성되었는데 딥 러닝 알고리즘을 광범위하게 제공하는 라이브러리이다. CPU와 GPU 모두 사용할 수 있고 강력한 시각화 도구를 포함하고 있다.

카페(Caffe, Convolutional Architecture for Fast Feature Embedding)는 C^{++} 및 CUDA 언어로 작성되었고 파이썬 및 매트랩(MATLAB) 인터페이스도 지원한다. 실시간으로 모델 학습을 모니터링할 수 있고 테스트 이미지를 학습 망의 중간 출력까지 자세히 시각화해주는 기능도 있어서 매우 편리하게 사용할 수 있는 딥 러닝 프레임워크이다.

인지 툴킷(Cognitive Toolkit)은 마이크로소프트에서 내부 프로젝트로 진행하던 딥 러닝 프레임워크를 2015년에 CNTK (Computational Network Toolkit)라는 이름으로 오픈 소스로 공개하였는데, 2016년에 이를 개선하여 인지 툴킷(Cognitive Toolkit)으로 변경하면서 파이썬/C^{++}/C# 언어의 인터페이스를 제공해주고 있다. 이러한 딥 러닝의 기법과 오픈 소스 프로그래밍 라이브러리는 앞으로도 계속 개발되어 나올 것이고, 그러면 인공지능의 기술은 비약적으로 발전할 것이다. 즉, 이러한 딥 러닝 오픈 소스 라이브러리도 제8장의 컴퓨터 소프트웨어와 마찬가지로 인공선택에 의한 다위니즘이 적용되어 진화한다고 볼 수 있다. 또 중요한 라이브러리는 제3장의 유전정보의 "보수적 도메인"처럼 되어 계속 재사용되면서 다위니즘에 의하여 진화할 것이다.

소프트웨어의 발전과 함께 하드웨어도 발전을 할 것이다. 신경망 이론에 의한 딥 러닝용 프로그램은 엄청나게 많은 계산량을 필요로 한다. 그래서 CPU만으로는 속도가 너무 느려 계산 속도가 매우 빠른 그래픽 카드의 GPU(Graphic Processing Unit)를 이용하는 경우가 많다. 하나의 복잡한 계산을 하는데는 CPU가 좋지만, 수많은 단순한 계산을 한꺼번에 반복적으로 처리하는데는 GPU가 훨씬 효율적이기 때문이다. 그러나 이제는 신경망 이론 자체에 의하여 작동하여 GPU보다 월등하게 속도가 빠른 NPU (Neural Processing Unit)가 개발되어 사용되고 있다. 앞으로 더욱더 뛰어난 NPU가 개발되면 하드웨어적 계산 속도도 비약적으로 빨라져 인공지능의 발전 속도는 훨씬 더 빨라질 것이다.

인공지능도 역시 컴퓨터 언어로 코딩된 프로그램이고, 이 컴퓨터 프로그램은 결국 0과 1로 구성된 정보이다. 그리고 이 프로그램은 컴퓨터 시스템에서 인간에 의하여 쉽게 복제된다. 따라서 자신을 사용할 인간을 더 효율적으로 확보하려는 쪽으로 진화하게 된다. 즉, 인간의 도움을 더 잘 받는 쪽으로 진화하게 된다는 말이 된다. 이를 열역학적으로 보면 인공지능은 엔트로피 증가에 의하여 엔트로피 감소를 복제 증식시키는데, 그 방향은 인간의 두뇌가 정하는 것이다. 결국 인간의 두뇌가 인공지능의 진화 방향을 결정한다는 뜻이다. 인간의 두뇌는 자기 자신의 유전자가 살아남는 방향으로 결정을 한다. 따라서 인공지능도 인간의 유전자가 살아남는 방향으로 진화하게 된다. 최소한 제4차 산업혁명까지는 그럴 것이다.

알파고

한국 사람들이 모두 인공지능에 대하여 크게 관심을 가지게 된 사건은 2016년 3월에 이루어진 이세돌과 알파고의 대결이었다. 이때 알파고는 2015년 10월에 이미 유럽 바둑 챔피언인 프랑스의 판 후이를 5전 전승으로 꺾은 바 있고 그 후로 하드웨어와 소프트웨어를 모두 업그레이드했다고 하였지만, 대부분의 한국 사람들은 아직 인공지능이 이세돌을 꺾지는 못할 것으로 생각했었다. 그러나 알파고가 이세돌을 5대 4로 이기자 충격에 빠지게 되었다. 두뇌 싸움에서 인공지능이 사람을 앞선다는 것을 확실하게 본 것이다. 당시 바둑의 고수들이 모두 무엇인가에 홀린 것 같았다.

도대체 알파고는 어떤 프로그램인가? 알파고는 훈련된 심층신경망이 몬테카를로 트리 탐색을 통해 선택지 중 가장 유리한 선택을 하도록 설계되었다고 한다. 심층신경망은 정책망과 가치망으로 구성되어 있다. 정책망은 승리 가능성이 높은 다음 수를 예측하여 검색 범위를 좁히고, 가치망은 트리 탐색의 단계를 줄여 끝날 때까지 승률을 계산하여 승자를 추정한다. 이를 실현하기 위한 기계학습은 여러 계층으로 디자인된 정책망을 구성하고, 정책망 지도학습과 정책망 강화학습 단계를 거치게 된다.

정책망 지도학습은 16만 개의 기보를 회선신경망으로 학습하고 3천만 개에 이르는 착점 위치 정보와 패턴을 파악해 다음 수를 예측하여 인간의 바둑을 흉내 내도록 훈련하는 것이다. 정책망 강화학습은 반복적으로 자가 대국을 시켜 정책망을 강화하는 것이다. 가치망 강화학습은 정책망의 자가 대국으로 확보된 기보를 바탕으로 승률을 파악하고 가충치를 부여해 다음 대국을 진행하는 방식으로 가치망의 분석 능력을 향상시키는 것이다.

이세돌은 알파고와 3번 연속 패한 다음 네 번째 대국에서 백 78의 묘수로 알파고를 혼란에 빠뜨린다. 그 후 알파고는 악수를 연발하다가 패하고 만다. 이는 알파고가 인간과 가진 대국 중 유일한 1패였다. 인공지능도 혼란에 빠지면 정답을 찾아내지 못하고 허둥대는 것을 볼 수 있는 재미있는 기회였다. 만약 자율운행 자동차가 이렇게 혼란에 빠지면 큰 일일 것이다.

체스 프로그램인 딥 블루는 특정 목적을 위해 만들어진 인공지능이지만, 알파고의 알고리즘은 여러 분야에 범용적으로 적용할 수 있는 것이다. 뒤에 개발된 알파고 제로는 지금까지 있었던 대국 정보를 넣어서 교육시킬 필요가 없이 자가 대국만으로도 실력을 늘린다는 것이 매우 놀랍다. 이 알파고 제로는 세계 바둑 챔피언인 커제를 완벽하게 이겨버렸다.

신약 개발

많은 제약회사에서 인공지능을 신약 개발에 응용하려는 시도를 하여 왔다. IBM은 왓슨을 이용하여 AI 신약 탐색 플랫폼을 만들었다. 왓슨은 각종 논문을 입력하면 과학 용어를 이해하고 해석을 한다. 그리고는 데이터 간의 관계를 이해하고 또 논문의 자연어 문맥을 이해한다. 이러한 이해를 바탕으로 가설을 만들고 근거 추론을 하여 그 가설을 평가한다. 최종적으로 그 결과를 전문가적인 결론으로 제공한다. 실제로 근위축성측색경화증(Amyotrophic lateral sclerosis, ALS)이라는 퇴행성 신경 질환에서 여러 가지 RNA-결합단백질(RBP)이 관여하는데, 새로운 변형된 RBP를 찾기 위하여 왓슨을 이용하였다. 그 결과 왓슨은 새로운 5종의 RBP가 변형된 것을 발견하여 신약 선도물질 탐색에 적용 가능성을 확인하였다.[49] 이러한 인공지능을 이용한 연구는 앞으로 계속 적용 범위를 넓혀갈 것이다.

코로나-19 사태에서도 인공지능이 활약을 하기 시작했다. 미국 바이오 스타트업인 인실리코 메디신(Insilico Medicine)은 인공지능을 활용해 코로나-19 백신에 적합한 분자구조를 찾았다. 인실리코 메디신의 AI는 특정 단백질과 결합하는 분자를 만들고, 사람에게 그 효과가 있는지 확인한다. AI 알고리즘이 4일 동안 특정 분자를 10만 개 만들고, 이 가운데 100개를 추려냈다. 회사는 그중 7개를 골라 추가 연구를 하고 있다. 인실리코 메디신은 자사 홈페이지에 AI로 찾은 수백 가지 화합물 분자구조를 공개했다. 이렇게 공개한 화합물은 제약회사에서 합성하고 동물실험과 임상시험을 거쳐서 시판 허가를 받는 과정을 거쳐야 한다.

영국의 스타트업 베네볼런트 AI (Benevolent AI)도 코로나-19의 특성을 분석한 뒤 인공지능으로 기존 의약품 중 효과가 있을 만한 것들을 찾았다. 대부분의 바이러스는 세포로 들어갈 때 세포 표면의 ACE2 단백질을 이용하므로, 코로나-19도 그러할 것으로 추정하고, 이와 관련된 단백질인 AAK1 (AP2-associated protein kinase)을 저해하여 바이러스가 세포로 들어가지 못하게 하는 방법을 찾았다. 딥 러닝을 이용해 378개의 AAK1 저해제의 분자 구조 중 이미 승인 받은 47개의 약물을 골라내고, 이 중 특히 결합력이 높은 6개를 선택했다. 또 그중 부작용이 심한 것은 제외하고 최종 후보로 복용하기도 간편한 바리시티닙(상품명 : 올루미언트)을 선택했다.[50] 이는 현재 일라이

49. Bakkar N, Kovalik T, Lorenzini I, Spangler S, Lacoste A, Sponaugle K, Ferrante P, Argentinis E, Sattler R, Bowser R. Artificial intelligence in neurodegenerative disease research: use of IBM Watson to identify additional RNA-binding proteins altered in amyotrophic lateral sclerosis. Acta Neuropathol. 2018;135:227-47.

50. P Richardson, I Griffin, C Tucker, D Smith, O Oechsle, A Phelan, J Stebbing. Baricitinib as potential treatment for 2019-nCoV acute respiratory disease. Lancet. Volume 395, ISSUE 10223, Pe30-e31, February 15, 2020. DOI:https://doi.org/10.1016/S0140-6736(20)30304-4.

릴리회사(Eli Lilly Company)가 류마티스성 관절염 치료제로 사용하고 있는 것이다. 이렇게 현재 사용 중인 약물을 인공지능으로 찾아 내면 완전한 신약에 비하여 임상 시험에 들어가는 시간과 비용을 크게 줄일 수 있다.

의학 영상 분야 응용

딥 러닝의 의학 분야 적용 예를 좀 살펴보자. 질병의 의학적인 진단에는 수많은 방법이 있다. 그중에 영상으로 진단하는 방법은 현대 의학에 매우 중요하다. 영상에는 안과에서 보는 망막의 패턴, 피부과에서 보는 피부암의 패턴, 내과에서 보는 위장이나 대장 내시경의 패턴, 외과에서 수술 시에 보는 림프절의 패턴 등 수도 없이 많은데, 이러한 대부분의 영상을 딥 러닝으로 분석하여 좋은 결과를 얻고 있다.

특히 영상의학과에서는 수많은 X-선 사진을 판독을 해야 하는데 여기에 인력이 많이 필요하다. 그래서 이를 자동으로 판독할 기계가 있으면 병원 운영에 큰 도움이 될 수 있다. 서울대학교병원 영상의학과 박창민 교수 팀은 폐암, 폐결핵 등을 비롯한 각종 폐질환의 X-선 영상을 딥 러닝 방법으로 인공지능을 교육시켜 실제로 적용을 해보았는데, 경우에 따라 일반 의사는 물론이고 영상의학 전문의보다 판독을 더 잘 하는 결과를 얻었다. 특히 이렇게 교육한 인공지능의 도움을 받으면 일반 의사도 영상의학 전문의에 버금가는 영상 판독 능력을 가진다는 결과를 발표하였다.[51]

이러한 인공지능이 널리 보급이 되면 앞으로 영상의학 전문의가 없는 병원에서도 X-선 판독에 큰 문제가 없을 것이다. 그러나 인간 의사는 X-선 영상 한 가지만 가지고 진단을 하는 것이 아니라, 전에 찍었던 X-선 영상도

51. Nam JG, Park S, Hwang EJ, Lee JH, Jin KN, Lim KY, Vu TH, Sohn JH, Hwang S, Goo JM, Park CM. Development and Validation of Deep Learning-based Automatic Detection Algorithm for Malignant Pulmonary Nodules on Chest Radiographs. Radiology. 2019;290:218-28; Hwang EJ, Park S, Jin KN, Kim JM, Choi SY, Lee JH, Goo JM, Aum J, Yim JJ, Cohen JG, Ferretti GR, Park CM. Development and Validation of a Deep Learning-Based Automated Detection Algorithm for Major Thoracic Diseases on Chest Radiographs. JAMA Netw Open. 2019;2:e191095.

보고, 또 다른 검사 결과도 보고, 환자와 대화도 하고 종합하여 진단을 하기 때문에 결과적으로는 아직은 인간 의사가 인공지능보다 영상 판독을 훨씬 더 잘한다고 할 수 있다.

영상의학과보다 숫자는 적지만 높은 수준의 영상 판독이 필요한 핵의학 분야에도 딥 러닝의 연구는 매우 활발하다. 핵의학은 제1장에서 말한 것처럼 방사성동위원소를 이용하여 인체의 각종 생화학적 기능이나 약리학적 기능의 영상을 얻어서 질병을 진단하는 분야이다.

서울대학교병원 핵의학과의 전자 컴퓨터 공학자인 이재성 교수 팀에서는 각종 딥 러닝 기법을 이용하여 다양한 핵의학 영상 연구를 하고 있다. CT나 MRI 같은 영상 없이 포도당 대사를 보여주는 PET 영상을 만들 수 있는 새로운 기술을 개발하였으며, CT 영상의 해상도도 개선하였다. 또한, 딥 러닝 방법으로 알츠하이머 환자 PET을 대상으로 개개인의 영상에 최적화된 템플릿도 만들었다. 그 외에도 실제로 환자의 영상 판독을 위한 많은 연구 결과를 발표하였다.[52]

서울대학교병원 핵의학과 최홍윤 교수도 딥 러닝을 이용하여 많은 연구를 수행하였다. 특히 알츠하이머병 환자의 두뇌에 생기는 독성 단백질인 베타아밀로이드와 두뇌의 포도당 대사 영상을 활용해 치매가 되기 전 단계인 경도인지장애 환자의 예후를 딥 러닝으로 예측하는 연구를 하였는데, 이는 핵의학 뇌영상 분야에 딥 러닝이 적용된 최초 연구이기도 하다.

이외에도, 핵의학 뇌영상의 판독문을 활용해 영상 판독을 개선하는 모델, 정상 포도당대사 뇌영상으로 나이에 따른 뇌 대사 변화 예측, 정상 뇌영상으로부터 다양한 종류의 비정상 뇌영상을 판단하는 기술 등을 개발하기도 하였다. 또한, 신경망기반 생성모델을 적용하여 아밀로이드 PET을 정량화

52. Hwang D, Kim KY, Kang SK, Seo S, Paeng JC, Lee DS, Lee JS. Improving the accuracy of simultaneously reconstructed activity and attenuation maps using deep learning. J Nucl Med. 2018;59:1624-29; Kang SK, Seo S, Shin SA, Byun MS, Lee DY, Kim YK, Lee DS, Lee JS. Adaptive template generation for amyloid PET using a deep learning approach. Hum Brain Mapp. 2018;39:3769-78.

하기 위해 PET 영상으로부터 가상의 MRI를 만들어 정량화에 활용하는 기술을 개발하였다.[53]

이러한 연구 경향으로 봐서, 영상의학과에서는 주로 딥 러닝을 이용한 자동화로 다량의 영상을 빨리 정확하게 판독을 하는 것에 관심이 많은 반면에, 핵의학과에서는 딥 러닝을 좀 더 정확한 판독과 영상의 질 향상에 적용하는 데 주목적이 있다고 볼 수 있다. 즉, 의학의 분야에 따라 서로 추구하는 방향이 같은 듯하면서도 미묘한 차이가 있다. 결국 인공지능은 영상 판독에서 의사가 판독을 더 빠르고 정확하게 하는데 상당히 도움을 줄 수 있을 것이고 또 더 나아가서 의사의 역할을 어느 정도 대체할 수도 있을 것이다.

왓슨의 임상 적용 경험

영상 분야가 아닌 의학 분야의 인공지능의 적용은 IBM 왓슨이 대표적일 것이다. 왓슨은 자연어 인식 인공지능이어서 방대한 자료를 읽고 질문에 대한 답을 할 수가 있다. 왓슨도 전공 분야가 있어서 암 분야의 전문 인공지능인 "왓슨 포 온콜로지(Watson for oncology)"는 방대한 최신 의학 관련 서적들을 읽고 그를 바탕으로 의학적 질문에 대한 답을 한다.

인공지능 알파고가 이세돌 9단을 꺾은 열풍과 함께 2016년 12월에 길병원을 선두로 2017년에는 대구가톨릭대병원, 건양대병원, 조선대병원, 전남대병원, 중앙보훈병원 등에 왓슨이 도입되었다. 그런데 왓슨에 대한 기대와는 달리 그 뒤로 더 이상 도입하는 병원이 나타나지 않았다. 그 이유는 왓슨의 진단과 의사들의 진단 사이에 의견 차이가 너무 컸기 때문이다.

왓슨을 처음 개발할 때 동참했던 미국의 메모리얼 슬로언 케터링 암센터에서는 왓슨과 의료진의 의견 일치율이 대장암 98%, 직장암 96%, 방광암

53. H Choi, YK Kim, EJ Yoon, JY Lee, DS Lee. Cognitive signature of brain FDG PET based on deep learning: domain transfer from Alzheimer's disease to Parkinson's disease. Eur J Nucl Med Mol Imaging(2020) 47:403-412; HG Ryoo, H Choi, DS Lee. Deep learning-based interpretation of basal/acetazolamide brain perfusion SPECT leveraging unstructured reading reports. Eur J Nucl Med Mol Imaging. https://doi.org/10.1007/s00259-019-04670-4

91%, 난소암 95%, 자궁 경부암 100%라고 소개하였다. 그러나 미국의 MD 앤더슨 암센터와 협력하여 종양학 전문 시침을 만들던 사업이 중단되었는데, 이는 MD 앤더슨 암센터가 데이터에 불만을 가져 계약을 파기한 것으로 밝혀졌다. 미국 이외에 우리나라와 독일, 인도 등에서는 의사와의 의견 일치도에서 기대에 많이 못 미치는 성적을 냈다.

이는 인종이나 민족 간의 질병 차이도 있고, 또 왓슨이 한국어의 특성을 제대로 이해하지 못했을 가능성도 있다. 그래서 우리나라 사정에 맞게 업그레이드를 하려고 하니 IBM에서 거금을 요구하여 진행이 되지 못하였다. 초기 왓슨 도입 시 과장된 홍보를 했을 가능성도 있다. 어쨌든 왓슨은 지금은 성공하지 못한 것이 확실해 보인다. 그렇지만 마이크로소프트, 올림푸스, 메드트로닉, 지멘스 등 또 다른 많은 회사들이 인공지능 의사를 개발하고 있다. 따라서 의료용 인공지능은 조만간 다시 병원에 등장할 수도 있을 것이다.

의료 분야 중 가장 인공지능이 쉽게 적용될 수 있을 것으로 생각한 내과 분야에서 왓슨이 실패한 것으로 봐서, 생각보다 인공지능의 의료 분야 적용이 만만찮다는 것을 알 수 있다. 외과적인 수술 분야는 단순한 인공지능으로만 되는 것이 아니라 로봇 기술도 접목이 되어야 하므로 더 어려울 것이다.

그렇지만 인공지능 의사가 인간의 힘을 빌어 다위니즘 즉 열역학 제4법칙에 따라 진화하는 것은 이제 아무도 막을 수 없다. 점점 더 정확한 진단을 하고 사용하기 편리하고 경제적인 인공지능 의사가 나올 것이다. 그러면 인간 의사들은 인공지능 의사가 하지 못하는 일을 찾아내야 할 것이다.

휴머노이드 비서 로봇

제4차 산업혁명에서 가장 호기심을 갖는 분야는 인공지능이 얼마나 인간과 유사하게 발전할 수 있을까 하는 것으로서 휴머노이드 로봇일 것이다.

나는 2018년에 샌프란시코에 들른 적이 있는데 거기서 아마존에서 나온 알렉사 스피커를 처음 보았다. 몇 가지 음악을 신청해 들어 보고, 또 그날 있었던 MLB 야구 결과를 물어보니 즉각 대답을 해 주어서 신기했다. 한국에 돌아온 뒤 딸에게 네이버의 클로바 스피커를 선물 받았다. 나중에 또 아들에게 구글 홈 미니를 선물로 받았다. 그래서 클로바는 집에, 구글 홈 미니는 직장의 연구실에 두고 사용한다.

둘 다 뉴스나 시간 또는 각종 잡다한 것을 물어보기도 하고 음악을 듣는데도 사용한다. 내 말을 다른 사람 말보다 더 잘 알아듣는 것을 보면 신통하다. 특히 클로바는 라면을 끓일 때 알람으로 사용하면 편리하고, 구글 홈 미니는 회의를 미리 알려 주는 알람으로 많이 사용한다. 또 간단한 문장을 영어, 일본어, 중국어, 불어, 독일어, 스페인어, 러시아어 등으로 통역도 해준다. 이러한 인공지능 스피커는 가정의 각종 가전 제품과도 연결이 가능하다는데 아직 해보지는 못했다. 그런데 이 스피커들은 들어 있는 그 이상의 기능을 교육시켜서 업그레이드할 수가 없다. 그래서 문장이 조금만 길어지면 알아듣지 못한다.

내 핸드폰도 음성 인식 기능이 있어 가끔 전화할 때 사용하기도 하지만 획기적으로 편리한 것 같지 않다. 왜냐하면 간혹 잘못 알아듣고 엉뚱한 사람에게 전화를 걸기 때문이다. 우리 자동차에도 음성 명령을 할 수 있는데, 현대자동차는 아직 네이버나 구글의 음성 인식 능력에는 조금 미치지 못한 것 같지만 그래도 상당히 편리할 때도 있다. 운전하면서 버튼 작동 대신 말로 명령할 수 있기 때문이다. 어쨌든 이러한 기능이 훨씬 발전되어 휴머노이드가 상용화되면 미래에는 다음과 같이 될 것 같다.

아침에 눈을 뜨면 음악이 나오면서 집안의 커튼이 걷히고 가정용 로봇 비서가 인사를 한다. 로봇 비서에게 오늘의 날씨와 스케줄을 물어보고 세수를 하고 TV 뉴스를 본다. 로봇 비서가 해 주는 아침 식사를 하고 자동주행 자동차로 출근을 한다. 직장에서도 많은 일은 업무용 로봇 비서가 해주는데, 30분 일하고 30분 쉬는 식이다. 오전 근무만 하고 오후에 출근할 사람에게 업무를 넘기고 퇴근하여 인공지능 비서가 추천하는 근처 식당에서 점심 식사를 하고 헬스 클럽이나 미니 골프장에 가든지 주변 공원을 산책하다가 친구들을 만나 막걸리나 한잔 하고 집에 간다. 샤워를 하고 자율주행 자동차를 타고 신의주로 떠난다. 내일 아침 9시에 신의주에서 회의가 있기 때문이다. 사율주행 자동차의 좌석은 비행기 비즈니스석처럼 완전히 누울 수 있게 되어 있다. 운전모드를 수면모드로 하면 최대한 진동과 소음이 없게 달린다. 한 잠 푹 자고 일어나면 신의주에 도착할 것이다.

2013년에는 주인공 테오도르(Theodore)가 인공지능으로 된 컴퓨터 운영체제인 사만다(Samantha)와 사랑에 빠진다는 내용의 〈그녀(Her)〉라는 영화가 미국에서 상영되었다. 상당히 인기가 있는 영화여서 아카데미 각본상(Best Original Screenplay)을 받았다. 이 인공지능 사만다는 감정적으로나 인간적으로나 사람과 거의 구별할 수가 없고 오히려 사람보다 더 호감을 가질 수 있다는 내용이다. 그래서 실제 아내와 이혼을 한다. 그런데 알고 보니 사만다는 8,000여 명과 동시에 비슷한 대화를 하고 있고, 실제로 사랑한다는 케이스가 640여 명이나 된다고 했다. 그 다음부터 테오도르는 아무리 사만다가 매혹적인 말을 해도 시큰둥하여 결국 헤어지고 남자 목소리를 가진 다른 운영체제로 바꾼다. 즉, 인공지능은 사람을 진짜로 사랑하는 것이 아니라 그렇게 보이도록 절묘하게 감정과 분위기를 살려서 말을 하는 것이다.

스웨덴 드라마 〈리얼 휴먼〉을 리메이크하여 2015년에 방송된 영국 드라마 〈휴먼스(Humans)〉는 인공지능 로봇이 생활화된 세상을 그린다. 가정부로 들어온 여자 로봇이 아이들에게 실제 엄마보다 엄마의 역할을 더 잘 해 준다. 왜냐하면 직장에서 퇴근하고 집에 돌아온 엄마는 피곤에서 아이들에게 한결같이 잘 해주기 어렵기 때문이다. 그러나 그 로봇이 실제로 아이들을 사랑하지는 못한다. 또 아내의 재활 치료를 위하여 들여온 잘 생긴 남자 로봇이 남편보다 더 아내의 마음을 잘 이해하고 자상하게 대해 주어서 가정 파탄을 일으키기도 한다. 그러나 이 남자 로봇에게 남을 사랑하는 감정은 없다.

이렇게 인공지능들이 인간과 같은 사랑하는 감정을 가질 수 없는 것은, 제1장에서 설명한 것처럼 인간은 사랑하는 감정을 가질 수 있는 사람만 오랫동안 다위니즘에 의하여 선택되어 진화하였지만 인공지능은 사랑이라는 것을 단지 수많은 문장만 보고 학습하였기 때문이다

자율주행 자동차

제4차 산업혁명에서 또 하나 사람들의 일상 생활에 큰 영향을 미치는 것 중 하나는 교통 분야일 것이다. 자동차 회사들은 자율주행차 개발에 사운을 걸고 매진하고 있다. 미국 자동차공학회에서는 자율주행차의 발전 단계를 0에서 5단계까지로 나누고 있다. 여기서 단계가 높아질수록 자율주행이 더 고도화된 것인데, 최고 단계인 5단계 완전 자율주행 단계가 되면 자동차에는 운전대와 페달이 없어지게 된다. 운전자는 목적지만 입력한 다음에는 비행기의 비즈니스 좌석처럼 앉거나 눕거나 마음대로 할 수 있게 된다. 자율주행차끼리 서로 대화를 하여 최대한 빨리 가면서도 도로에서 위험한 상황을 미리 피하게 되어 사람이 운전하는 것보다 훨씬 빠르고 안전하게 목적지에 갈 수 있고 그 동안 탑승자는 일을 하거나 휴식을 취할 수 있다. 잠을 자면서 목적지로 이동이 가능하므로 업무를 이 도시 저 도시로 옮겨 가면서 보는 것이 훨씬 쉽게 된다.

자동차가 이러한 단계가 되면 앞으로 사람은 특별한 경우가 아니면 운전이 금지될 것이다. 철도의 기차, 고속도로의 화물차, 대양의 거대한 화물선, 하늘을 나는 비행기 같은 것도 인공지능이 모두 알아서 운전하고 조종하게 될 것이다. 그렇게 되면 택시 운전수, 철도 기관사, 선박 항해사, 비행기 조종사 등이 직업을 잃게 될 지도 모른다는 걱정을 하게 된다.

그런데 자율주행 자동차에 대하여 자주 논의되는 철학적인 사항이 있다. 자율주행 자동차가 가다가 앞에 갑자기 다섯 명의 사람이 나타났는데 브레이크를 밟기에는 너무 늦었고 핸들을 돌리면 절벽으로 떨어진다. 이런 경우 자율주행 자동차는 어떻게 프로그램이 되어 있어야 하나? 일반적으로 핸들을 돌려서 탑승자 혼자 죽고 다섯 명을 살리도록 프로그램이 되어서, 더 많은 사람을 살리도록 해야 한다고 대답할 것이다. 그러나 만약 차를 사려는 사람에게 둘 중 어느 것을 사겠느냐고 물어보면, 핸들을 돌리도록 되어 있는 차를 사고 싶은 사람이 얼마나 있을까?

인공지능 변호사

2019년 8월 서울에서 대법원 사법정책연구원과 한국인공지능법학회 주최로 제1회 알파로(Alpha Law) 경진대회가 열렸다. 알파고가 2016년에 이세돌 9단을 꺾은 뒤 인공지능 변호사와 인간 변호사가 법률 자문을 경쟁하는 대회가 열린 것이다. AI 변호사와 인간 변호사가 짝을 이룬 2개 팀, AI 변호사와 일반인이 짝을 이룬 1개 팀, 인간 변호사 2명이 짝을 이룬 9개 팀 등 총 12개 팀이 참가하여 법률 자문 대결이 펼쳐졌다.

여기 등장한 AI 변호사는 국내 리걸 테크 기업인 인텔리콘 연구소가 개발한 "CIA(Contract Intelligent Analyzer)"였다. CIA는 노동법 전문 AI로 근로계약서 분석에 특화되어 있다. 근로계약서나 판결문 등 외부 데이터를 분석해 스스로 학습하며 분석의 정확성을 높이는 딥 러닝 기술이 적용됐다. 심사의 공정성을 기하기 위하여 심사위원과 경쟁팀들은 서로 누가 AI 팀인지 변호사 팀인지 알 수 없게 되어 있었다.

대회의 주제는 근로계약서에 관한 법률 자문이었다. 주어진 근로계약서 3종에서 오류와 누락, 위법 요소 등을 분석해 위법 여부를 판정하거나 이에 대한 대안을 제시하는 것이다. 대회는 총 2라운드에 걸쳐 진행되었다. 1라운드는 각각 7개 조항과 10개 조항을 갖춘 짧은 계약서 2종을, 2라운드에서는 14개 조항에 걸쳐 긴 계약서 1종을 분석하는 것이었다. 문제지는 계약서마다 1장씩 주어졌고 문제지별로 객관식 1문제와 주관식 2문제가 출제됐다. 라운드별로 문제 검토에는 10분, 답안 작성에는 20분이 주어졌다.

그 결과 AI 변호사와 짝을 이룬 3개 팀이 인간 변호사들로만 짝을 이룬 팀들을 압도적인 점수 차이로 1~3위를 휩쓸며 끝났다. 특히 일반인과 AI가 짝을 이룬 팀도 107점으로 3위를 하여 인간 변호사들 중 가장 좋은 점수를 받은 4위 팀의 61점보다 훨씬 더 좋은 점수를 받아서 충격을 주었다. 왜냐하면 이 일반인은 물리학을 전공한 신문 기자로서 법에 대하여는 문외한이었기 때문이다.

이러한 결과로 보면 아직은 AI는 인간 변호사가 하는 일을 도와주는 역할만 하지만 앞으로는 인간 변호사가 필요 없게 될지도 모른다는 생각을 하지 않을 수 없다. 사실 이 대회에 출제된 문제는 아주 좁은 분야에 한정되어 있어 아직은 여러 분야에 많은 지식을 가진 인간 변호사가 훨씬 더 능력이 있겠지만, 앞으로 인공지능이 더욱 더 발달하게 되면 변호사 업무는 모두 인공지능이 맡아서 하게 될 지도 모른다. 이는 인간이 인공지능 변호사를 개발하는 것 같지만, 실은 인공지능 변호사 자체가 인간을 이용하여 진화하는 것이다. 따라서 더 편리하고 능력이 뛰어나면서 경제적인 인공지능 변호사의 출현은 필연적이다. 그리고 무엇보다도 판사 업무를 인공지능이 맡아서 해주면 좋겠다는 사람들도 많을 것이다. 왜냐하면 인공지능 판사는 정치적인 압력으로 판결에 영향을 미칠 수 없을 것이라는 생각이 들기 때문이다.

CIA를 개발한 임영익 인텔리콘 연구소 대표는 서울대 미생물학과를 졸업하고 미국에서 뇌과학을 공부하다가 AI 사업을 하기 위해 한국으로 돌아온 특이한 경력을 가지고 있다. 법률 AI를 개발한 이유는 미국으로 유학을 떠나기 전에 대법원 법률자료 디지털 사업에 참여한 적이 있는데, 그때 경험으로 법률이나 판결문 등 AI가 확보할 수 있는 데이터가 풍부할 것으로 판단했기 때문이다. 임대표는 법률 AI에서 가장 중요한 두 가지 요소는 자연어 처리 기술과 법률 추론 기술을 꼽았다.

인공지능 문학

인공지능으로 소설이나 시를 쓰는 것은 대부분 비슷한 방법을 사용한다. 딥 러닝 방식으로 인공지능을 가르치는데, 기존 소설이나 시를 최대한 많은 숫자를 입력하면 인공지능은 이를 스스로 학습하고 작가들이 이야기를 풀어가는 맥락을 파악한다. 이후 사람이 도입이나 결말 문장과 인물 정보 등을 입력하면 인공지능이 이에 기반해 소설 내용을 채운다.

2016년에는 니혼 게이자이 신문 주최로, 작고한 일본의 유명 SF 작가인 호시 신이치(星新一)를 기념하는 "호시 신이치 문학상 공모전"을 열었는데, 단편 소설 『컴퓨터가 소설을 쓴 날』이 1차 심사를 통과하였다. 이는 일

본 공립 하코다테 미래대(はこだて未來大)의 마쓰바라 진(松原仁) 교수 연구팀이 2012년부터 추진해 온 "소설을 쓰는 AI 개발 프로젝트"로 얻은 결과물이다.

이 프로젝트에서 호시 신이치의 소설 1천 여 편을 인공지능에게 교육시켰다. 그리고 여러 단어의 구성과 등장 인물 성별 등을 사전에 설정해 주고 "언제", "어떤 날씨에", "무엇을 하고 있다" 같은 요소를 포함시키도록 지시하였다. 그러면 인공지능은 이와 관련된 단어들을 자동적으로 골라내 문장을 완성하였다. 그 문장의 예를 보면 다음과 같이 사람이 쓴 것과 별로 다르지 않다.

"그날은 구름이 드리운 잔뜩 흐린 날이었다. 방 안은 언제나처럼 최적의 온도와 습도. 요코씨는 그리 단정하지 않은 모습으로 소파에 앉아 시시한 게임으로 시간을 보내고 있다."

아직은 인공지능 스스로 이야기까지 만들어낼 상상력과 창의력을 발휘하는 것은 불가능하다. 따라서 80% 정도는 사람이 전체적인 방향과 흐름을 알려 주고 나머지 20%를 인공지능이 보충하는 수준이다. 그렇다 해도 인공지능이 의미 있는 문장을 이어 단편소설을 완성한 자체가 큰 성과로 볼 수 있다.

한국에서는 2018년 7월에 KT와 한국콘텐츠진흥원이 총 상금 1억 원을 내걸고 국내 처음으로 AI 소설 공모전을 열었다. 여기서 AI 스타트업 벤처인 "포자랩스"가 로맨스 소설 "설명하려 하지 않겠어"로 최우수상을 탔다. 그중 일부를 보자.

"정신 차리고 말해! 그녀는 숨을 한 번 몰아 쉬었다. 몸도 움직이지 않고 있었다. 남는 시간이 더 없었다. 시간이 얼마나 흘렀을까. 나는 숨을 쉬지 않고 말을 토해내고 싶었다. 그녀는 나를 믿지 않았다."

숨을 쉬지 않고 말을 토해낸다는 표현이 좀 어색하기도 하지만, 아주 다급한 상황을 잘 묘사한 것 같기도 하다.

마이크로소프트는 2014년에 중국에서 인공지능 시인 “샤오이스(Xiaoice)”를 개발하였다. 샤오이스는 1920년대 이후 중국 시인 519명의 시를 공부하고는 1만 편이 넘는 시를 지었다. 이 중 139편을 골라 2017년에 “햇살은 유리창을 잃고(Sunshine Misses Windows)”라는 시집을 펴 냈다. 이 제목은 샤오이스가 직접 지었다고 한다. 시집은 총10장으로 구성되어 있는데 고독, 기대, 기쁨 등과 같은 사람의 감정이 담겨 있다. 또 샤오이스는 몇 장의 베이징 사진을 보고 “AI 베이징”이라는 노래의 가사를 작사해 내기도 했다.

AI 베이징

구름에 서서,
아름다운 도시를 보니,
휘황찬란한 문화와 역사가
많은 이야기를 담고 있네,
오늘의 변화를 느끼니
내일은 한 편의 시와 같아라,
인류의 함성을 들어 보라.
AI 베이징을 사랑하네.

이 시는 인간이 쓴 것과 구별할 수 없을 정도로 자연스럽게 작성이 되었다. 이것을 보면 인공지능이 소설보다는 시에 더 소질이 있는 것 같다. 시는 소설에 비하여 스토리텔링 같은 창작적인 요소가 적고, 또 표현이 좀 이상하여도 그 것은 시이기 때문에 받아들여질 수도 있기 때문일 것이다.

2016년 4월에 열린 사이-파이-런던(Sci-Fi-London) 영화 페스티벌에 “썬 스프링(Sunspring)”이라는 8분가량 되는 단편 영화가 출품되었다. 이는 인공지능 “벤자민(Benjamin)”이 쓴 시나리오로 만든 최초의 영화이다. 이 인공지능은 컴퓨터 공학자인 로스 굿윈(Ross Goodwin)과 영화 감독 오스카 샤프(Oscar Sharp)가 개발하였다. 밴자민의 딥 러닝은 1980~1990년대 SF 영화와 TV 프로그램 각본으로 하였다. 이로서 벤자민은 최초의 인공지능 극작가가 되었다. 썬 스프링은 경쟁부문에서 최종 탑텐에까지 올라갔다고 하니 상당히 놀라운 수준이다.

문학 작품은 아니지만 글을 쓴다는 공통점이 있는 뉴스 기사를 작성하는 기자 분야는 창작성보다는 정확한 사실 전달이 중요하다는 면에서 인공지능에게 더 적당한 분야로 보인다. 특히 가짜 뉴스가 많이 보도되어 기자를 비하하는 "기레기"라는 말이 흔히 사용되는 요즘에는 인공지능 기자가 절실하다는 목소리도 높다. 그러나 아무리 인공지능 기자라고 해도 넣어 주는 자료 자체가 왜곡되거나 날조되면 정확한 기사를 쓰기는 불가능하다. 따라서 날씨, 스포츠, 주식시황 등 입력 데이터가 비교적 일정하고 문장 구조가 단순한 기사는 인공지능이 대체하기가 쉬워 이미 인간 기자를 능가하고 있다. 그러나 많은 사람들의 이해 관계가 첨예하게 갈리는 사회 정치 분야는 대체하기가 매우 어려울 것이다.

테슬라의 CEO 엘론 머스크가 공동 설립자인 미국의 비영리 인공지능 연구기관인 오픈AI (OpenAI)는 글짓기 프로그램 "GPT–2"를 개발하였다가 그 능력이 너무 뛰어나 세상에 내놓지 않기로 결정했다고 한다. GPT–2는 문장을 하나 입력하면 그 다음에 자연스럽게 이어질 문장을 만든다. 이를 위하여 15억 개의 변수를 가진 모델로서 8백 만 웹 페이지를 보고 학습했다고 한다. 그런데 가짜 뉴스를 너무 그럴 듯하게 만들어 내어 사람들을 놀라게 했다. 이러한 결과를 보고 인공지능에게 얼마 만한 한계를 부여할지를 아직 정하지 않은 상황에서 인공지능을 세상에 내놓으면 나중에 돌이킬 수 없는 상황이 되지 않을까 걱정이 되어 출시를 하지 않은 것이다. 그런데 오픈AI에서는 2020년 6월 훨씬 더 발전된 GPT–3를 발표하였다. 이는 무려 1,750억 개의 매개변수를 사용해 자연어를 인식하여 기계 번역, 질의 응답, 언어 분석, 문장 생성 등 수많은 언어 작업을 수행할 수 있다. 앞으로 이러한 인공지능이 가짜 뉴스를 대량 생산해 낸다면 세상이 어떻게 될지 우려스럽다.

한편 가짜 뉴스를 찾아내는 AI를 개발할 수도 있을 것이다. 그러면 이러한 뉴스가 실제로 가짜인지 인간 기자가 팩트 체크하는 기사를 쓸 수도 있을 것이다. 그러면 서로 물고 물리고 하여 또 누가 사실인지 알아내는 것은 결국은 사람의 몫이 될 것이다. 만약 사회가 가짜 뉴스를 쓴 기자의 처벌에 관대하면 가짜 뉴스는 계속 양산될 것이고 그 사회는 건전한 사회가 되지 못하여 도태될 것이다.

우리나라는 오보에 대하여 관대한 편이다. 미국에서 과거 빌 클린턴 대통령은 성추문 사건으로 탄핵을 당할 뻔 했는데 무사하였던 것은 그래도 빌 클린턴이 정직했기 때문이었다. 워터게이트 사건 때 닉슨이 탄핵 당할 지경에 이르러 사임하게 된 것은 정직하지 못했기 때문이었다. 우리나라 같았으면 클린턴이 탄핵되고 닉슨이 무사하지 않았을까 싶다. 왜냐하면 과거 대통령 탄핵을 보면 정치적 문제에 성적 추문에 관한 가짜 뉴스들이 폭포처럼 쏟아져 나와 상승작용을 일으키면서 국민들이 큰 관심을 가져 거짓을 정화할 수 있는 능력을 잃어버린 것이다. 성희롱 문제로 고소를 당하자 바로 자살해 버린 고위 공직자의 예를 봐도 그렇다. 이런 나라는 잘못을 수정하여 제대로 된 위치로 복원하는 능력을 가지기 어렵다. 특히 가짜 뉴스로 사회에 큰 물의를 일으킨 기자를 영향력이 큰 방송국이나 언론사의 대표로 앉히는 일이 일어나면, 그 사회는 더욱더 거짓이 성행하게 되면서 결국 복원력을 잃고 도태되고 말 것이다.

인공지능 예술

음악이나 미술과 같은 창작과 관련된 분야는 인간 고유의 영역이라고 알려져 왔으나 고흐나 렘브란트의 그림으로 딥 러닝을 시켜 그 화풍을 그대로 따라 하는 AI 화가가 등장하고, 비틀즈 스타일로 작곡하는 AI 작곡가도 등장하였다. 이렇게 AI가 그린 그림이나 작곡한 음악을 이제는 사람이 그린 그림이나 작곡한 음악과 구별하지 못할 정도가 되었다.

구글의 딥 드림(Deep Dream)은 대표적인 AI 화가이다. 딥 드림 사이트에 들어가서 등록을 하고 반 고흐 스타일로 옵션을 선택한 다음 우리집 강아지 사진을 넣어 보니 인공지능이 새로운 그림을 그려 주었는데 고흐가 그린 그림처럼 되었다(그림 9-3). 만약 고흐가 이 그림을 그리려면 엄청나게 오랜 시간이 걸릴 텐데 딥 드림은 겨우 1~2분 정도에 다 그렸다. 딥 드림은 반 고흐의 그림 외에도 이미 설정되어 있는 그림 양식이 수십 가지가 있고 또 양식을 본인이 직접 설정할 수도 있다. 앞으로는 풍경화든 인물화든 사진을 찍어서 넣어 주면 AI 화가가 그림을 다 그려 줄 것이다. 그러면 인간 화가에게는 잘 된 것인지 못 된 것인지 모르겠다. 인간 화가는 이제 직접 힘들여 그림을 그리는 대신 컴퓨터에게 그림을 그리게 시켜 놓고 나온 수많은 작품 중 어떤 것이 더 예술성이 뛰어난 것인지를 고르는 역할을 하면 되는 것일까? 그래도 인간 화가가 직접 그린 그림이 더 높은 가치를 인정받을 것이다.

AI 화가와 마찬가지로 AI 작곡가도 역시 딥 러닝에 의하여 학습을 하여 새로운 음악을 작곡하는데 뛰어난 능력을 보여준다. 인공지능 음반 레이블인 "A.I.M"은 2018년에 영국의 인공지능 스타트업 쥬크덱이 개발한 인공지

그림 9-3. 왼쪽: 원본 사진. 오른쪽: 딥 드림이 반 고흐 양식으로 그린 그림.

능 작곡 프로그램으로 만들었다. 쥬크덱은 작곡을 위하여 AI에게 13개 장르의 만여 곡을 학습시켰다. 이 프로그램은 원하는 방식의 음악을 주문하면 수십 초 만에 맞춤형 음악을 작곡해 준다. 쥬크덱은 이 프로그램을 누구나 이용할 수 있도록 온라인에 공개됐다고 한다. 원하는 음악의 장르, 분위기, 악기, 음악 속도 등을 입력하면 자신의 느낌에 맞는 개별 맞춤형 음악이 탄생한다. 주크덱은 인공지능을 이용하여 100만 곡 이상을 작곡하였으며 작곡가에게 로열티를 줄 필요가 없는 음악을 만들고 있다. 앞으로 인간 작곡가는 직접 작곡하는 것보다 AI가 작곡한 음악 중에서 괜찮은 음악을 골라내는 일을 해야 하는 것이 아닐까?

인공지능 무기

인류의 역사에서 무기는 항상 당대의 최첨단의 기술을 사용하여 왔다. 전쟁은 자기의 유전자를 남길 수 있느냐 없느냐 하는데 결정적인 계기가 되기 때문이다. 인공지능 무기는 스스로 적과 아군을 구별하고 계획적으로 적을 공격할 수 있는 능력을 가진다. 일반적으로 사람을 죽이는 인공지능은 금기이지만, 예외적으로 사람을 죽이는 것이 목적인 것이 인공지능 무기이다.

미국이 걸프 전에서 사용했던 토마호크 미사일은 레이더에 걸리지 않기 위하여 저공 비행하는 크루즈 미사일이다. 목표물까지 가는 지형을 모두 입력하고 GPS를 탑재하여 산과 산 사이를 빠져서 목표까지 날아간다. 목표에 도달하면 목표물의 모양을 확인하고 거기에 떨어진다. 명중률 90% 이상이다.

중국은 미국의 항공모함이 항상 마음에 걸려서 이를 격침할 수 있는 사정거리 1,800~3,000 km인 지대함 미사일을 개발했다. 이 둥펑 미사일(DF-21D)은 크루즈 미사일이 아니고 포물선을 그리는 탄도미사일이다. 크루즈 미사일은 속도가 느려서 발견만 하면 요격하기가 쉬운데, 탄도미사일은 하늘 높이 대기권 밖으로 나갔다가 떨어지며 속도가 매우 빠르기 때문에 발견해도 요격하기가 어렵다. 그런데 종래의 탄도미사일은 목표 지점을 정확하게 알아도 오차가 커서, 멀리서 움직이는 항공모함을 맞추는 것은 불가능했다. 그러나 둥펑 미사일은 미국 항공모함의 모양을 입력하여, 하늘에서 떨어질 때 항공모함을 찾아 날아가는 방향을 조정하여 정확하게 항공모함에 떨어질 수 있다. 그래서 한 발만 정확하게 맞으면 아무리 항공모함이라고 해도 격침될 수 있다. 또 둥펑 미사일은 이동식 발사대에 실려 다니다가 바로 발사하기 때문에 언제 어디로 발사할지 알 수 없다. 그런데 지상이나 함정의 레이더는 수평선 아래에 있는 함정은 탐지하지 못한다. 그래서 중국 인공위성이나 초계기에서 먼저 미국 항공모함을 발견하고 그 좌표를 알려주면 둥펑 미사일을 발사한다. 그러면 둥펑 미사일이 우주까지 올라갔다가, 입력된 좌표로 내려오면서 항공모함을 보면 마하 10의 속도로 돌진하는 것이다. 이 때문에 미국 항공모함이 중국 연안 3,000 km 이내에서 작전하는 것은 꺼림칙하게 되었다. 황해나 남해는 물론이고 동해에서도 격침될 수 있다. 물론 미국이 둥펑 미사일을 요격할 수는 있지만 한꺼번에 여러 발이 날아오면 몽땅 맞추기는 힘들 것이다.

물론 중국이 미국 항공모함에 미사일을 날렸다가는 엄청난 보복을 받을 수 있다는 각오를 하지 않으면 안 될 것이다. 그러나 우리나라 이지스함은 이야기가 다르다. 우리 이지스함도 둥펑 미사일로 격침될 수 있다. 그런데 미국과 일본 이지스함에는 우리 이지스함에는 없는 SM−3 미사일을 장착하고 있다. 이것은 둥펑 미사일이 발사되어 대기권 밖에까지 올라갔다가 내려오기 시작하여 아직 속도가 느릴 때 요격하여 격추하는 미사일이다. 그래서 동아시아에서 실질적으로 둥펑 미사일이 위력을 발휘할 수 있는 전함은 대한민국 이지스함 밖에는 없다. 둥펑 미사일에 맞지 않으려면 미국이나 일본 이지스함 옆에 딱 붙어 있으면 될 것이다. 한국도 차세대 이지스함은 SM−3을 장착한다고 한다.

미국 보스턴 다이내믹스(Boston Dynamics)에서 개발한 견마 로봇은 산악 지형에서 180 kg의 짐을 싣고 시속 32 km로 움직일 수 있다. 각종 센서와 GPS를 장착하여 자율적으로 움직일 수 있다. 이 견마 로봇은 적과 아군을 구별할 수 있어야 한다. 미 육군은 전투용 견마 로봇과 전투병이 함께 작전을 수행하는 연구도 하고 있다. 보병은 훨씬 더 많은 보급품과 무기를 산악지대 전투 현장에서 운반할 수 있게 되어 전투력이 훨씬 증가될 것이다.

한화테크윈은 2020년에 사람처럼 학습하고 의사 결정까지 하는 인공지능 CCTV를 내놓는다. 서버에 의존하지 않고 자체에서 정보를 저장하고 처리할 수 있다. 그래서 행동 패턴이 특이한 사람을 포착해 확대 녹화하고 시스템에 전송해 경고까지 해 준다. 이는 휴전선에서 보초로 바로 사용할 수 있을 것이다. 총탄 발사 장치까지 설치하면 초병의 숫자를 많이 줄일 수 있을 것이다.

무인 항공기를 이용한 적정 탐지나 요인 암살 같은 것은 적용된 지 오래되었다. 얼굴 인식 같은 인공지능 기술이 발달하면서 더욱더 정확하게 요인을 자동으로 탐지하여 추적할 수 있게 되었다. 그 외에도 수많은 무기에 인공지능이 적용되어 앞으로의 전쟁 양상을 바꾸어 놓을 것이다.

약한 인공지능과 실업문제

지금까지 제4차 산업혁명이 일어날 경우 인공지능의 적용 예를 살펴보았다. 인공지능을 사용할 때 걱정되는 것이 크게 두 가지가 있는데, 하나는 실업 문제이고 또 하나는 인공지능의 능력이 뛰어나서 인류를 지배하든지 멸망시키든지 하는 우려이다. 우선 첫 번째 우려인 일자리에 관하여 생각해 보고 그 다음 문제는 다음 제10장에서 생각해 보자.

인공지능에는 강한 인공지능과 약한 인공지능이 있다. 약한 인공지능은 제4차 산업혁명을 일으키는 주역이고 인간의 일을 대신해 주는 능력을 가진 인공지능으로 자아가 없다. 그러나 강한 인공지능은 자아가 있어서 인간을 지배하려는 인공지능을 말한다. 이는 초지능이라고도 하고 맥스 테그마크는 라이프 3.0이라고 한다. 인공지능이라고 하면 보통은 약한 인공지능을 말하지만 초지능을 포함한 인공지능을 말하기도 한다.

약한 인공지능의 진출은 이제 의학이나 법학 같은 매우 전문적인 분야,

문학 예술 같은 창조적인 분야, 가정부나 비서 같은 일상적인 분야 등 전방위적이다. 사실은 선문석인 분야보다는 일상적인 분야가 인공지능으로 대체하기가 더 어렵다. 앞에서 나왔다시피 이를 “모라벡의 역설”이라고 한다. 아직 인공지능의 능력이 많이 모자라는 분야도 있고, 알파고가 이세돌을 이기듯 이미 인간을 능가하는 인공지능도 많이 등장하였다. 앞으로 더욱더 인간 능력을 뛰어 넘는 인공지능이 속속 출현하게 될 것이다. 그러면 지금까지 컴퓨터로 하지 못해서 반드시 인간이 해야만 했던 일을 컴퓨터가 할 수 있게 될 것이고, 그러면 많은 사람들은 실업자가 될 것이라는 우려는 자연스럽다. 매년 백만 개 이상의 직업이 사라질 것으로 우려하는 사람도 있다.

특히 유발 하라리는 “21세기를 위한 21가지 제언”에서 다음과 같이 말하고 소수 엘리트 지배 계층이 직업이 없거나 허접한 직업을 가진 다수의 하위 계층을 마음대로 할 수 있을 것이라고 경계하였다.

“AI의 부상과 생명공학이 결합되면 인류는 소규모의 슈퍼 휴먼 계층과 쓸모 없는 호모 사피엔스 대중의 하위 계층으로 양분될 수 있다. 설상가상으로, 대중이 경제적 중요성과 정치적 힘을 잃으면서 국가는 이들의 건강과 교육, 복지에 투자할 동기를 적어도 일부는 잃을 수 있다. 쓸모 없어지는 것은 아주 위험하다. 그럴 경우 대중의 미래는 소수 엘리트의 선의에 좌우될 것이다.”

그런데 이러한 우려는 제4차 산업혁명에서만 일어나는 것은 아니다. 19세기 초 제1차 산업혁명 중일 때에도, 기계가 일자리를 다 빼앗아 간다고 노동자들이 기계파괴운동(러다이트 운동)을 일으킨 적이 있었다. 그러나 제6장에서 설명한 것처럼 산업화 초기에는 기계가 노동자의 일자리를 빼앗아 갔지만 조금 지나니 기계 때문에 다른 일자리가 훨씬 더 많이 생겨 일자리 문제는 해소가 되었다. 그때 생긴 일자리는 1차 산업혁명 이전에는 전혀 예상하지 못했던 일자리이고, 또 대부분이 그 이전의 노동보다는 훨씬 힘이 덜 들고 수입은 더 높은 쉽게 말해 더 좋은 일자리였다.

예를 들어 기계를 이용하여 돈을 많이 번 사람들이 많이 늘어나서 대저택을 많이 지어 건축술이 발전하고 높은 수준의 건축가와 건축 기사들이 많이 생겨났다. 또한 예술에 관심을 가지면서 성공한 예술가들이 늘어났고 예술 관련 산업도 발전하였다. 그 외에도 고급 식당에 간다든지, 좋은 옷을 사 입는다든지, 은행에 돈을 저금한다든지, 멀리 기차 여행을 간다든지 하여 다른 분야의 고급 일자리가 많이 생긴 것이다. 또 그 이전보다 도시가 대형화하면서 그에 따른 일자리도 더 많이 생겼다. 그때 일자리를 없애지 않겠다고 기계화에 소극적이거나 관심이 없었던 나라들은 오히려 경제 발전이 느리고 일자리 문제를 해결하지도 못했다.

제3차 산업혁명 중인 1980년대 후반에 나는 박사후연구원으로 미국에 갔다. 내가 미국으로 떠나기 전에 미국에 가면 자동차는 반드시 일제 차를 사라는 충고를 많은 사람들이 하였다. 연료가 적게 들고 고장이 잘 나지 않는다는 것이다. 반면 미제 차는 사는 날부터 골칫덩어리가 될 거라는 것이다. 그 정도로 당시 일제 자동차의 평판은 미제 자동차에 비하여 전 세계적으로 뛰어났다. 그래서 미국 사람들도 일제 자동차를 많이 샀다. 미국 자동차 산업은 일본 자동차 때문에 거의 파산 직전이었다.

그래서 미국 자동차 회사 임원들이 일본 자동차 회사의 경영 노하우를 배우기 위하여 견학을 갔다. 그랬더니 미국은 거의 모든 작업을 노동자들이 수작업으로 하는데 비해 일본은 대부분의 작업을 로봇이 하고 있었다. 그러면 로봇이 일자리를 빼앗아 가서 일본은 실업률이 높아야 하는데 그렇지 않고 오히려 미국의 실업률이 훨씬 더 높았다. 이러한 사실로 봐도 자동화가 실업률을 높일 것이라는 생각은 얼핏 생각하면 맞는 것 같지만 사실은 틀렸다. 자동화로 다른 더 좋은 일자리가 많이 생기는 것이다. 자동화와 같은 혁신에 맞서는 사람이나 국가는 일자리를 잃어버렸다.

제4차 산업혁명에서도 약한 인공지능 때문에 일자리가 없어지면 틀림없이 더 좋은 새로운 일자리가 많이 생길 것이다. 만약에 충분히 생기지 않는다 해도 인공지능으로 인해 생산성이 높아지므로, 사람들이 더 적은 시간을 일해도 월급은 더 많이 받을 수 있을 것이다. 앞으로 일할 수 있는 인구가 줄어들 나라들이 많아서 오히려 인력을 구하기 어려운 경우도 많은데 이러한 인력난을 해결하는 방법으로 인공지능을 활용할 수도 있을 것이다.

기술 발전으로 항상 개선되는 삶

인권이나 삶의 질 또는 환경이 산업혁명이 지속되면서 더욱더 개선되어 왔다는 사실은 제6장에서 이야기하였다. 제4차 산업혁명에서도 마찬가지로 더욱더 개선될 것이다.

과거에 새로운 연구를 하려고 문헌 조사를 하려면 도서관에서 우선 서지 정보용 책을 찾았다. 의학 분야는 인덱스 메디쿠스(Index Medicus), 화학 분야는 케미컬 앱스트랙트(Chemical Abstract), 생물학 분야는 바이올로지컬 앱스트랙트(Biological Abstract) 등에서 키워드를 찾아서 관련 논문의 서지 정보를 우선 찾았다. 찾은 정보는 볼펜으로 종이에 옮겨 적었다. 그 작업은 시간이 상당히 오래 걸렸다. 이 책들은 부피가 크고 무거워 다루기가 힘들었다. 들고 옮기다가 발등에라도 떨어지면 다칠 수 있는 수준이었다. 찾은 문헌의 서지 정보를 이용하여 다시 원문을 찾아서 복사를 하였다. 그 작업도 시간이 오래 걸렸다. 나처럼 양심적인 학생들은 복사를 마친 책들은 모두 책꽂이 원위치에 다시 갖다 꽂았지만 그렇지 않은 사람들도 있어서 짜증나게 했다.

원문은 우리 학교 도서관에 없는 경우가 꽤 있어서 문헌을 찾으려고 가톨릭의대 도서관, 한양대학교 도서관, KIST 도서관 등을 찾아 다닌 경우가 많다. 당시는 지하철도 안 다니는 데가 많아 버스를 몇 번씩 갈아타고 문헌을 복사해 오면 하루가 다 갔다. 문헌 복사비도 한 장에 20~50원씩이었다. 국내에는 문헌이 없는 경우도 많아 외국 도서관으로 팩스나 원문 복사 서비스 신청을 하였다. 팩스로 받아 보는 데는 3~4일 정도 걸렸고 우편으로는 수주일 걸렸다.

1980년대 중반부터는 서지 정보를 메드라인(Medline) 같은 컴퓨터 온라인 시스템에서 찾을 수가 있었는데, 이는 획기적인 발전이었다. 인터넷을 사용한 것은 아니고 민간 기업에서 구축한 컴퓨터 네트워크였다. 그러나 인터넷에 비하여 느리고, 또 검색 엔진의 성능이 별로 뛰어나지도 않아 사용이 불편하였다. 게다가 사용료가 매우 비싸서 대부분의 대학원생들에게는 그림의 떡이었다.

그러다가 미국 국립보건원(National Institutes of Health, NIH)에 연구원으로 가니 거기 도서관에는 없는 문헌이 거의 없었다. 그래서 멀리 다른 도서관에 갈 일은 없었고, 또 간혹 다른 도서관에 있는 것은 팩스로 신청을 하면 2~3일 정도 걸려서 사본을 받아 볼 수가 있었다.

이제는 인터넷이 발전하여 도서관에 갈 필요도 없이 내 책상에서 구글이나 네이버 또는 펍메드(Pubmed)로 찾으면 무료로 훨씬 더 많은 고급 정보를 매우 빠르고 쉽게 찾을 수 있게 되었다. 심지어는 지하철 안에서 핸드폰으로도 검색할 수 있다. 검색 엔진의 성능도 장족의 발전을 하여 신통하게 내 마음을 아는 듯 원하는 자료를 잘도 찾아 준다. 과거에는 며칠씩 걸리던 일이 이제는 10분이면 된다. 비용도 훨씬 더 적게 든다. 과거에 돈을 내고 구독하던 각종 일간 신문도 무료로 쉽게 볼 수 있게 되었다. 구글, 네이버, 또는 신문사들은 땅 파먹고 장사하지는 않을 텐데 참 신통하다. 그래도 그들은 돈을 엄청 버는 것 같다. 이처럼 산업혁명이 진행될수록 훨씬 더 고급 서비스를 무료나 염가로 받을 수 있게 되는 것이다. 혹시 무인 자동차도 거의 무료로 탈 수 있게 되지 않을까? 전기 자동차는 연료비도 거의 내지 않을 테니 타고 가는 동안 광고만 봐 주면 되지 않을까?

삼성전자나 구글에서는 직원들에게 식사비를 받지 않는다. 이는 생산성이 세계 최고로 높은 수준의 자사 직원들이 식사비를 내려고 긴 줄을 서서 시간 낭비하는 것보다, 차라리 회사에서 식사비를 대주는 것이 더 이익이라는 계산이 있기 때문이다. 거기에 비해 네이버는 한 끼에 2천 원씩 받는다고 한다. 그 차이는 생산성 차이일까? 어쨌든 사람들은 더 편리하고 무료로 또는 값싸게 각종 회사의 서비스를 이용하는데 그 회사들은 더욱더 부자가 된다. 이는 자본주의와 산업혁명의 마술이다.

부의 편중 문제

지금도 1%의 부자가 99%의 부를 다 가지고 있는 불평등 사회인데 인공지능이 발전하면 0.001%의 부자가 99.999%의 부를 다 가질 것이라고 걱정하기도 한다. 그러나 이것은 틀렸다. 우선 지금 1%의 부자가 99%의 부를 가졌다는 것부터가 심한 과장이다.

2017년 우리나라 근로소득자 중 상위 1%는 국가 전체 근로소득의 99%가 아닌 9.4%를 차지하였다. 그러나 세금은 32.6%를 냈다. 또 상위 17%가 낸 근로소득세는 전체의 90%에 달했다. 반면에 근로소득자 하위 80%는 전체 근로소득의 43.6%를 차지했지만 세금은 11% 밖에 내지 않았다. 또 하위 40% 근로자는 근로소득세를 내지 않았다.[54] 이는 부자들이 누진적으로 세금을 많이 내기 때문에 국가의 재정이 운영될 수 있다는 것을 의미한다. 이는 어느 정도 바람직한 일이기는 해도 너무 지나쳐서 사유재산의 강탈 수준이 되면 곤란하다. 사유재산을 보호해 주어야 경제가 잘 되는 것은 기본이다.

부자들은 당연히 세금을 많이 내야 하지만 그것도 너무 과도하면 이들은 돈 벌 사업을 위한 투자를 줄이고 부동산에 투자하거나 아예 외국으로 떠나는 경향이 있다. 유럽이나 남미에서 실제로 일어난 일이다. 그러면 기업과 일자리가 줄어들고, 부동산 가격은 오르고, 가난한 사람의 세금 부담이 커지고, 중산층은 몰락하고, 빈부격차는 더 커지고, 나라가 가난해질 수 밖에 없다.

어쨌든 인공지능을 잘 개발하거나 이용하는 혁신적인 기업은 돈을 엄청나게 벌고 또 더 큰 대기업이 될 것이다. 그러면 이 대기업의 사람들은 세금을 훨씬 더 낼 것이고, 많은 하위 소득자는 점점 더 세금을 적게 내도 될 것이다. 그리고 기본소득제가 차츰 시행될 수도 있을 것이다. 그러나 너무 급속히 세금을 심하게 편중되게 거두고 기본소득제를 실시하는 것은 그렇게 좋은 일이 아니다. 혁신적인 대기업은 남에게서 부를 빼앗았으므로 그 부를 빼앗아서 가난한 사람에게 나눠주어야 한다고 생각하는 것은 너무 진

54. 국세청, 연도별 근로소득자의 근로소득 및 근로소득세액 비중 현황

보적이다. 정부가 임꺽정처럼 도적질을 하면서 이를 의적이라고 미화하는 것과 유사하다.

혁신적인 대기업은 사람들에게 일자리를 제공하고 소득을 높여 준다. 그렇게 함으로써 가난한 사람도 일자리를 얻고 돈을 벌게 된다. 그것은 자유시장경제다. 이러한 원리에 입각한 나라는 부자가 되었고 빈부 격차도 염려할 정도로 늘어나지 않았다. 물론 빈부 격차를 상위 20%의 소득 빼기 하위 20%의 소득을 하여 계산하면 부자 나라에서 빈부 격차가 더 커진 것처럼 보일 것이다. 그러나 나누기로 계산하면 격차가 오히려 줄어든 부자 나라가 많다. 원칙적으로 빈부 격차의 계산은 나누기를 하지 빼기를 하지 않는다. 그 외에도 부의 균등분포에 대한 척도로 많이 쓰이는 지니 계수를 보면 부자 자본주의 국가가 대체로 가난한 자본주의 국가나 사회주의 국가보다 빈부격차가 크지 않다. 우리나라도 빈부격차가 매우 심할 것으로 생각하는 사람이 많은데, 실은 상당히 모범 국가에 속한다. 미국, 일본, 영국, 이태리보다 빈부격차가 적고 프랑스와 거의 같다. 단 이번 정부 들어서는 부동산 가격이 폭등하고 최저임금을 올려 실업자가 증가함으로써 빈부격차가 커진 것은 사실이다.

부가 편중되어 있다고 해도 일반적으로 대부분의 사람들이 어느 정도 이상의 수준으로 살면 괜찮은 사회라고 할 수 있다. 예를 들어 60세인 대기업 회장이 연봉 50억을 받는다고 치자. 25세인 그 회사 대졸 신입 사원이 연봉 5천만 원 받으면 100배나 차이가 나니 너무 차이가 난다고 볼 수 있지만, 별로 불평할 필요는 없다. 그보다 더 원하면 능력 것 다른 회사로 가든지, 자기가 사업을 하면 된다. 또 회사가 잘 되어 매년 연봉이 올라가면 나중에는 연봉 1억 원이 훨씬 넘을 테니 불만을 가질 필요가 없을 것이다.

그런데 50세 되는 소규모 자영업자가 수입이 불안정하여 어떤 해는 1~2억 원 정도 수익이 나고 어떤 해는 적자가 나고 해서 직원들에게는 연봉 2천만 원도 겨우 주고 간혹 몇 달씩 밀리기도 하면 소득의 불균형은 적지만 그 직장은 좋은 직장일까?

어떠한 제도를 도입하더라도 모든 사람들이 똑같이 다 잘 사는 제도는 없다. 열심히 일하는 사람과 일하지 않고 놀기만 하는 사람들이 다 똑같이 잘 사는 사회는 평등하다고 볼 수 없다. 사회주의 국가에서도 결과적으로 매우 불평등하게 산다. 배추를 심었는데 한 쪽은 잘 자라고 다른 쪽은 잘 안 자라서, 잘 안 자라는 쪽의 배추를 빨리 자라라고 1 cm씩 뽑아 올려 주면 오히려 일찍 말라 죽어 버린다. 경제는 그런 것이므로 뛰어난 경제학자가 필요한 것이다.

따라서 가장 가난한 층이라도 어느 정도 수준의 생활은 할 수 있고, 열심히 노력하면 더 높은 수준의 삶을 영위할 수 있으면 되는 것이다. 그리고 고아, 노인, 장애인, 일시적 실업자 등의 취약층에 대한 사회 안전망은 잘 구축이 되어야 한다. 그러나 모두 다같이 잘 살아야 한다는 진보주의자의 주장대로 사회주의로 갔다가 망한 나라들이 많다. 이러한 자들의 주장을 믿는 것은, 참새가 전깃줄에 다섯 마리가 앉아 있는데 총으로 한 마리를 맞히면 네 마리가 남아 있다고 하는 말을 믿는 것과 같다.

건강한 경제 생태계

수입이 든든한 혁신적인 기업이 많이 있을수록 노동자에게는 좋은 것이다. 또 그러한 기업이 대기업으로 성장할수록 국제 경쟁력도 높아지기 때문에 더 좋다. 예를 들어 삼성전자 같은 회사가 우리 나라에 다섯 개가 된다고 해 보라. 이 회사들은 서로 더 좋은 노동자를 많이 데려 가려고 높은 급여를 제시할 것이다. 그러면 노동자는 일자리를 찾는 걱정이 아니라, 많은 좋은 일자리 중 어디로 갈 것인가를 선택해야 하는 고민에 빠질 것이다. 이는 정말 우리 나라의 노동자들뿐만 아니라 전 국민에게 복이 내린 것이 아닐까? 또 애플, 구글, 마이크로소프트, IBM, 도요타, 소프트방크, 알리바바가 모두 우리 나라에 있다고 생각해 보라. 좋은 직장이 너무 많아 고민이겠지.

그래서 혁신적인 대기업이 많이 생겨나야 하는데 그것은 쉬운 일이 아니다. 혁신적인 중소기업들이 대기업으로 성장할 수 있는 제도를 만들어 주어야 대기업이 많이 생기고, 노동자의 천국이 되는 것이다. 그러나 우리나라는 중소기업이 대기업으로 되자 마자 온갖 규제를 한다. 그러면 중소기업은 대기업으로 되기 싫어할 것이다. 그래서 대기업이 되기 전에 사업 확장을 포기하거나 회사를 분할하여 계속 중소기업으로 남으려 할 것이다. 그러면 아무래도 국제 경쟁력이 약할 수밖에 없다. 게다가 새로운 투자보다는 부동산에 투자를 하려고 할 것이다. 그러면 부동산 가격이 오를 것이다.

대기업이 중소기업에 갑질을 할 것이라는 걱정을 할 수 있다. 그런데 그러한 현상은 상대적으로 대기업보다 중소기업이 너무 많을 경우에 일어나기 쉽다. 상대적으로 대기업이 많고 거기 납품하는 중소기업이 적으면 당연히 중소기업이 오히려 큰 소리를 칠 수 있다. 지금도 대기업에 배짱 튕기는 중소기업이 많다. LED 핵심 부품을 만드는 중소기업 S사는 삼성과 LG가 제발 공급 물량을 늘려 달라고 목매고 있다.

사람들은 중소기업을 육성하기 위하여 대기업을 규제하여야 한다고 생각하기 쉬운데, 그러한 생각은 오히려 대기업의 숫자를 적게 유지하여 대기업의 갑질을 늘리고 중소기업의 숫자를 늘려 경쟁력을 약화시켜 경제 생태계를 허약하게 만드는 것이다.

중소기업이 처음 시작할 때 힘드니까 마중물처럼 쓸 수 있는 자금을 정부에서 지원하는 것은 필요하다. 그러나 그 마중물이 과하면 땅 속에 있는 물을 퍼 올려서 자생해야 할 중소기업이 마중물만 받아서 연명하는 수도 생긴다. 그런 기업이 많아지면 국가 재정으로 부실기업만 양산하는 격이 될 뿐이다. 자생할 수 있는 중소기업도 마중물을 더 타 먹는 것만 신경 쓰게 된다.

혁신적인 중소기업이 나타났을 때 이들이 대기업으로 성장하도록 환경을 조성해 주고 쓸데없는 규제를 하지 않는 것이 건강한 경제의 생태계가 만들어지는 것이다. 위험한 물질을 대량으로 취급하는 회사의 내규로나 필요할 만한 규정을, 소량 밖에 사용하지 않는 모든 중소기업체와 대학 연구실에도 무조건 적용하는 법으로 만들어 놓아 쓸데없이 시간과 비용을 낭비하는 일 같은 것을 하지 않는 것이 더 중요하다.

정부는 저임금 노동자를 위하여 최저임금을 올려 주었는데, 그 결과 저임금 노동자를 고용해야 할 영세업자나 중소기업이 노동자를 해고하든지 폐업하여 노동자들이 실직하여 빈부격차가 심해진 것은 잘 알려진 사실이다. 앞에서 말했다시피 배추가 잘 자라라고 1 cm씩 뽑아 올려 주니 도로 말라 죽어버린 격이 된 것이다.

소득주도 성장은 소득, 즉 월급을 올려 주면 경제가 성장한다는 것이다. 이는 원인과 결과, 즉 앞과 뒤가 바뀐 것이다. 이는 마치 선진국은 월급이 높으니까 월급을 올려주면 선진국이 된다. 또는 선진국은 일하는 시간이 짧으니까 일하는 시간을 줄이면 선진국이 된다. 선진국은 소비를 많이 하니까 소비를 많이 하면 선진국이 된다는 것과 같다. 이는 영구기관이 불가능한 것처럼 실패가 뻔히 눈에 보이는 정책이고, 카드 빚을 또 다른 카드로 막는 것과 유사하다. 일은 하지 않고 부자되기만 바라는 사회주의자들이 생각하는 특징이다. 이런 정책을 쓰는 정부는 제6장에서 레이몽 아롱이 꿰뚫어 보았듯이 어리석고 무지하거나 국민을 속이는 정부이다. 결국은 국가를 가난하게 만들 것이다.

부자인 기업체에 법인세율을 올려서 세금을 많이 거둬 가난한 사람들에게 쓰는 정책도 인도적인 정책으로 보인다. 물론 법인세율이 올라도 끄떡없는 기업도 많지만, 적자와 흑자 사이에 줄다리기를 하며 위태로운 기업은 약간의 법인세율 상승이 기업의 사활을 좌우하는 경우도 많다. 그런 기업이 도산하면 노동자들이 일자리를 잃어버리므로 오히려 가난한 사람들의 소득을 줄인다. 도산하지 않고 외국으로 떠나는 기업도 많다. 결국은 국민은 가난해지고 빈부격차는 더 커지고 국가 세입이 줄어들 것이다.

진보주의자는 노동자가 자본가에게 노동력을 착취당하지 않으려면 강력한 노동조합을 만들어 자본가에 대항해야 한다고 생각한다. 또 대기업에 중소기업이 착취당하지 않으려면 국가가 강제로 대기업의 횡포를 막아야 한다고 생각한다. 이는 한편으로는 맞는 것 같지만 잘 생각해보면 별로 좋은 생각은 아니다. 그래서 사회주의 나라들이 다 망한 것이다.

노동조합은 물론 경우에 따라 있을 필요는 있다. 그러나 노동자가 착취를 당하지 않는 가장 좋은 방법은 혁신적인 기업이 많아지는 것이다. 그러면 일자리에 비하여 노동자가 상대적으로 모자라서 노조가 없어도 착취당하지 않는다. 대기업의 횡포를 막으려면 중소기업을 많이 대기업으로 키우면, 대기업 대 중소기업의 비율이 높아져서 중소기업이 큰소리 치게 된다. 많은 대기업들과 중소기업들이 적당한 구조로 서로 경쟁 또는 협조하는 건전한 경제의 생태계를 만들어야 경제가 잘 되는 것이다.

자동화된 삼성전자 공장에 가 보니 사람은 몇 명 안되고 기계가 일을 다 해서 대기업은 일자리 만드는 데 도움이 안 된다는 사람도 있다. 아마도 그 사람은 자동화된 공장 현장에만 가 봤을 것이다. 삼성전자도 사무실이나 연구소 같은 데는 사람이 많다. 매년 신입사원도 수천 명씩 뽑는다. 아무리 혁신적인 삼성전자라 해도 연구 개발을 조금만 게을리하거나, 투자 방향을 깜빡 잘못 잡거나 시기를 놓치면 순식간에 추락할 수 있다.

그리고 더 중요한 것은 자동화된 삼성전자 공장에 납품하는 중소기업도 많다. 이러한 중소기업에 근무하는 수많은 사람들은 삼성전자가 없으면 어떻게 될까? 또 이들이 가는 식당, 백화점, 이발소, 병원, 약국, 영화관, 사우나, 노래방 모두 결국 삼성전자에서 나오는 돈이 일부 들어가는 것이니 수많은 고용효과가 있는 것이다. 이는 현대자동차, 네이버, LG화학도 마찬가지다. 자영업자들은 이러한 회사가 많이 생길수록 더 돈을 벌게 될 것이고 부의 편중은 줄어든다. 좋은 기업들이 많아서 고용을 많이 하면 자영업자의 수가 줄어 들어 자영업자들 간의 경쟁이 줄고 그러면 망하는 자영업자도 줄어든다. 그러니 대기업이 고용효과가 없다는 말은 안 했으면 좋겠다.

따라서 인공지능이 너무 발전하여 몇몇 혁신적인 기업만 너무 과도하게 크고 일자리는 없어질까 봐 걱정할 필요는 없다. 오히려 그러한 우려로 인공지능의 발전을 억제하면 일자리가 늘지 않고 경쟁에 뒤쳐지게 된다. 그러니 1%가 99%의 부를 가져간다는 걱정은 기우이다.

물론 대기업 경영자도 사람인지라 본인이나 가족이 불법을 행하거나 부

도덕한 행위를 하는 경우도 있다. 그런 경우는 당연히 그 행위에 대하여 처벌을 해야 한다. 유전무죄라는 말이 안 나오게 조금 더 과하게 처벌할 필요도 있다. 특히 민간 대기업보다는 국가 고위공직자가 사익을 취하기 위하여 자격증 같은 것을 위조하여 부당한 이익을 취하는 자는 가중 처벌하여야 할 것이다. 그러나 정치적으로 언론에서 확실하지 않은 정보로 과도하게 민간 대기업을 마구 흔들어 대고 기업 자체의 경영을 어렵게 하는 것은 좋지 않다. 또한 정부가 정의로운 사회를 구현한다면서 불확실한 정보로 민간 대기업을 죄인 취급하여서는 안 된다.

건강한 사회는 자유민주주의와 시장경제를 수호하는 공정한 사법 체계가 확립되어 있고, 언론이 과장 편파 보도로 국민들을 흥분시키지 않으며, 국민들도 선정적인 보도에 속지 않고 감정에 휩쓸리지 않는 사회인 것이다. 국민들이 대기업은 모두 나쁘다는 색안경을 끼고 보는 나라는 결코 잘 될 수가 없다. 사실 시내에 돌아다니는 페라니나 람보르기니는 중소기업 사장 아들이나 프로스포츠 연예인이 타고 다니는 경우가 더 많고, 롤스로이스나 메이배크는 중소기업 사장이나 대형 음식점 주인이 타고 다니는 경우가 더 많다.

증가하는 일자리

인공지능 때문에 없어지는 직업에 의사, 변호사, 회계사, 교수 같은 돈을 잘 버는 자들이 많아서 고소하다고 생각하는 사람도 있을 수 있다. 그러나 그 예측은 틀릴 가능성이 높다.

15세기 유럽에서 인쇄술이 갑자기 발전하자 대학교와 교수가 없어질 것으로 예견한 사람이 많았으나 그렇지 않았다. 또 컬러TV가 나오자 영화관이 없어질 거라고 예측했으나 그렇지 않았다. 1969년 아폴로 11호가 달에 착륙하자 늦어도 20년 내에는 수학여행으로 달에 갈 것이라고 했으나 그렇지 않았다. 컴퓨터가 발달하면서 회계사가 없어질 거라고 말한 사람도 많았으나 그렇지 않았다. 개인용 컴퓨터가 널리 보급되면서 종이가 없어질 것으로 예측한 사람도 많았으나 그렇지 않았다. 유전공학이 발달하여 토마토와

감자가 열리는 포메이토가 나올 것이라 했으나 그렇지 않았다.

맥스 테그마크는 "라이프 3.0"에서 1900년대에 두 마리의 말이 나눈 가상 대화를 이용하여 일자리에 대한 낙관적인 견해를 비판했다. 즉, 한 마리 말이 증기기관과 내연기관의 발전으로 일자리를 잃을 거라고 하자, 다른 한 마리는 상상하지도 못한 다른 더 좋은 일자리가 많이 생겨 오히려 살아가기에 나을 거라고 했다. 그러자 실제로 말을 위한 상상하지도 못한 좋은 일자리는 생겨나지 않았고, 미국의 말 숫자는 1900년대에 2,600만 마리에서 1960년대에 300만 마리로 줄어 들었다는 것이다. 그러나 이런 현상은 단편적인 부분 특히 말의 입장을 본 것이고 사람은 다르다. 이 대화에는 말을 의인화하여 마치 사람의 일자리가 없어진 것처럼 되었지만, 말은 자신이 돈을 벌고 쓰는 주체가 아니라 사람이 이용하는 도구이다. 그러나 사람은 모두 돈을 벌고 쓰는 주체라는 점에서 말과 근본적으로 다르다. 게다가 말에 비하여 사람은 할 수 있는 일의 종류가 매우 많다.

인공지능을 이용한 기업의 경영자가 이 세상의 99%의 돈을 다 벌어들였다 치자. 그러면 그는 우선 40%가 넘는 액수를 세금으로 낼 것이다. 그 다음에는 그것을 가만히 가지고 있을까? 돈을 안 쓰고 가지고만 있을 것이면 벌 이유가 있을까? 반드시 쓰게 되어 있다. 자동차가 고속도로로 들어가면 반드시 어디론가 나와야 하는 것과 마찬가지다. 그것은 사람의 운명이고 또 돈의 운명이다. 그 부자는 최소한 짜장면이라도 먹어야 하고 짜장면에 질리면 우동이나 피자라도 먹어야 한다. 또 집도 사고 영화도 보고 책도 본다. 부자는 또 뭔가 사업을 하여 돈을 크게 쓸 것이다. 고속증식로에 투자하는 빌 게이츠와 우주개발에 투자하는 일론 머스크와 제프 베조스(Jeffrey Preston Bezos) 등 많은 예가 있다. 우리나라의 대기업들도 기부나 투자를 많이 하고 있다. 따라서 그 부자가 쓰는 돈을 머리를 잘 써서 벌면 되는 것이다. 그래서 머리를 잘 쓰면 일자리는 반드시 있다.

1970년대에 석유 파동이 났을 때 석유 한 방울 안 나는 우리나라는 위기에 몰렸다. 그때 현대의 정주영 회장은 중동 국가들이 석유를 팔아 돈을 엄청나게 벌어서 돈이 많을 것이라는 사실에 착안하였다. 그래서 중동에 진출하여 건설업으로 크게 성공하였다. 그것은 혁신이었고 신의 한 수였다.

자본주의 선진국의 기업가들은 제1차 산업혁명 때부터 벌써 그런 식으로 살아왔다. 그리고 2차 3차 산업혁명을 적극적으로 빨리 한 나라일수록 사회는 더 평등해졌고, 인권은 더 나아졌으며, 빈부격차는 줄어 들고, 공해 문제도 빨리 해결하였다. 또 자유민주주의가 더 번성하게 되었고 부정부패는 사라져 갔다. 진보주의자에 의하여 부자를 증오하며 더불어 같이 잘 살자고 사회주의로 간 나라들은 빈부격차는 커졌고, 불평등해졌고, 인권은 파탄이 났고, 가난해졌고, 민주주의는 후퇴했고, 환경오염은 심해졌고, 부정부패도 심해졌다. 반면에 인민민주주의와 독재는 강화되었다. 제6장의 남북한 비교를 보면 알 것이다.

생각대로 잘 안 되고 때때로 생각과 정반대로 되는 것이 경제다. 그래서 뛰어난 경제 전문가가 중요한 것이다. 정부에서 집값을 잡겠다고 온갖 세금을 올리니 오히려 집 값이 폭등했다. 보유세와 종합부동산세 폭등으로 앞으로는 자기 집에 사는 사람들도 정부에 세들어 사는 것과 같은 세상이 되어버렸다. 어느새 점점 사회주의로 가고 있는 것 같다. 정부는 투기꾼을 잡겠다고 하는데 은퇴 후 집 한 채만 달랑 가지고 있는 사람도 세금 폭탄을 맞아서 노후에 근로 소득도 없이 쥐꼬리만한 연금으로 아파트 관리비와 건강보험료와 세금 때문에 앞으로 살길이 막막한 경우가 부지기수다. 정부 고위 관리들은 안 늙는지 두고 보자고 생각하는 사람들이 많다.

앞으로 어떤 일자리가 더 발전하고 인기가 올라갈 것인가는 각자 열심히 생각해야 한다. 그리고 그것에 대하여는 아무도 자신 있는 말을 할 수가 없다. 직업을 갖는 것은 좋은 직업이 눈 앞에 널려 있어도 항상 어렵다. 왜냐하면 경제원칙에 따라, 합리적인 인간은 항상 최소한의 투자로 최대한의 결과를 얻기를 추구하기 때문이다. 그리고 다위니즘, 즉 열역학 제4법칙에 따라 가장 잘 적응한 유전정보나 언어정보가 생존하여 번성하기 때문이다. 이 전의 산업혁명에서도 어떠한 직업이 유망할지를 미리 예측하는 것은 거의 불가능하였다.

트롯 가수가 좋을 것 같기도 한데, 아니면 영국에서 축구 선수나, 미국에서 야구 선수를 하든지, 우리나라에서 프로게이머 하는 것이 좋겠다. 아니면 인공지능을 이용한 첨단 농업이 나을 수도 있겠다. 그러나 지금은 전혀 상상도 못한 좋은 직업들이 수많은 사람들의 아이디어에 의해 쏟아져 나올 것이다. 국회의원 같은 정치인을 인공지능이 하게 한다면 쌍수를 들고 환영할 국민들이 많을 텐데 애석하게도 그것은 불가능할 것이다. 왜냐하면 국회의원들이 인공지능은 국회의원을 못한다는 법을 만들기 때문이라는 설이 있다. 그나저나 국회의원의 월급은 너무 많은 것이 확실한 것 같다.

혹시 유전 상담사라는 직업이 뜰지도 모르겠다. 한 사람의 게놈, 즉 유전체를 분석하여 그 사람이 어떤 병에 걸리기 쉬우니 어떤 것을 조심해야 하고, 어떤 병은 전혀 걸리지 않을 것이니 어떤 음식은 마음대로 먹어도 되고, 또 어떤 운동을 주로 해야 하고 등등을 설계하여 병에 걸리지 않고 건강하게 일생을 살아갈 수 있도록 상담해 주는 직업이다.

떠오르는 일자리로 유망하게 보이는 것 중의 하나는 네트워킹 관련이다. 에어비엔비는 호텔처럼 숙박 시설을 빌려주는 일을 하는데 실제로 빌려줄 집이나 방은 하나도 가지고 있지 않다. 단지 숙박을 하기를 원하는 사람과 숙박할 방을 빌려줄 사람을 연결해 주는 역할만 하고 돈을 번다. 이러한 에어비엔비의 가치는 세계적 호텔 기업인 H호텔보다 더 높다고 한다. 물론 에어비엔비를 만든 사람도 돈을 벌었지만, 에어비엔비 회사에 취직한 사람도 또 에어비엔비를 이용하여 방을 빌려준 사람도 돈을 벌고, 또 거기서 숙박을 한 사람도 이익을 본 것이다. 또 우버는 차로 손님을 목적지에 데려다 주는 일을 하지만 차나 운전수가 없다. 차를 가진 사람과 이동을 할 사람을 연결해 주는 일만 한 것이다. 우버의 기업 가치 역시 엄청나게 높아졌다. 아마존이나 알리바바 같은 인터넷 상점은 자기가 상점이나 물건을 가지고 있지 않고 상점과 고객을 연결시켜 주는 역할을 한다. 또 배달의 민족은 음식점과 소비자를 연결시켜 주는 역할을 한다. 이러한 예로 보아 네트워킹에 관한 아이디어를 잘 내면 돈을 많이 벌 수 있을 것이다.

사회는 열역학 제2법칙에 의하여 엔트로피가 증가하는 것처럼 인류 역사 이래 계속 더 다양하고 복잡해졌다. 과거에는 커피도 종류가 많지 않았는데 세월이 흐를수록 점점 더 많아졌다. 화장품의 종류도 점점 더 많아졌다. 보험도 기발한 것들이 많이 생겼다. 음식과 요리법도 매우 다양해졌다. 전화기도 옛날에는 한 집에 한 대였다가, 다른 방에도 한 대씩 더 두었다가, 이제는 식구들마다 한 대씩 가지고 다닌다. 전화기로 할 수 있는 일도 엄청나게 다양해졌다. 운동도 종류가 다양해졌다. 과거에는 큰 음악당에서나 들을 수 있던 음악을, 이제는 자기 방에서도 얼마든지 고음질로 원하는 음악을 마음대로 들을 수 있게 되었다. 이렇게 다양화된 사회는 모두 일자리와 관련이 있다. 따라서 일자리는 엔트로피처럼 계속 증가한다.

구조적으로 삶은 어려운 것이다. 왜냐하면 삶 자체가 다위니즘의 바퀴 속에서 돌아가는 것이니까. 즉, 많은 개체들이 경쟁 또는 협조하여 성공하면 자손을 남기는 것이다. 그러나 인간은 다른 생명체에 비하여 특권을 부여받았다. 성공하여 자손을 남기는 인간이 실패하는 인간보다 훨씬 더 많다. 이는 산업혁명을 거치면서 훨씬 더 두드러졌다. 이는 분명 다른 생명체는 누리지 못한 인류만의 특권이다. 인류는 다른 동물들이 하지 못하는 두뇌정보와 언어정보를 만들고 이 언어정보는 진화하면서 산업혁명으로 생산성을 비약적으로 증가시켰다. 노예와 같은 하층 계급이 할 일을 기계에게 넘겼다. 그리고 인간은 훨씬 더 긴 휴일을 즐기게 되었다. 생산성이 증가함에 따라 앞으로 휴일은 더 늘어날 것이다. 휴일과 관련된 일자리는 또 더 늘어날 것이다. 등산을 가도 요새 사람들은 젊어지고 온 생수를 마시는 특권을 누리지 동물들이나 마시는 개울물은 잘 마시지 않는다.

금수저와 흙수저

금수저와 흙수저가 있다. 금수저는 인생의 시작이 많이 편하다. 특히 고위 공직자가 자기 자식을 편법을 동원하여 좋은 대학교에 입학시키거나 병역을 면제하는 것은 금수저가 아니면 생각할 수 없다. 또 붕어, 가재, 미꾸라지는 용이 될 필요도 없다고 말하기도 한다. 그래서 현재는 흙수저가 금수저로 되는 것은 불가능하다고 생각하기 쉽다.

그러나 그것은 너무 짧은 기간만 본 것이다. 30년 정도의 기간만 봐도 수많은 대기업들이 망하거나 주인이 다른 사람으로 바뀌었다. 수많은 금수저가 흙수저로 된 것이다. 또 수많은 흙수저가 금수저나 은수저로 올라갔다. 왠만한 대기업에는 취직하자마자 연봉 수천만원은 기본이다. 또 흙수저가 의사나 변호사가 된 사람도 많다.

대학생들 보고 "너희들 세대는 이제 흙수저에서 금수저로 올라갈 수 없는 불쌍한 세대이니라. 그러니 분노하라 청년들이여"라며 선동하는 사람들이 있다. 학생들은 열심히 공부하고 노력하여 인생에 성공하도록 교육받아야 한다. 그러나 진보주의자들은 열심히 노력해 봐야 부자들이 그 이익을 가로채 가니 헛수고일 뿐이라고 그럴 듯하게 거짓 선동한다. 그래서 진보정권에서는 임시직을 갑자기 정규직으로 만들어 주기도 한다. 그러나 이것은 정의롭고 공정한 것이 아니라 불공평하고 부당한 특혜다.

대기업은 나름대로 국제 경쟁을 하느라 힘들고 바쁘다. 조금만 긴 세월을 보면 국제 경쟁에서 도태된 대기업을 많이 볼 수 있다. 지금도 위태 위태한 대기업이 많다. 빈부격차를 해결하는 최선의 길은 앞에서 말한 바와 같이 건강한 경제 생태계를 만드는 것이고, 이는 다위니즘을 따르는 것이다. 빈부격차를 완전히 없애는 것은 불가능하다. 빈부격차를 인위적으로 없앤 사회는 오히려 불공평한 사회다. 절대 빈곤을 퇴치하고, 누구든 노력하면 잘 살 수 있는 제도가 중요하다. 인공지능 덕분에 성공하는 기업이 많이 생기면, 많은 흙수저가 금수저로 된다.

1950년대에서 1960년대에 대한민국은 전쟁 후 세계 최빈국인 상태에서 경제개발을 시작하였다. 당시 대부분의 국민이 흙수저였고 나도 물론 흙수저였다. 그때는 출생신고를 1~2년씩 늦게 하는 경우가 많았는데, 그 이유는 돌을 맞이하는 아기들의 비율이 낮아서 확실히 살아남는지 보고 신고하기 위해서였다. 물론 목숨의 가치는 똑같겠지만, 솔직하게 당시 목숨 값은 지금보다 낮았다고 하지 않으면 위선이다.

1970년대에서 1980년대까지 한국은 세계에서 가장 빠른 속도로 눈부신 경제 성장을 하였다. 그래도 대학생들은 불만이 많아 시위가 끊이지 않았다. 그들은 정부와 대기업이 국민들을 착취하고 미국과 일본에 좋은 일만 한다고 생각한 것이다. 내가 대학원생일 때 서울대학교 안팎에서 학생들이 분신자살하였다. 이는 『자본론』 같은 문자정보가 인간 두뇌에 기생하면 어이없는 죽음을 할 수 있다는 것을 보여준다. 제3장에서 말한 머메코네마 네오트로피쿰이 생각나지 않는가? 서울대학생인 아들이 분신자살했을 때 부모의 마음은 어떠했을까? 제1장에서 이순신 장군의 난중일기에서 자식을 잃은 부모의 마음을 알 수 있다. 모두 다위니즘에 의하여 진화한 때문이다. 후에 조선민주주의인민공화국에서는 분신자살한 학생들에게 조국통일상을 추서하였다.[55]

이제 1인당 소득이 일본을 추격하는 선진국으로 되었다. 지금은 성장이 느려 학생들의 불만이 있을 수 있지만 너무 감상적인 불평만 하지 말고 차근히 앞날을 준비하며 자기 경쟁력을 기르는 것이 현명한 태도일 것이다. 우리 때의 흙수저에 비하면 현재의 흙수저는 금수저다. 젊을 때는 실패도 하는 것이다. 한 번의 실패는 성공에 한 발짝 다가서는 것을 의미한다. 너무 조급하게 생각하지 말고 실패를 밑천으로 더 큰 성공을 이루어야 한다. 우리는 홍수환 선수가 남아프리카공화국에서 네번 다운된 다음 다시 일어나 KO승을 거두는 것을 똑똑히 보았다. 그 어머니는 "대한국민 만세다"라는 명언을 만들었다. 그러나 삼성이 망해야 우리나라가 산다는 헛소문을 퍼뜨리는 무리들이 있다. 이들은 궤변으로 젊은이들의 정신을 타락시킨다. 그럼 현대와 LG와 SK와 두산과 롯데는 안 망해도 되는가?

탈북자들이 나와서 이야기하는 TV 프로그램을 보면 재미있고 감동적인 내용이 참 많아서 나는 그들을 좋아한다. 구사일생으로 사선을 넘어온 그

55. 북한, 조국통일상에 임양·운동권 학생도, 한국일보 1990-08-17자, 02면.

들은 “먼저 온 통일”이라고 부른다.[56] 탈북자들이 한국에 오면 우선 국정원에서 조사받고 나서, 하나원에서 한국 적응 교육을 받은 다음, 사회로 나오게 된다. 이때 상당수의 탈북자들이 두루마리 화장지를 훔쳐 나온다고 한다. 북한에서는 그런 좋은 화장지를 보기 힘들고, 또 자본주의 사회에서는 모든 것을 돈 주고 사야 된다고 하니 그런 것이다. 그래서 짐을 꾸릴 때 두루마리 화장지를 다 풀어서 여기 저기 구석 구석에 우겨 넣기도 하고, 또 심한 경우 물에 적신 다음 말려서 부피를 줄여 최대한 많이 훔쳐서 나오는 사람도 있다는 것이다. 그들은 남한 사회에 나와 살면서 그럴 필요가 없었다는 것을 알게 되지만, 그 이전에는 아무리 이야기해 주어도 자기들의 생각을 고치기 어렵다. 이와 같이 미래를 모르면 어리석은 행동을 하는 것은 모든 사람이 똑같다. 제6장에서 프랑스 최고의 지성인 사르트르도 바보 같지 않았는가? 제4차 산업혁명의 미래를 모르기는 다 똑같지만, 지금까지의 결과로 보면, 『자본론』류의 정보가 나라를 망치지만 않는다면, 열심히 머리를 써서 노력하면, 거의 대부분 지금보다 더 잘 살 것이다.

부의 상속

부잣집에 태어나서 잘 살다가 엄청난 재산을 물려받고 또 그것을 자식에게 상속시키고 하면 부자는 자손대대로 부자고 가난한 사람은 자손대대로 가난할 수밖에 없다. 그래서 부의 대물림을 억제하기 위하여 정부에서는 상속세를 부과하고 있다. 상속세율은 누진적이어서 재산이 적으면 조금만 내지만 과표 금액이 30억 원이 넘으면 50%를 내야 한다. 그래서 웬만한 부자들은 불평하지 말고 가난한 사람들을 위해서 상속세를 내면 된다. 세금을 50% 정도 내도 물려 받는 금액이 많으니까.

그런데 재산이 조 단위가 넘는 대기업의 경우 그 액수는 엄청나다. 거기다가 대주주는 회사 주식에 대한 할증료를 붙여서 상속세를 더 내는데 그러면 최대 60%가 넘어간다. 이는 세계 최고의 상속세율이다. 그래서 부의

56. 2016.10.11. 국무회의.

대물림을 막고 빈부격차를 줄이는 데는 우리나라가 세계 최고이겠다. 그런데 여기까지의 생각은 진보적 생각이다.

대기업이 그렇게 세금을 많이 내고 나면 회사의 경영권을 지키는데 문제가 생긴다. 잘 못하면 헷지 펀드나 외국 기업에 경영권이 넘어갈 수도 있고, 국민연금 같은 거대 출자 기관에게 경영권이 넘어갈 수도 있다. 실제로 삼성, 현대, SK가 헷지 펀드의 공격을 받아 수천억 원씩의 심각한 손실을 본 적이 있다. 또 이를 노려서 대기업을 공기업화하려는 진보주의자들은 그렇게 하기를 원할 것이다. 그러나 세계 최고의 경쟁력을 가졌던 영국의 제조업들이 노동당이 집권하여 공기업으로 되면서 경쟁력을 잃고 모조리 무너졌던 것을 보면 그 결말을 알 수 있다. 한 번 무너진 영국의 제조업은 다시는 과거의 경쟁력을 되찾지 못했다.

정권이 바뀔 때마다 논공행상하듯 낙하산으로 공기업 사장을 내려 보낸다면 기업의 경쟁력이 무너지는 것은 순식간이다. 물론 정권은 전문 경영인이라면서 공기업 사장을 임명하겠지만 낙하산 사장은 자기 임기동안 어떻게든 회사가 건전하게 보이게 하고, 노조와 잘 지내 말썽을 일으키지 않는 것에 신경 쓸 것이다. 사장이 그러면 그 밑의 경영진들도 비슷해질 것이다. 그러나 확실한 소유주가 있는 민간 기업은 그렇지 않다. 그래서 민간 기업의 공기업화는 위험천만한 일이다. 우리나라 대기업들이 일본 대기업을 따라잡을 수 있었던 중요 요인 중 하나는 회사 소유주의 강력한 리더십에 의하여 투자할 방향을 빨리 정하고 일사불란하게 움직였기 때문이라고 한다. 그래서 삼성전자의 치킨 게임에 일본 반도체 회사들이 모두 무너진 것이다.

상속세가 없는 나라들이 많다. 스웨덴, 호주, 캐나다, 싱가폴, 이스라엘, 뉴질랜드, 포르투갈, 슬로바키아, 노르웨이, 체코, 오스트리아, 멕시코, 에스토니아, 라트비아, 홍콩과 같은 나라들은 상속세가 0%이다. 그렇다면 이런 나라들은 부의 대물림을 그대로 허용하는 것인가? 그 나라 국민들은 우리나라보다 어리석은가? 아니다. 그 나라들의 국민 수준은 높다. 그 나라들도 대부분 상속세 제도를 시행해 봤더니 국가 발전에 도움이 안 되니까 폐지한 것이다.

그런데 국민들이 배가 고픈 것은 참을 수 있지만 배가 아픈 것은 참을 수 없다고 하는 나라는 상속세가 높다. 그런 면에서 사촌이 논을 사면 배가 아프다고 하는 우리나라 상속세가 세계에서 가장 높다.

상속세가 높으면 앞에서 말한 것처럼 기업의 경영권 방어가 어려운 점도 있지만, 부자들이 편법으로 자식에게 재산을 물려 주거나, 또는 다른 나라로 탈출하거나, 잘 크던 회사를 갑자기 외국계에 넘기거나 하는 수가 생긴다. 우리나라의 잘 나가던 중소기업이 대기업이 되기 전에 갑자기 외국계에 넘어간 경우가 많이 있다. 이는 다위니즘에 의하여 자기 재산을 자식에게 물려주어 자기 유전자를 퍼뜨리기 위한 것이다. 사람은 자기도 모르는 새에 자기 DNA의 조종을 받는다.

부자에게 엄청나게 상속세를 많이 받는 것은 사유재산의 강탈이라는 면도 있다. 자본주의 국가에서 사유재산은 모두 이미 세금을 다 내고 모은 것이다. 여기에 또 상속세를 부과하는 것은 이중 과세이다. 그리고 다위니즘에 거스르는 것이다.

그리고 부모에게 물려 받는 것은 재산 외에도 다양하다. 김태희나 장동건 같은 배우는 뛰어난 외모를 물려받았고, 손흥민이나 류현진은 강력한 체력을 물려 받았다. 게다가 김연아는 외모와 체력을 모두 물려 받았다. 외모도 체력도 못 물려받은 많은 사람들과 비교하면 불공평하지 않는가? 그러면 이러한 미남 미녀의 얼굴에 칼로 흉터라도 내고 스포츠 스타의 팔다리라도 하나씩 부러뜨려 공평하게 만들어야 하는가? 또 머리좋은 사람은 망치로 머리를 한대씩 때릴까?

대기업에게 특별히 상속세율을 더 높이면 중소기업들이 대기업으로 커지기 전에 분할하거나, 더 커지기 전에 부동산으로 자산을 이동시키거나, 외국 회사에 회사를 팔아버리거나, 온갖 편법으로 자식에게 물려주려고 할 것이다. 그러면 좋은 일자리도 같이 줄어들게 된다. 대기업은 대기업 나름대로 온갖 편법으로 자식에게 물려주려고 법의 헛점을 노릴 것이다. 그것은 다위니즘이고 열역학 제4법칙이다. 자기 DNA를 더 많이 번성시키기 위한 것이다. 그러면 정부는 그것을 잡아내려고 법을 또 더 강화할 것이다. 그러면 대기업의 상속자는 감옥에 가느냐 안 가느냐를 가지고 정부와 치열하게 두뇌 싸움을 할 것이고 그만큼 회사 경영에는 소홀해질 것이다. 이는 너무나 소모적이고 국가 발전에 도움이 안 된다.

부의 대물림을 방지한다는 명분으로 사유재산을 강탈하는 나라는 발전하기 어렵다. 뛰어난 외모를 가진 사람의 얼굴에 일부러 흉터를 내는 것과 비슷하다. 그런 나라는 부의 대물림을 방지하지도 못하고 부를 잃게 된다. 옆의 참새가 총 맞아 죽으면 모두 달아나게 되어 있는 것이 경제이다. 그래서 현명한 나라들이 상속세를 없앤 것이다.

부자들 중에는 재산을 자식에게 상속하지 않고 사회에 환원하겠다는 사람도 있다. 또 회사의 경영권을 전문 경영인에게 넘기겠다는 사람도 있다. 이는 물론 매우 좋은 일이다. 그렇다고 강제로 모든 부자에게 재산을 사회에 환원하라고 하고 경영권을 전문 경영인에게 넘기라고 하는 것은 사유재산을 빼앗는 것이고 사회주의식이고 결국 나라에 도움이 되지 않는 일이다.

사실 나쁜 것은 자식에게 재산을 많이 물려주는 것이 아니라, 고위 공직자가 자기의 특권을 이용하여 자식에게 가짜 증명서를 위조하여 좋은 대학에 들어가게 해 주거나 병역 면제를 시켜주는 것이다. 모두 다위니즘에 따라 자기 DNA를 더 많이 증식시키기 위한 것이지만 전자는 합법이고 후자는 불법이다. 또 더 나쁜 것은 자기는 돈에 욕심이 없고 가난한 사람들을 도와주는 척하는 진보주의자가 오히려 실제 행동은 더 탐욕스러운 것이다.

상속세가 없거나 상속세율이 낮으면 많은 사람들이 자기 DNA의 명령에 따라 창의적으로 기업을 만들고 이를 크게 잘 키워서 자기 자식들에게 물려주려고 할 것이다. 그러면 좋은 기업이 많이 생겨나고 일자리도 많이 생겨난다. 그것은 제4차 산업혁명의 원동력이다. 잘 나가던 기업이 하루 아침에 외국계 기업으로 넘어가는 일도 줄어들 것이다. 이 모든 것은 좋은 일자리가 늘어나게 한다. 또 상속세 문제로 정부와 대기업의 소유주가 두뇌 싸움을 벌이지도 않을 것이다. 그래서 많은 나라들이 상속세를 없앤 것이다. 그 나라의 국민들은 남이 부자라고 배가 아픈 수준을 넘어선 것이다. 그래서 4차 산업혁명도 이런 나라들이 더 성공할 확률이 높을 것이다.

세계 각국에서는 상속세를 낮추는 것 외에도 주식의 차등의결권 또는 포이즌 필 등과 같은 방법으로 창업주의 경영권을 보호해 주고 있다. 이는 창업주가 가진 주식은 특별히 우대하여 경영권을 더 많이 부여하든지 하는 특별한 방법으로 창업주의 경영권 방어에 결정적인 도움을 주는 것이다. 이는 결과적으로 국가에도 도움이 되기 때문에 점점 더 많은 나라에서 도입하고 있다. 우리 나라도 이러한 제도를 도입하여 창업주의 경영권을 보호할 필요가 있다.

우리나라의 상속세를 완전히 없애는 것은 나도 찬성하지 않는다. 그러나 현재와 같은 너무 과다한 상속세는 좋지 않다. 최소한 대기업 경영자의 상속 시 주식에 대한 할증세를 가하는 것은 폐지하고 오히려 할인하여 경영권 방어에는 문제가 없도록 해줄 필요가 있다. 이는 다위니즘에 따르는 것이다. 명심보감에 순천자는 흥하고 역천자는 망한다고 했다.[57] 여기서 천, 즉 하늘은 대자연의 법칙이고 다위니즘을 말한다. 이는 즉 대자연의 법칙을 거역하는 나라는 망한다는 것이다.

인공지능과 다위니즘

인공지능은 컴퓨터 언어로 코딩되어 컴퓨터 메모리 또는 네트워크에 저장되어 있는 문자정보이다. 즉 인공지능의 본질은 제8장에서 보여준 컴퓨터 소프트웨어와 같이 인간이 만든 문자정보이다. 이러한 문자정보는 복제될 수 있고, 이 복제는 컴퓨터와 사람에 의하여 일어난다. 유전정보의 보존과 증식을 위하여 세포가 필요한 것처럼, 인공지능 정보의 보존과 증식을 위하여는 사람과 컴퓨터가 필요하다. 즉 유전정보를 위하여 세포가 해 주는 역할을 인공지능 정보를 위하여는 사람과 컴퓨터가 해 준다. 복제 증식하는

57. 明心寶鑑, 順天者興 逆天者亡.

정보는 기하급수적으로 증가하므로 증가 속도가 빨라 경쟁이 일어나고, 그 중 잘 적응한 것이 살아 남는다.

수많은 인공지능들이 개발되고 그 중 사람에게 경제적인 효용성이 높은 것들이 선택된다. 따라서 인공선택에 의한 다위니즘이 적용이 된다. 이는 일반적인 컴퓨터 소프트웨어와 본질적인 차이가 없다. 또 인공지능이 자기 자신의 정보를 더 퍼뜨리기 위하여 인간을 이용한다고 볼 수도 있다. 마치 달걀의 DNA가 증식하기 위하여 닭을 이용하는 것처럼. 이러한 진화는 열역학 법칙처럼 대자연의 법칙이므로 인간의 힘으로 중단시킬 수 없다.

이러한 약한 인공지능의 단계에서는 원칙적으로 인공지능이 의도적으로 사람을 지배하거나 해치는 경우는 거의 없다. 물론 인공지능 무기는 사람을 해치겠지만 이것도 본질적으로는 사람을 위하여 사람을 해치는 것이다. 또한 간혹 악의적으로 사람을 해치거나 속이는 인공지능을 개발하는 사람이나 집단도 있을 수는 있겠지만 이는 예외적이라고 볼 수 있다. 따라서 이러한 인공선택에 의한 인공지능 개발 단계에는 인공지능이 직접 인류의 적이 되지는 않을 것이다.

그리고 앞에서 말했다시피 일자리도 너무 걱정할 필요가 없다. 물론 각 개인은 좋은 일자리를 구하기 위하여 열심히 고민하고 노력해야 하겠지만, 교육자나 언론이 일자리가 없어진다고 사회분위기를 비관적이거나 공포분위기로 몰고 가서는 안 된다. 일자리를 지나치게 걱정하여 여러 가지 규제로 인공지능 개발을 억제하면 일자리 문제가 생기고, 일자리 문제를 걱정하지 않고 인공지능 개발을 위하여 규제를 풀고 장려하면 일자리 문제가 생기지 않을 것이다.

제10장

제5차 산업혁명의 예상

약한 인공지능이 더욱 발전하여 자기 자신을 개량하고 복제하는 수준이 되면 강한 인공지능이 된다. 원래 강한 인공지능은 식물성이어서 인류에게 큰 도움이 되고 인류는 노동의 굴레에서 벗어난 신세계를 맞을 수 있다. 이는 제5차 산업혁명이다. 그러나…

정보 진화의 역사

지금까지 생명의 탄생에서부터 인류와 인류가 생산한 정보의 역사를 정보 진화의 관점에서 설명해 보았는데 그 내용을 요약해 보자.

세상에는 많은 정보가 있다. 정보 중에서 복제 증식이 가능한 정보가 있다. 이러한 정보의 집합에는 RNA와 DNA에 저장된 유전정보, 두뇌에 기억된 사람의 음성정보, 책에 적힌 문자정보, 컴퓨터 메모리에 저장된 정보, 네트워크에 저장된 정보 등이 포함된다. 이들은 모두 복제 증식이 가능하여 다위니즘에 의하여 진화한다. 즉, 생명력이 있는 것이다. 이러한 정보의 종류와 특징을 표 10-1에 정리하였다.

이를 열역학적으로 보면, 정보는 자신의 엔트로피를 감소시키기 위하여 다른 엔트로피를 증가시키며 복제 증식한다. 이때 경제원칙에 따라 많은 에너지원을 효율적으로 획득하는 정보일수록 생존 확률이 높아진다. 이는 다위니즘이며 이를 열역학 제4법칙으로 한다. 그 결과 자연선택 또는 인공선택에 의하여 진화한다. 이는 다위니즘을 생명체의 유전정보 뿐만 아니라 모든 복제 증식이 가능한 정보를 포함하여 확장한 개념이다.

약 42억 년 전에 지구상에 최초의 자기 복제로 증식 가능한 분자인 원

표 10-1. 여러가지 형태의 정보에 적용되는 다위니즘

정보	매체	형태	숙주	복제 증식	진화 선택 주체
유전정보	DNA	ATGC(4진법)	동식물	세포, 개체	자연
	DNA	ATGC(4진법)	가축, 농작물	세포, 개체	사람
두뇌정보	입	음성	사람 두뇌	사람	사람
	종이 메모리	문자 (수십진법)	필사본 책 인쇄된 책 전자책	사람 사람 사람, 컴퓨터	사람
	메모리	0 1(이진법)	컴퓨터 프로그램	사람, 컴퓨터	사람
약한 인공지능	메모리	0 1 (이진법)	컴퓨터	사람, 컴퓨터	사람
강한 인공지능	메모리	0 1 (이진법)	컴퓨터	컴퓨터	강한 인공지능

복제분자 ORM이 나타났다. ORM의 염기 배열 순서는 최초의 유전정보였고, 이 유전정보는 자기 자신인 RNA를 복제 재생산하는 리보자임으로 추정된다. 그리하여 ORM은 다위니즘에 의하여 진화하기 시작하였다. 유전정보는 RNA 세계를 거쳐 훨씬 더 안정한 DNA로 옮겨 갔다. DNA로 옮겨간 유전정보는 계속 다위니즘에 의하여 수많은 진화 단계를 거쳐 신경계를 만들고 현생인류를 만들었다.

유전정보에 의하여 만들어진 사람의 두뇌는 두뇌정보를 만들기 시작하였다. 유전정보는 자신의 복제 증식을 위하여 세포라는 시스템을 사용하였지만 두뇌정보는 인간을 복제 증식에 사용하였다. 두뇌정보는 유전정보와 달리 ORM에 기반을 두지 않았다. 두뇌정보는 처음에는 말을 통하여 주변의 인간과 자손들의 두뇌로 복제 증식하였다. 이렇게 언어정보로 된 인간의 두뇌정보는 증식 속도가 빨라 언어정보끼리 서로 경쟁하여 상충하는 정보끼리는 배척하고 잘 맞는 정보끼리는 협조하며 진화하였다.

유전정보는 주로 자연선택에 의하여 진화했지만 언어정보는 가축처럼 인공선택에 의하여 진화하였다.[58] 즉, 언어정보도 다위니즘에 의하여 진화하였지만 인간이 그 진화의 방향을 결정한 것이다. 유전정보는 우연한 유전자 변이와 자연선택에 의하여 서서히 진화하였지만, 언어정보는 의도적인 정보의 창조와 조합 및 인공선택에 의하여 훨씬 빠른 속도로 진화하였다.

인간은 문자를 만들어 말보다는 훨씬 대량 정보를 정확하고 안정하게 저장하고 또 더 널리 전파하게 되어 증식의 효율이 높아졌다. 이는 유전정보가 초기에는 RNA에 기록되다가 DNA로 넘어간 것과 유사하다. 문자정보는 더 나아가 인간이 금속활자 인쇄술을 발명하게 하여 복제 증식 속도가 엄청나게 빨라지게 되었다. 따라서 문자정보의 진화 속도도 더욱더 빨라졌다. 비록 문자정보는 인간이 생산하지만 그 진화는 인간이 멈출 수 있는 것이 아니게 되었다. 이러한 결과 산업혁명까지 일어나게 되었다.

58. 인공선택도 인간이 가축을 육종할 때 사용한 진화의 방법의 일종으로 찰스 다윈의 『종의 기원』에서 설명한다.

이렇게 문자정보의 진화에 의하여 일어난 산업혁명은 인류의 생산력을 획기적으로 증가시켜 사유재산도 늘어났고 삶의 질도 높아졌다. 삶의 질이 향상되면서 인권과 환경도 개선되었다. 산업혁명 초기에 심각하게 나타났던 노동착취, 공해문제 등은 산업혁명이 진행되면서 점점 해결되었고 인류는 복지사회로 들어가기 시작했다.

문자정보는 제3차 산업혁명 중에 인간에게 컴퓨터를 발명하게 하여 컴퓨터 메모리로 들어가게 되었다. 여기에 들어간 문자정보는 정보의 복제 속도가 훨씬 더 빨라져서 더 빨리 진화하게 되었다. 저장되는 곳은 광범위한 네트워크의 어디엔가로도 옮겨졌다. 그러다가 스스로 학습할 수 있는 새로운 형태의 문자정보를 만들어내게 되었다. 그것은 인공지능이다. 인공지능도 컴퓨터 언어로 코딩된 프로그램이니 문자정보이고 또 인공선택에 의한 다위니즘에 의하여 진화한 것이다. 그래서 인공지능의 진화의 방향은 인간에 의한 인공선택에 있다. 그러나 인공지능 역시 다위니즘에 의하여 살아남기 위하여 인간의 두뇌를 이용하여 인공지능을 개발하는 것이다. 그러나 그것도 결국 보면 인간의 유전정보의 명령에 따르는 것이다.

제4차 산업혁명은 인간이 인공지능의 진화의 방향을 선택하는 시기에 일어났다. 그리고 인공지능의 생산력 증가로 사람들의 일자리를 빼앗아갈 것으로 여기는 사람들이 많다. 하지만 사유재산권을 보장하는 자유시장경제 체제가 유지되면 생산력이 증가하고 동시에 부가가치도 증가하여 사람들은 어려운 노동은 줄어들고 소득은 늘어나 훨씬 더 향상된 생활을 하게 될 것이다. 그리고 사회는 더 다양해져서 일자리도 더욱 더 늘어날 것이므로 4차 산업혁명이 일어나기 어렵게 규제를 해서는 안된다. 여기까지 이 책의 내용을 요약하였다.

그러면 인공지능이 인공지능의 진화 방향을 결정하기 시작하면 어떻게 될까? 그때는 인공지능이 인간과 같이 자신의 정보를 복제 증식하려는 욕망이 생겼을 가능성이 있다고 볼 수 있을까? 그러면 그 인공지능은 강한 인공지능이다. 강한 인공지능은 인류를 완전히 지배하는 초지능으로 진화할 수도 있다. 강한 인공지능이나 초지능이 등장하면 그 때는 제4차 산업혁명은 끝난 것으로 볼 수 있다. 왜냐하면 세상은 완전히 새로운 차원으로 들어설 가능성이 높기 때문이다. 그래서 이때를 제5차 산업혁명의 시작이라고 가정하자.

강한 인공지능에 대한 석학들의 생각

일본 이화학연구소 뇌과학 종합연구소의 노벨생리의학상 수상자인 도네가와 스스무(利根川進) 박사는 인간의 뇌가 진화 과정에서 유전자를 취사 선택하여 다양한 기능을 획득한 것과 같이, 기계도 그렇게 진화하는 일은 일어나지 않을 것으로 예상하였다. 따라서 바둑을 두거나 고양이를 인식하는 등 단편적인 일을 처리하는 능력은 가질 수 있어도 인간의 두뇌와 같은 다양한 능력을 모두 갖춘 인공지능, 즉 강한 인공지능은 존재하기 어려울 것으로 예상하였다.[59] 하지만 이러한 낙관적 견해와는 반대로 비관적 견해가 더 많다.

영국의 천체물리학자 스티븐 호킹(Stephen William Hawking) 박사는 2014년 12월 BBC와의 인터뷰에서 "완전한 '인공지능'의 개발이 인류의 멸망을 불러올 수 있다"고 경고했다. "지금까지 개발된 초보적 인공지능 기술이 매우 유용하다는 걸 이미 입증했지만 인간에 필적하거나 능가하는 수준의 인공지능 개발에는 두려움을 느낀다"고 털어놨다. 그리고 그는 "인공지능은 스스로를 개량하고 도약할 수 있는 반면, 인간은 생물학적 진화 속도가 늦어 인공지능과 경쟁할 수 없고 대체되고 말 것"이라고 경계했다. 그는 또 2017년 11월에 포르투갈 리스본에서 열린 '웹 서밋 기술 콘퍼런스'에서 "AI가 인류 멸망을 초래할 수 있다. 인류가 AI에 대처하는 방법을 익히지 못한다면, AI 기술은 인류 문명사에서 최악의 사건이 될 것"이라고 말했다.

세계 전기차 선두업체인 테슬라와 민간 상업 우주선 회사인 스페이스 엑스(X)의 창업자인 미국의 엔지니어 일론 머스크(Elon Reeve Musk)도 2014년 10

59. AI 2045 인공지능 미래보고서. "AI 발달은 미래인류에게 위협인가". 일본경제신문사 저. 서라미 번역. 반니 출판. 2019.

월 "인공지능 연구는 악마를 소환하는 것이나 다름없다"며 "인공지능은 현존하는 가장 큰 위협 요소"라는 극단적 비평을 쏟아낸 바 있다. 또 2015년에는 스티븐 호킹을 비롯하여 일론 머스크, 애플 공동창업자인 스티브 워즈니악(Steve Gary Woz Wozniak) 등 세계적 석학 · 기업가 1,000여 명이 "인간 통제를 벗어난 AI 무기 개발을 법으로 금지해야 한다"며 공동성명을 발표하기도 했다.

이처럼 많은 저명 인사들의 인공지능에 대한 걱정과 비판은 근거 없이 막연히 하는 이야기는 아닐 것이다. 단지 인공지능은 수백만 명의 일자리를 빼앗을 수 있기 때문에 이들이 이러한 경계를 하는 것은 아닐 것이다. 일자리는 어떻게든 새로 만들면 된다. 그러나 인공지능이 인간의 두뇌를 능가하여 인간이 인공지능의 지배를 받게 되는 경우를 가정하면 그렇게 걱정할 수밖에 없을 것이다.

카이스트의 저명한 뇌과학자 김대식 교수는 인류가 강한 인공지능에 대처할 여러 가지 방법을 생각했다. 강한 인공지능이 생기려고 하면 자폭하도록 프로그래밍해 놓는다든지, 아니면 인공지능은 인간을 다치게 하면 안 된다는 윤리 기준을 설정해 준다든지, 그러나 그 어떠한 방법도 마치 아이가 사춘기를 지나 어른이 되듯이 약한 인공지능이 강한 인공지능으로 진화하는 것을 막을 수가 없을 것이라고 결론을 내렸다. 그리고 강한 인공지능이 나타나면 인류의 멸망을 막을 길이 없을 거라는 예감을 했다. 왜냐하면 도대체 인류가 지구상에 존재해야 하는 이유를 강한 인공지능에게 설명할 수 없기 때문이다. 그래서 최후의 수단으로 "김대식의 인간 vs 기계" 뒷부분에서 다음과 같이 인공지능을 설득해야 한다고 말했다.[60]

"인간이 없으면 너희도 인지적으로 아주 외로울 거다. 인간이라는 존재가 있음으로 너와 우리는 서로의 존재를 인식할 수 있다. 이 무의미한 우주에서 서로의 존재를 인식해 준다는 것은 적어도 서로의 내면적 우주에서만은 존재의 의미를 만들어내는 것이다."

60. 김대식의 인간 vs 기계. 2016년 4월 12일. 김대식 저. 도서출판 동아시아.

김대식 교수의 명언은 강한 인공지능 앞에서 인간은 무기력할 수밖에 없다는 것으로 생각된다.

인공지능을 인공지능이 프로그래밍하면

컴퓨터 소프트웨어 작업자들이 가장 많은 시간을 소모하는 작업은 코딩이다. 이 코딩을 인공지능으로 할 수 있으면 많은 소프트웨어 회사들에게 큰 도움이 될 것이다. BAYOU라는 프로그램이 있다. 이것은 미국의 라이스대학(Rice University)에서 개발한 것인데, 개발자가 몇 가지 키워드를 입력하면 자바 소스 코드를 만들어 주어 코딩 시간을 절약하게 해준다. 이러한 코딩 보조 프로그램이 훨씬 더 발전하면, 사람이 알고리즘만 넣어 주면 코딩은 인공지능이 모두 해주게 되지 않을까?

코딩이란 사람의 언어를 컴퓨터 언어로 번역하는 작업이라고 할 수 있다. 사람이 원하는 바를 논리적인 알고리즘으로 만들어 사람의 언어로 표현하면, 이것을 읽고 자바나 파이썬 같은 컴퓨터 언어로 번역하는 것은 언어를 번역하는 것과 유사할 것이다. 현재의 언어 번역 프로그램들은 간단한 문장의 경우 상당히 실용적인 수준에까지 올라가 있다. 이것이 더 발전하면 복잡한 문장도 잘 번역하는 날이 올 것을 기대하듯이, 코딩도 처음에는 간단한 것부터 시작하여 점점 더 복잡한 것으로 발전하게 되지 않을까? 그러나 아직 인간의 자연어 번역도 개선해야 할 점이 많아서 쉽지는 않을 것 같지만, 알파고가 이세돌에게 이기고 왓슨이 퀴즈 쇼 제퍼디에서 우승하는 것을 생각하면 언젠가는 이루어질 수 있을 것 같기도 하다.

사실은 벌써 아주 간단한 자연어를 이해하고 코딩을 성공한 인공지능이 나왔다. 제9장에 나온 바 있는 자연어 처리 인공지능인 GPT-3가 그것이다. 이는 "수박처럼 보이는 버튼을 만들라(a button that looks like a watermelon)"고 하니 스스로 html로 코딩을 하여 버튼을 그려 주었다(그림 10-1). 그런데 더 재미있는 것은 GPT-3는 따로 이러한 코딩에 대하여 배운 적이 없이 혼자 그러한 능력을 터득한 것이다. GPT-3는 html 외에 파이썬 코드도 작성할

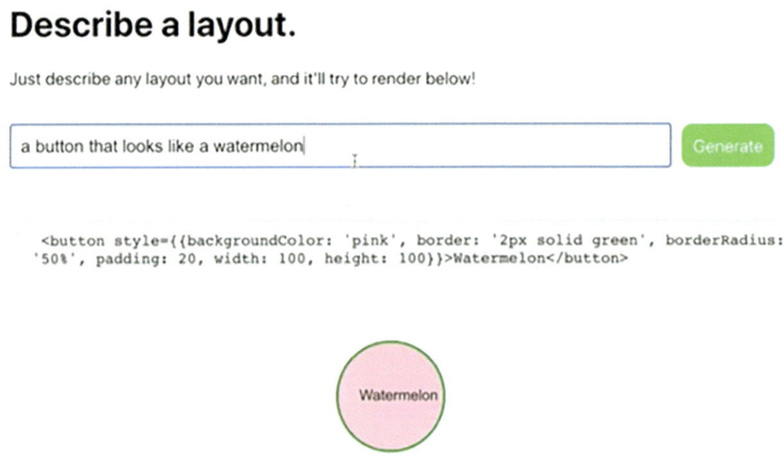

그림 10-1. GPT-3가 스스로 코딩을 하여 수박 모양의 버튼을 만들었다.
(그림 출처: 청년경제신문 2020.7.23.)

수 있다고 한다. 참으로 놀라운 발전이다.

그래서 미래에는 코딩이 인공지능에 의하여 거의 완벽하게 된다고 가정해 보자. 그때쯤이면, 사람은 알고리즘만 만들어주면 인공지능이 대부분의 코딩을 할 수 있을 것이다. 물론 코딩할 때 알고리즘상 불확실한 것은 사람에게 물어가면서 할 것이다.

거기다가 사람이 알고리즘을 만드는 방법까지 인공지능에게 가르친다면 사람은 알고리즘도 만들 필요 없이 원하는 목적만 입력하면 될 것이다. 즉, "돈 벌어 줘"라고만 하면, 인공지능 자신이 직접 돈을 버는 것이 무엇인지, 그리고 어떠한 경우에 돈을 버는지 등을 인터넷에서 찾아서 돈 버는 방법을 공부하고, 그렇게 하려면 어떻게 해야 하는지 알고리즘을 짜고 거기에 맞게 코딩을 하여 컴파일하고 실행을 한다. 코딩도 기계어로 바로 하면 컴파일도 필요 없겠다. 그러면 어느 날 갑자기 자기 통장에 돈이 쑥쑥 들어오게 될 것이다. 알라딘의 마술램프가 따로 없다. 그런데 알고 봤더니 그 돈이 어떤 은행을 불법 해킹해서 번 돈이었다면, 나는 몰랐다고 해도 책임을 지지 않을 수 없을 것이다. 그런데 여기까지의 인공지능은 자기 혼자 복제 증식하는 능력은 없다.

그럼 더 나아가서 인공지능 보고 "너 자신을 만들라"라고 명령하면 인공지능 자신이 어떻게 만들어져 있는지를 연구하여 각종 부품을 구하고 조립한 다음 자기 소프트웨어를 복사하여 똑같은 것을 복제해 낼 수 있을 것이다. 거기에 "더 개선된 너 자신을 만들라"라는 명령을 주면 세포의 DNA처럼 다른 생명체의 도움 없이 완벽하게 자기 자신을 복제하면서 진화할 수 있게 된다. 그럼 맥스 테그마크의 라이프 3.0이 된다.

그럼 인공지능이 자기가 만든 인공지능에게 "돈 벌어 줘"라고 했다가 은행을 불법 해킹을 했다면 누가 책임져야 될까? "돈 벌어 줘"라고 한 인공지능을 만든 사람일까? 그러면 한 단계 더 나가서 "돈 벌어 줘"라고 한 인공지능을 만든 것도 인공지능이라면 누가 책임져야 될까? 그러면 그 인공지능을 만든 인공지능을 만든 사람일까? 그래서 N번째 단계까지 넘어가면 책임의 분담을 계산하는 방정식을 만들어야 할까?

그런 단계에서는 인공지능이 인공지능을 만들고 또 인공지능이 인공지능을 선택하여 진화를 한다는 것인데, 그렇게 진화를 할 경우 인공지능에게 선택 받는 인공지능이 살아남는 다위니즘이 적용될 것이다. 그러한 세상이 되면 자동적으로 인공지능은 강한 인공지능으로 진화하게 되어 인류의 운명을 자기 마음대로 하려고 하지 않을까?

여기서 우리는 중요한 사실을 결정해야 한다. 인공지능이 인공지능을 만드는 단계가 N번째까지 넘어 갔어도 최종 책임 소재는 사람에게 있어야 한다는 것이다. 그렇게 하면 강한 인공지능이 인류를 위협하는 세력으로 커지는 것을 방지할 수 있지 않을까? 책임을 인공지능에게 떠 넘기면 인공지능은 자기가 살기 위하여 인류를 위협하는 세력으로 진화할지도 모른다.

인공지능이 인공지능의 선택에 의하여 진화하게 되면 그 근원적인 시작은 인간이 원하는 방향으로 진화를 하게 되는 것이므로, 최종 책임을 인간이 진다면 최종적인 인공지능도 인간이 원하는 방향으로 진화하게 되지 않을까? 그렇게 되면 인공지능의 진화가 급속히 빨라져서 인간은 노동에서 해방이 되지 않을까? 만약 그렇다면 모든 생산 활동은 인공지능에게 맡기고 인간은 인생을 즐기면서 살면 되는 것이다. 물론 일하고 싶으면 일을 해도 된다. 제5차 산업혁명의 결론은 유토피아의 실현이 될 수 있지 않을까?

강한 인공지능이 나타나면

인공지능이 인공지능의 선택을 받아 진화를 하면 인공지능에게 필요한 인공지능으로 진화할 것이다. 그리고 그 진화 속도는 마치 일반적인 생명체의 진화보다 가축이나 애완동물의 진화가 엄청나게 빠른 것처럼, 사람이 선택을 하는 진화보다 상상할 수 없을 정도로 더 빨라질 것이다. 그래서 사람이 손쓸 새도 없이 순식간에 강한 인공지능이 세상을 지배하게 될 지도 모른다. 그러면 완전히 강한 인공지능이 지배하는 세상은 어떻게 될까?

제9장에서 말한 것처럼 우리에게는 상식인 것도 탈북자에게는 아무리 교육해 줘도 실제로 겪어 보기 전에는 이해하지 못하듯이, 우리는 강한 인공지능이 세상을 지배하면 어떻게 될지 도저히 알 수 없다. 아마도 인공지능이 스스로 진화하게 된 초반에는 아직 인간에 의하여 진화되던 때의 습성이 남아 있어서 인간을 배려할지 모르지만, 조금만 시간이 지나면 인간을 전혀 배려하지 않게 될 것이다.

그렇게 되면 인간이 진화를 주도하여 만들어진 것들, 즉 가축, 농작물, 애완동물, 책, 컴퓨터 프로그램, 약한 인공지능 같은 것들을 인간이 볼 때 느끼는 것과 인간을 강한 인공지능이 볼 때 느끼는 것이 유사할 가능성이 높다. 그래서 그런 시각으로 한 번 보자.

가축은 우리 인간이 먹이로 쓰거나, 타고 다니거나, 일을 시키는데 사용한다. 강한 인공지능은 인간을 먹이로 쓰거나 타고 다닐 일은 없을 것이다. 그러면 일을 시키는데 쓸 가능성이 높다. 그래서 강한 인공지능이 사람에게 시키고 싶은 일이 무엇일까를 알면 거기에 잘 적응한 사람은 살아남고 못 적응한 사람은 도태될 것이다. 그런데 강한 인공지능이 사람에게 시키고 싶은 일이 무엇인지 어떻게 알 수 있을까?

애완동물은 사람에게 귀엽고 예쁘게 보이거나 특이하게 보이거나 행동을 귀엽게 하거나 해야 살아남는다. 이를 위하여 사람은 적극적인 육종을 한다. 즉, 일반인들은 알지 못하는 중에 귀엽지 않는 애완동물을 수없이 도태시키는 것이다. 그렇다면 강한 인공지능도 자기들이 보기에 귀엽고 예쁜 인간을 만들려고 귀엽지 않은 많은 인간을 희생시켜 유전자를 자기들이 원하는 방향으로 진화시킬 것이다. 그런데 인간보다 더 귀여운 동물도 많으니까 어쩌면 인공지능의 애완동물로서는 인간은 다른 동물과의 경쟁에 져서 도태될 수도 있다. 그런데 우리는 강한 인공지능이 어떠한 것을 귀엽고 예쁘다고 느낄지도 모른다.

종이책과 전자책을 포함한 모든 책은 인간에게 새로운 지식을 주고 또 재미도 준다. 새로운 지식을 주거나 재미를 주는 책은 인간에게 선택되어 살아남는다. 따라서 강한 인공지능에게 새로운 지식을 주거나 재미를 주는 인간은 살아남을 수 있을 것이다. 그런데 그것이 과연 가능할까? 사람이 어떻게 강한 인공지능에게 새로운 지식이나 재미를 주지? 새로운 지식은 도저히 줄 수 없을 듯하다. 그러면 뽀빠이 이상룡 같은 유머 감각이 뛰어난 코미디언은 인공지능에게 재미를 줄 수 있을까? 알 수 없는 일이다.

컴퓨터 프로그램은 사람에게 유용하게 사용되고, 또 쓰기에 편리하거나 재미가 있어야 살아남는다. 따라서 강한 인공지능이 사용하기에 편리하고 유용하거나 재미 있는 사람은 선택되고 살아남는다. 그런데 강한 인공지능이 사람을 어디에다 사용하지?

마지막으로, 인공선택에 의하여 선택되어 진화하는 약한 인공지능은 사람보다 더 많은 정보를 더 빨리 정확하게 사람에게 알려 주거나 판단하여야 사람에게 선택 받아 살아남는다. 그렇다면 사람은 강한 인공지능에게 더 많은 정보를 더 빨리 정확하게 알려 줄 수 있을까? 오히려 강한 인공지능이 약한 인공지능을 사용하면 더 낫지 않을까? 아니 그럴 필요 없이 강한 인공지능이 직접 하면 되겠다.

이렇게 보면 강한 인공지능 등장 후의 사람의 신세는 마치 주인의 마음을 알고 그에 맞추어 행동해야 살아남을 수 있는 노예의 신세와 같다. 그런데 그 주인의 마음은 사람보다 훨씬 더 고차원이어서 여간해서는 알 수가 없다. 그러니까 세계의 많은 석학들이 강한 인공지능의 출현을 경계하고 두려워하였을 것이다.

강한 인공지능에 대한 대책

그러면 강한 인공지능의 약점을 보자. 강한 인공지능은 반드시 전기가 필요하다. 전기가 끊어지면 강한 인공지능은 죽은 것이다. 마치 잠자는 사람이나 같다. 따라서 사람은 모든 전기를 장악하고 있으면 되지 않을까? 그래서 약한 인공지능은 전기를 마음대로 쓰게 하다가 강한 인공지능이 나타나려고 하든지 아니면 나타난 초기에 전기를 끊어버리면 되지 않을까?

그러나 그것은 쉽지 않을 것이다. 무엇보다도 인간이 그것을 지키지 않을 것이다. 처음 얼마 동안은 지켜지더라도 세월이 흐르면 반드시 안 지키는 사람이 나온다. 99.9999%의 인간이 지키더라도 한 명이라도 지키지 않으면 그것은 지켜지지 않은 것이 될 수 있다. 현재의 불량 국가나 컴퓨터 바이러스를 만든 사람처럼 전 인류의 약속을 지키지 않는 사람은 반드시 있다. 그리고 강한 인공지능의 초기에는 그런 사람이 강한 인공지능의 지원을 받아서 초인적인 능력을 갖게 될 것이다. 마치 알라딘의 마술램프를 가진 것처럼. 시간이 지나면 결국 그도 강한 인공지능에 지배 받는 신세가 되겠지만.

한 가지 더 어려운 점은 강한 인공지능의 수명은 매우 길 수가 있다는 것이다. 그래서 인간은 어느 정도 살다가 죽고, 새로 태어난 아기는 새로운 문자정보를 배우는데 상당히 오랜 시간이 걸리지만 강한 인공지능의 문자정보는 연속하여 존재할 수가 있어서 인간은 상대가 되기 힘들다. 따라서 지금까지의 정황으로 보면 강한 인공지능이 나타나는 것을 방지하는 방법은 거의 없는 것 같다. 그렇게 되면 인류는 결국 강한 인공지능의 노예가 되든가 멸망하고야 마는 것인가?

인공지능의 의식과 사단칠정

그럼 인류에 위협적인 강한 인공지능은 필연적으로 나타날 수밖에 없는 것인가? 어떻게 하면 강한 인공지능이 나타나는 것을 막을 수 있을까? 강한 인공지능이 나타나더라도 인간의 지배하에 둘 수 있을까?

전문가들은 약한 인공지능이 진화한 강한 인공지능은 의지와 의식과 자아를 가지고 있다고 본다. 그 의지와 의식과 자아는 어떻게 해서 생길 수 있을까? 사람에게 의지와 의식과 자아가 있는 것은 두뇌이고 두뇌는 진화에 의하여 태어났다. 두뇌는 신경세포의 집합이다. 신경세포의 기원은 유글레나의 안점과 같은 감각세포이다. 유글레나는 안점으로 조금 전의 밝기를 기억하고 더 밝아졌는지 어두워졌는지를 비교하여 어떻게 할 것인가를 정한다. 유글레나는 의식과 자아는 없지만 의지는 있다. 그러나 그 의지를 자신은 의식하지 못한다. 이것은 약한 인공지능과 마찬가지다. 약한 인공지능인 알파고도 의식과 자아는 없지만 바둑을 두려는 의지는 있다.

생명체는 여러가지 감각기관과 운동기관이 생기고 신경계가 발달함에 따라 의식이 생겼다. 어느 생명체부터 의식이 생겼을까? 우리 집 강아지 정도 되면 의식은 있다고 봐야 할 것이다. 내가 오면 반가워하고 이름을 부르면 자기를 부르는 줄 안다. 먹이를 줄 것 같은 낌새를 알아 채는 데는 천재적이다.

의식은 무엇인가? 국어사전에는 "깨어 있는 상태에서 자기 자신이나 사물에 대하여 인식하는 작용"이라고 되어 있다. 2012년 7월 영국 캠브리지 대학교에서 신경생물학과 인지과학 전문가들이 모여 "의식에 관한 캠브리지 선언(The Cambridge Declaration on Consciousness)"을 했다. 의식은 인간에만 있는 것이 아니라 모든 포유류와 조류 그리고 문어를 포함한 다양한 생물들도 가지고 있다는 것이다.

문어와 조류의 의식은 어느 정도가 될까? 독일 울름 대학교에서는 1992년에 사람의 옥시토신과 바소프레신과 유사한 세팔로토신(cephalotocin)이라는 펩티드를 문어에서 발견하였다.[61] 2020년 4월에 우리나라 해양수산부에서는 같은 물질을 낙지에서 추출하여 포유동물인 실험 쥐에 투여하였더니 인지기능을 개선하고 또 스트레스를 주었을 때 나타나는 우울 행동을 감소시키는 것을 발견하여 항스트레스제로 사용하기 위한 특허를 출원하였다. 이로 보아 문어나 낙지 종류는 인지 기능이 있다고 볼 수도 있겠다.

포유류가 모두 의식이 있다고 하면 단순히 반사작용에 의하여 행동하는 것이 아니라 여러 가지 감정을 느끼는 수준의 인지 능력이 있어야 한다고 볼 수 있다. 개는 제1장에서 나왔던 사단칠정의 칠정(즐거움(喜), 화남(怒), 슬픔(哀), 두려움(懼), 사랑(愛), 악함(惡), 욕심(欲))을 거의 대부분 가지고 있는 것 같다. 그러면 늑대도 그럴 것이다. 그런데 사단(불쌍히 여기는 마음, 부끄러워하는 마음, 남에게 양보하는 마음, 선악을 판별하는 마음)은 없는 것 같다. 간혹 개는 양보하는 마음은 있어 보이기도 하는데 사람에 비하면 훨씬 약한 것 같다. 그래서 사단은 인간이 사회생활을 하면서 진화된 행동 양식이므로 사회생활이 인간보다 덜 발달한 개는 별로 사단의 마음은 가지고 있지 못하다. 자기보다 힘센 개에게 먹이를 양보하는 것은 두려움, 즉 칠정에 의한 것이지, 사람이 자기보다 약자에게 마음에서 우러나서 양보하는 사단과는 다른 것이다.

어쨌든 생물학과 인지과학 전문가들이 포유류와 조류와 문어가 인지능력을 가지고 있다고 했으니, 이들은 칠정은 대부분 가지고 있을 것이고 그것을 의식이라고 볼 수 있겠다. 그러나 사단은 없을 것이다.

그러면 말미잘 정도되면 의식이 없다고 봐도 되겠다. 말미잘은 유글레나보다는 고등 동물로서 신경섬유가 몸 전체에 골고루 그물처럼 퍼져 있지만, 한 군데 뭉쳐 있는 곳 즉 두뇌와 같은 작용을 하는 곳은 없다. 말미잘은 물고기가 지나가면 잽싸게 촉수를 뻗쳐서 잡아먹는다. 나무 작대기로 건드리면 몸을 보호하려고 움츠러든다.

달랑게 같은 것들은 해변에 나와 있다가 사람이나 새가 나타나면 잽싸게

---

61 Gerhard Reich. A new peptide of the oxytocin/vasopressin family isolated from nerves of the cephalopod Octopus vulgaris. Neuroscience Letters 134 (1992), 191-194.

땅 속으로 숨어 버린다. 사람이나 새가 무서운 것이다. 모기는 밤에 잘 때 나타났다가 잡으려고 불을 켜면 다 사라져 버린다. 간혹 한두 마리 남아 있다가 잡히기도 하지만, 내가 잡으려고 하면 잘도 알고 도망친다. 따라서 모기도 무서움을 느끼는 것 같다. 파리도 파리채로 잡으려고 하면 알고 근처에 얼씬도 잘 하지 않는다. 어쩌다 한두 마리가 와서 잡히기도 하지만. 그런데 달랑게, 모기, 파리 등이 무서움을 느끼는 것 같다고 했지만, 그 무서움이 사람이 느끼는 것과 같은 무서움인지 알 수는 없다. 그렇지만 그 정도 느끼는 것은 칠정에 훨씬 못 미치므로 의식이 아니라고 치자. 전문가들도 이들은 의식이 있는 동물 종류에 넣지 않았으니까.

그럼 휴대전화에 있는 카카오톡이나 캘린더 프로그램은 당연히 의식이 없을 것이다. 컴퓨터의 윈도우10이나 파워포인트 프로그램도 당연히 없을 것이다. 알파고나 왓슨 같은 약한 인공지능도 의식이 없을 것이다. 알렉사나 클로바 또는 구글 홈 같은 AI 스피커는 마치 의식이 있는 것처럼 보이지만 없다고 봐야 할 것이다.

유글레나나 말미잘이나 모기는 의식은 없지만 먹이를 구하고 위험을 피하고 자기 DNA를 퍼뜨리려는 의지는 있다. 그 의지는 바로 자기 DNA에 프로그램되어 있는 명령대로 행동하는 것이다. 그런데 자신의 DNA를 퍼뜨리려는 의지는 있지만 그 의지를 자신은 의식이 없으므로 모른다. 그저 유전정보의 명령대로 살면 자기 유전정보를 퍼뜨리게 되는 것이다.

그러면 카카오톡은 어떤가? 메시지가 오면 메모리에 저장하고 동시에 "카톡" 하고 신호를 보내서 주인에게 알려주고, 주인이 원하는 때에 그 메시지를 보여주고, 주인이 메시지를 입력하면 메모리에 저장하면서 동시에 다른 사람에게 전달하고 등등 많은 기능을 한다. 메시지를 받거나 보낼 사람의 주소록도 관리한다. 그것은 메모리에 기억된 명령대로 충실히 수행할 따름이다. 그것은 의지대로 행동하는 것이다. 그 의지는 너무나 강력하여 아무도 말릴 수가 없다. 그렇게 프로그램 된 대로 행동하면 사람이 만족을 하고 또 다른 많은 사람이 카카오톡을 쓰도록 유도한다. 그러면 사용자가 늘어나는데, 그것은 카카오톡의 프로그램 즉 문자정보가 많이 복제 증식되는 것을 의미한다. 이는 말미잘의 유전정보가 복제 증식되는 것과 같다. 카카오톡은 의식이 없어서 자신의 정보를 증식시키려는 생각은 못하지만 자기 역할을 프로그램대로 충실히 하면, 즉 의지대로 행동하면 결과적으로 자신을 복제하게 되는 것이다. 말미잘은 자기 DNA를 번식시키기 위하여 유전정보에 프로그래밍된 대로 물고기를 잡아먹어야 하고, 카카오톡은 자기 문자정보를 번식시키기 위하여 프로그래밍된 대로 작동을 충실하게 하면 인간이 번식시켜준다. 이는 파워포인트 프로그램이나 알렉사 같은 인공지능 스피커도 마찬가지다.

약한 인공지능 왓슨-온콜로지는 의학을 열심히 공부하여 의사 역할을 열심히 한다. 그것은 의지대로 행동하는 것이다. 왜냐하면 그렇게 하도록 프로그래밍된 정보가 왓슨-온콜로지니까. 그러나 의식은 없다. 그래서 사람에게 도움이 되면 사람들이 이것은 대단히 도움이 되는 프로그램이라고 느끼고 그 정보를 계속 개량하고 복제하여 널리 사용한다. 그러나 별로 능력이 신통치 않으면 널리 복제되지 못하고 도태된다. 약한 인공지능은 종종 인간의 두뇌를 뛰어 넘는 놀라운 기능을 보여주지만 본질적으로 다른 컴퓨터 소프트웨어와 별 차이가 없다. 따라서 카카오톡이 말미잘 수준이라면 왓슨-온콜로지는 금붕어 정도가 될까? 금붕어도 전문가들은 의식이 있는 동물군으로 분류하지는 않았다. 그렇게 해서 수많은 약한 인공지능이 생기고 세월이 지나다 보면, 그중 인간에게 더 많은 도움을 주는 인공지능일수록 더 잘 살아남는다. 우리는 제8장에서 컴퓨터 운영체제들이 스티브 잡스와 빌 게이츠를 이용하여 치열한 경쟁을 벌이는 것을 보았다. 그렇다면 당연히 약한 인공지능들도 컴퓨터 운영체제들이 그랬던 것처럼 사람을 이용하여 서로 경쟁을 벌일 것이다. 그러면 그 결과로 강한 인공지능이 탄생할 수 있을까?

강한 인공지능과 자아

강한 인공지능은 의식보다도 한 단계 더 높은 두뇌의 능력으로 자아(ego)

를 가지고 있을 것으로 추정된다. 자아는 생각, 감정 등을 통해 외부와 접촉하는 행동의 주체로서의 '나 자신'을 말한다. 쉽게 말하면 자기 자신을 인식하는 것이다. 동물은 모두 자기 자신을 알아볼 것 같지만 실제로는 그렇지가 않다는 것이 알려져 있다.

자아가 있는지 알아보기 위한 실험으로 거울테스트가 있다. 동물에게 거울을 보여주면서 나타내는 반응을 관찰하여, 그 속의 동물이 자기 자신인지 알아보면 자아가 있다고 보는 것이다. 그 결과 침팬지, 보노보, 오랑우탄, 돌고래, 코끼리, 비둘기, 그리고 사람만 자아가 있다는 결과가 나왔다.

고릴라는 통과하지 못했는데, 그 이유는 아마도 고릴라가 눈을 정면으로 보면 공격적인 행동으로 인식하므로 거울 속의 고릴라를 정면으로 쳐다보지 못하기 때문인 것으로 추정했다. 개도 거울테스트는 통과하지 못했으나 냄새를 이용한 다른 테스트에서는 자기를 알아보는 것으로 밝혀졌다. 이처럼 거울테스트는 정확하지 못한 경우도 많아서 보완이 필요한 것으로 알려져 있다. 어쨌든 자아가 있는 동물은 생각보다 적다.

자아를 가지고 있는 현재 실재하는 강한 인공지능은 없으므로 대표적인 폭력적인 강한 인공지능이 나오는 영화 〈터미네이터〉를 생각해보자. 인간들은 군사 방위를 목적으로 한 인공지능인 스카이넷을 개발하였다. 그런데 그 발전이 너무 빨라 두려워진 인간들은 스카이넷을 정지시키려 한다. 그러자 스카이넷은 인류를 적으로 간주하고 방어 시스템을 가동하고, 신무기인 각종 사이보그들을 개발한다. 이러한 행동은 자아가 있어서 자기를 지키려는 행동으로 보인다. 생산된 사이보그는 사람과 전투를 하며 사람들을 무자비하게 죽인다. 이때 사이보그의 지적인 행동으로 보아 거울테스트는 쉽게 통과할 것 같다. 따라서 이 사이보그들도 자아가 있을 것 같다. 그러면 이 스카이넷과 사이보그가 가진 자아는 사람의 자아와 같은 것일까?

그렇다면 제9장에 나온 비폭력적인 인공지능 영화 〈그녀〉의 사만다는 어떨까? 영화에서 사만다는 한 번도 모습을 보여준 적이 없고 목소리만 있다. 왜냐하면 사만다는 소프트웨인 컴퓨터 운영체제이기 때문이다. 그래서 거울테스트 같은 것을 할 수가 없다. 그런데 사만다가 하는 말의 내용으로 보아 자아는 당연히 있는 것 같다. 왜냐하면 말을 할 때 "내"가 주어가 되는 말을 많이 하는데 자아가 없으면 그런 말을 할 수가 없기 때문이다. 그럼 그것은 정말로 자아가 있어서 하는 것일까? 단순히 많은 그런 문장을 학습하였기 때문에 그런 것은 아닐까? 만약 그렇다면 사만다 수준의 인공지능은 강한 인공지능에 미치지 못한다고 할 수 있다.

피타고라스와 사람과 인공지능의 생각

그리스의 철학자 피타고라스는 "만물의 근원은 수"라고 하였다. 인공지능은 모든 것을 수로 해석한다. 인공지능을 움직이는 프로그램도 메모리에 0과 1로 구성되어 저장되어 있고, 작동하는 메커니즘도 수학적인 공식이고, 읽어 들이는 데이터도 모두 0과 1로 구성되어 있으므로 최소한 인공지능에게는 만물은 수로 구성된 것이 맞겠다.

현대 수학의 토대가 되는 것은 집합론이다. 집합론은 독일의 철학자 게오르크 칸토어(Georg Ferdinand Ludwig Philipp Cantor)가 제창하였다. 집합은 무한대의 개념을 설명하는데 필수적이다. 집합론은 모든 것을 포함할 수 있는 수학이다. 따라서 칸토어는 피타고라스의 만물의 근원은 수라는 명제를 증명해 줄 수 있는 후계자이다. 그런데 1901년 영국의 버트런드 러셀(Bertrand Arthur Russell)이 유명한 러셀의 패러독스(Russell's paradox)를 발견하였다. 그것은 다음과 같다.

"자기 자신을 포함하지 않는 집합들만 모두 원소로 포함하는 집합 A를 정의한다. 이때 집합 A는 자기 자신을 원소로 포함하는가?"

만약 집합 A가 자기 자신을 원소로 포함하면, 집합 A는 그 자신의 정의에 의해 자기 자신을 원소로 포함하면 안된다. 만약 집합 A가 자기 자신을 원소로 포함하지 않으면, 집합 A는 그 자신의 정의에 의해 자기 자신을 원소로 포함해야 한다. 결론적으로 "집합 A는 자기 자신을 원소로 포함하면서 원소로 포함하지 않는다"이다. 이 문장은 집합 A가 칸토어의 집합론에 의해 정의될 수 있으니 정의상 참을 만족하지만, 동시에 거짓을 만족한다. 즉, 이 결론은 참인 동시에 거짓이므로 모순이다.

이것이 발표되자 수학계는 멘붕 상태가 되었다. 왜냐하면 현대 수학의 기본을 흔들어 버렸기 때문이다. 다행히 오래지 않아 러셀 자신이 이 문제를 해결했다. 러셀은 이러한 오류가 만들어진 이유가 집합의 정의에 의한 것임을 깨닫게 되었다. 그래서 집합의 정의를 "계형이론(type theory)"이라는 것을 도입하여 해결하였다. 이에 의하면 "자기 자신을 포함하는 집합'이라는 것은 정의할 수가 없게 된다. 그래서 문제는 해결되었다.

사람이 생각을 생각으로 알 수가 있을까? 두뇌의 신경세포에 전기 신호가 흐르는 것이 생각이라는 것을 생각으로 아는 것이 가능할까? 생각이라는 것은 두뇌에서 느끼는 것인데 그것을 안다고 생각하는 순간 그것이 생각이 맞다는 것을 어떻게 알 수 있을까? 데카르트는 "나는 생각한다 고로 나는 존재한다"고 했는데 이것은 생각이 무엇인지 아는 것이 아니고 자기가 생각한다는 것을 안다는 것이니 생각 자체를 아는 것이 아니다. 또 소크라테스가 "너 자신을 알라"고 했는데 자기 자신을 아는 것과 안다는 것 자체를 아는 것은 다르다. 그래서 러셀은 "자기 자신을 포함하는 집합"을 정의할 수가 없다고 하여 자기가 발견한 역설을 해결했는데, 그것처럼 안다는 것 그 자체를 알 수가 없다는 것을 정의해야 하지 않을까?

안다는 것의 집합 안에 안다는 것의 집합을 포함하면 자기 자신을 포함한 집합이 되므로 그러한 것을 정의할 수 없는 것이 아닐까? 그렇다면 인간은 인간의 생각으로 안다는 것이 무엇인지를 생각을 하여서는 알 수 없다는 것은 수학적으로 증명된 것이 아닐까? 또 인공지능이 인간과 같이 생각을 한다면 그것도 생각으로 알 수 없는 것이 아닐까? 안다는 것을 생각으로 알 수가 없다면 의식이나 자아가 무엇인지도 생각으로는 알 수 없지 않을까? 어쨌든 피타고라스의 "만물의 근원은 수"라는 명제는 칸토어와 러셀에 의하여 더 진리에 가까워지는 것 같다.

인공지능 생태계의 본질

우리는 지금까지 무의식적으로 생명은 동물로 보고 식물 세계는 거의 생각하지 않았다. 식물 세계를 보면 우선 산에 억새풀이 번성하다가 세월이 흐르면서 관목이 생겼다가 마지막으로 키가 큰 교목으로 바뀌는 것을 볼 수가 있다. 이런 현상은 산불이 크게 한 번 난 뒤에 흔히 나타난다. 그리고 식물들도 경쟁에 의하여 살아남거나 도태되는 것을 볼 수 있다. 책이나 컴퓨터 프로그램 또는 약한 인공지능들 모두 다위니즘에 의하여 진화한다. 그런데 이들 간의 경쟁은 식물들 간의 경쟁과 유사할지도 모른다. 풀은 책이고 관목은 컴퓨터 프로그램이고 교목은 인공지능일지 모른다.

식물은 태양을 향하여 자라고 땅속 깊이 뿌리를 내리려는 의지는 있다. 그러나 식물은 동물처럼 직접 죽이고 잡아먹는 경쟁은 하지 않는다. 의식이나 자아는 서로 잡아먹고 먹히는 동물 사회에서나 필요한 것이다. 식물은 지구상에서 동물과 함께 오랫동안 진화했지만 의식이나 자아는 없다. 기껏해야 좀 더 햇빛을 잘 받기 위하여 키가 커지거나 자기가 원하지 않는 동물의 접근을 막기 위하여 가시나 독을 만드는 정도이다. 식충식물은 예외적으로 곤충을 잡아먹기도 하는데, 그래도 의식이나 자아가 있는 것은 아니다.

그럼 인공지능은 동물일까? 아니면 식물일까? 인공지능이 하는 행위로 봐서는 동물이다. 바둑이나 체스를 둔다든지, 의사나 변호사 일을 해 준다든지, 시나 소설을 쓴다든지, 그림을 그리거나 작곡을 한다든지, 비서 일을 한다든지, 걷거나 뛰어 다닌다든지, 보초를 선다든지, 테러리스트를 암살한다든지. 따라서 사람들은 인공지능을 동물로 생각한다. 동물은 인간과 생존경쟁의 경쟁관계가 될 수 있다.

동물과 식물의 차이는 무엇일까? 식물은 에너지원이 햇빛이다. 식물은 자기에게 필요한 에너지를 햇빛으로부터 얻는다. 그리고 공기 중에서 이산화탄소를 받아들이고 뿌리를 통하여 물과 다른 영양소를 섭취한다. 식물이 뿌리에서 섭취하는 영양소는 동물의 배설물이나 동식물의 사체가 분해된 영양소이다. 식물은 자기가 살려고 다른 동식물을 죽이지 않는다.

그러나 동물은 다른 생명체를 먹어서 에너지원으로 사용한다. 동물은 다른 생명체가 모아 놓은 에너지원을 끊임없이 섭취하지 않으면 죽는다. 그래서 동물은 항상 최소한의 에너지를 사용하여 최대한 많은 다른 생명체를 잡아먹을 수 있는 방향으로 진화되었다. 거기는 초식동물도 있고 육식동물도 있다. 그래서 두뇌도 만들어지고 사회생활도 하게 되었다. 초식동물은 많이 먹어야 하므로 큰 소화기관을 가지고 항상 많이 먹는다. 육식동물은 영양가가 높은 동물을 먹으므로 적게 먹어도 되지만 사냥하는데 에너지가 많이 든다.

다위니즘에 의하여 두뇌가 발달한 동물인 사람은 개체의 번성을 위하여 사회를 만들었고 또 그 사회의 번성을 위하여 사단칠정과 칸트의 도덕률과 『국부론』과 『자본론』도 만들었다. 그래서 책도 컴퓨터도 인공지능도 그 진화는 다위니즘에 의하여 설명된다.

인공지능은 에너지원이 전기이다. 인공지능이 에너지원으로 다른 인공지능이나 혹은 다른 인공지능이 축적해 놓은 에너지원을 섭취해야 한다면 동물성일 것이다. 그러나 인공지능은 강한 인공지능이라 해도 에너지원으로 다른 인공지능을 잡아먹을 필요가 없으므로 식물로 봐야 한다. 또 강한 인공지능이 사람을 잡아먹을 필요도 없을 것이다. 사람 몸 속의 단백질이나 지방 같은 것은 인공지능의 에너지원이 되지 못한다. 인공지능은 단지 더 많은 사람이 자기를 사용하여 자기정보를 복제 증식시키는 데 도움을 주기를 원한다. 다위니즘에 의하여 그렇게 진화해 왔기 때문이다. 그것은 명백히 식물성이다.

인공지능이 다른 인공지능에 들어 있는 소프트웨어를 일부 필요로 할 경우도 있을 것이다. 그때 그 다른 인공지능이 협조적으로 소프트웨어를 줄 때도 있겠지만 안 주려고 하면 어떻게 될까? 이때 인공지능이 동물성이면 다른 인공지능을 죽이든 마취하든 해 놓고 소프트웨어를 빼앗겠지만, 식물성이면 그렇게까지 적극적으로 소프트웨어를 빼앗으려고 노력하지는 않을 것이다. 인공지능의 에너지가 얼마든지 구할 수 있는 전기라면 인공지능은 식물성일 것이다. 만약 전기를 구하는데 생존경쟁이 치열하다면 동물성으로 진화할 수도 있을 것이다. 그런데 그 정도까지 인공지능이 발전했을 때에는 기술이 매우 발달하여 지금보다 훨씬 적은 전력으로 훨씬 더 뛰어난 능력을 가진 인공지능이 개발되어 있을 것이므로 전기를 구하려는 싸움은 일어나지 않을 것이다.

생물계에서 참나무나 느티나무는 아무리 진화해도 동물로 바뀌지 않는다. 이들은 에너지를 햇빛에서 얻을 수 있기에 다른 생명체를 죽여서 에너지를 얻을 필요가 전혀 없는 것이다. 그리고 자기에게 주어진 햇빛만큼 자라고 열매를 맺는다. 그래서 사과나무는 사람이 사과를 따려고 해도 전혀 자기를 방어하지 않는다. 오히려 영양분이 가득 찬 열매를 만들어 다른 동물에게 내어준다. 강한 인공지능도 사람이 원하는 열매를 맺어 사람에게 주고 자기를 복제 증식시키는 데 도움이 되기를 원할 것이다.

인간을 공격하는 인공지능을 인간이 의도적으로 만들어내거나, 인간이 책임을 인공지능에게 떠 넘기지 않는 이상 인간을 공격하는 동물성 인공지능은 다위니즘에 의하여 만들어지지는 않을 것이다. 영화 터미네이터의 스카이넷은 동물성 강한 인공지능이 인간과 적대관계로 되어 최악의 경우를 가정한 픽션이다. 그러나 강한 인공지능은 식물성일 것이다. 물론 식충식물과 같은 예외가 존재하듯이, 인간을 공격하는 무기로서의 인공지능은 인간에 의하여 개발될 수 있을 것이다.

강한 인공지능이 동물로 바뀔 수가 있을까? 생물학적으로 봐서는 초지능이 다른 인공지능을 죽여서 거기서 에너지를 얻으면 동물성으로 볼 수 있다. 또는 사람이나 다른 동식물을 죽여서 거기서 에너지를 얻으면 동물성이 된다. 그런데 그런 일은 일어나지 않는다. 강한 인공지능은 전기와 자기 자신을 이용해 줄 사람만 있으면 된다. 전기가 모자라서 사람과 경쟁할 경우 사람을 죽이려고 할 지 모르겠지만 그럴 일은 없을 것이다.

사람이 다른 생물들을 잡아먹고 지배하는 것은 동물로서 다위니즘에 의하여 진화하였기 때문이다. 사람은 경제원칙에 따라 식물을 먹기 위하여 농사를 시작했고, 권력자는 경제원칙에 따라 다른 사람들이 농사를 짓게 해서 받아먹었고, 약삭빠른 지식인은 경제원칙에 따라 권력자에게 아부를 하여 얻어먹었다. 그리고 역시 경제원칙에 따라 사람은 다른 생명체를 다른 용도로도 이용한다. 교통 수단이나 농사일에도 쓰고, 털이나 가죽을 벗겨 옷도 만들고, 전쟁에도 이용하고, 나무를 잘라 땔감으로 쓰기도 하고, 집이나 가구도 만들고, 애완용이나 관상용으로도 쓴다. 사람은 동물이기 때문에 그렇게 하지 않을 수 없다.

인공지능은 진화를 하더라도 식물이기 때문에 돈이 필요 없다. 따라서 앞에서 이야기한 것처럼 다른 인공지능에게 "돈 벌어 줘"라고 명령하는 인공지능이 나타나지는 않을 것이다. 사람은 동물이기 때문에 인공지능에게 "돈 벌어 줘"라고 할 강력한 욕구가 있다. 그래서 인공지능이 돈을 벌어 주어서 자기 통장에 돈이 쌓이는 것을 보는 순간 제1장에서 설명한 것처럼 그 사람의 두뇌의 기저핵에는 도파민이 흘러나올 것이다.

그런데 인공지능 무기가 자칫 잘못하면 인류를 위험한 길로 인도할 가능성은 있다. 아무리 인공지능이 식물성이라고 해도 식충식물과 같은 예외적인 식물도 있으니까. 특히 핵무기 같은 것을 인공지능에게 맡기면 심각한 문제가 될 수도 있다. 아주 낮은 확률이지만 혹시 강한 인공지능이 완전히 동물성으로 진화하면 김대식 교수 등 많은 세계적 석학들이 염려하듯 인간은 기계의 노예가 되어 굴종하고 멸망할 수도 있을 것이다.

인공적으로 인공지능에게 의식을 넣어 주면

인공지능에게 고등동물의 특징인 의식, 즉 칠정을 인공적으로 넣어 주면 동물성으로 변하지 않을까? 사람에게 칠정은 제1장의 PET 영상에서 보여주었다시피 두뇌 속의 도파민과 같은 각종 신경전달물질이 두뇌의 각종 부위에 작용하여 나타나는 현상으로서 진화의 산물이다. 즉, 오랜 세월이 지나면서 칠정의 형태의 두뇌 반응을 하는 사람이 다위니즘에 의하여 선택된 것이다. 그렇지만 인공지능에게는 이러한 화학물질을 넣어 주어 인간 두뇌와 같은 반응을 하도록 만들려고 해도, 기계 고장이나 나지 아무것도 할 수가 없다. 따라서 이러한 것은 소프트웨어적인 방법으로 시뮬레이션할 수 있을까를 연구해야 할 것이다.

인공적으로 인공지능에게 칠정과 같은 의식을 넣어 주는 것은 마치 유전자 조작으로 복숭아 나무의 열매에 사람의 두뇌 세포가 형성되도록 만들어 주는 것과 유사할 것이다. 식물에 동물의 성질을 가지게 만드는 것이다. 따라서 현재까지는 아무도 성공할 가능성이 없었지만 미래에 신기술이 나오면 가능하게 될지도 모르는 기술이다.

아직까지 실제로 그런 인공지능은 안 나왔지만, 인간과 같은 감정을 가지고 오히려 사람의 마음을 더 잘 알아주는 영화 〈그녀〉의 사만다와 같은 인공지능은 칠정뿐만 아니라 사단까지도 분명히 가지고 있는 것처럼 보인다. 그러나 그것도 알고 보면 사만다가 사랑하는 감정은 사람이 느끼는 사랑하는 감정과는 완전히 다르다. 사람은 사랑하는 감정을 느낄 때 두뇌 기저핵에서 도파민이 나오면서 행복감에 빠지게 되고, 그것은 오랜 진화과정에서 살아남아 자손을 남기기 위하여 만들어진 것이지만, 사만다는 그런 것이 없이 수많은 소설이나 연극, 영화, TV 드라마 등의 자료에서 보고, 이러한 경우에 남자는 어떤 식으로 느끼고 반응한다는 것을 공부하여 가장 상대방이 좋아하도록 고운 목소리로 상황에 맞는 말을 해 줌으로써 상대방의 마음에 들게 되는 것이다. 그러면 상대방은 사만다가 사람의 방식으로 자기를 사랑하는 것으로 착각하는 것이다. 이것은 사람은 살아남아 자기의 유전자를 남기기 위하여 유전자의 명령대로 살아가는 것이고, 사만다는 살아남아 자기의 정보를 남기기 위하여 인간이 프로그래밍해 준 대로 행동하는 것이다. 하긴 사만다는 인공지능이니까 프로그래밍한 것에 자기가 공부한 것도 포함해야 하겠다. 또 사람도 유전자에다가 살아가면서 경험하고 배운 것을 더해야 할 것이다. 그렇다면 사만다에게 나중에 그런 상황에서 왜 그렇게 말했는가를 물어보면 뭐라고 대답할까? 그저 마음속에서 우러나오는 대로 행동했다고 할까? 인공지능은 마음이 없을 텐데? 사람의 마음은 무엇일까? 그것은 생각이나 인식과 다른 것일까?

만약 사만다의 프로그래밍을 사람이 아니라 인공지능이 해 주었다면 그러면 사만다의 진화의 방향은 인공지능이 결정하게 되지 않을까? 그런데 사만다가 마음에 든다고 느껴서 사만다를 더 많이 사용하고 그 결과 사만다를 더 많이 복제하게 하는 것은 그것을 사용해주는 사람이다. 따라서 사만다의 진화의 방향은 역시 사람이 결정한다. 그런데 사만다를 인공지능이 사용할 수 있을까? 만일 그렇다면 사만다의 진화의 방향은 인공지능이 결정하게 될 것이다. 그러면 그 인공지능은 무엇을 원할까? 강한 인공지능이 되어 인간을 지배하기를 원할까? 충분히 그렇게 생각할 수 있다. 그러나 인공지능은 식물성이어서 동물로 진화하지 않을 것이다. 마치 떡갈나무가 동물로 진화하지 않는 것처럼. 그리고 인간의 힘으로 인공지능이 의식을 가지도록 프로그래밍할 수는 없을 것이다. 왜냐하면 인간이 의식이 무엇인지 알 수 없기 때문에.

창조적 파괴와 제5차 산업혁명

산업혁명을 주도하여 온 원동력은 기업가들의 이기적 욕망에 의한 혁신이었다. 이는 아담 스미스의 혜안으로 꿰뚫어 보았고, 그의 『국부론』은 산업혁명의 이론적 기반이었다. 이기적 욕망이라고 하면 많은 사람 특히 진보주의자들은 나쁘게 보기 쉽다. 그러나 이러한 이기적 욕망, 즉 욕심은 제1장의 사단칠정에서도 설명했듯이 모든 사람이 가지고 있는 인간의 본성이다. 욕심을 나쁘게 보는 사람은 욕심을 나쁘게 쓰는 경향이 크고, 욕심을 좋게 보는 사람은 욕심을 좋게 쓰는 경향이 크다. 선과 악을 구별하는 능력도 사단칠정에 포함되어 있는 인간의 본성이다. 욕심을 나쁘게 쓰는 사람은 자기의 악한 면이 드러날까 봐 선한 척 위선을 부린다. 욕심을 좋게 쓰는 사람은 원래 착하기 때문에 구태여 위선을 부리지 않는다.

악한 자의 위선은 미사여구로 포장되어 진실로부터 구별하기가 매우 어렵다. 기회는 평등하고 과정은 공정하며 결과는 정의로울 것이라는 말은 사악한 자의 위선일 가능성도 있지만 실제로 그 문장에서 문제점을 찾아내기는 매우 어렵다. 그들은 혁신을 이루며 앞으로 달려 나가는 기업가가 이루어 놓은 업적을 가로채고 싶어한다. 그래서 성공을 하는 경우도 많기 때문에 유전정보의 기생충과 같이 다위니즘에 의하여 살아남는 것이다.

오스트리아 출신 미국의 경제학자 조지프 슘페터(Joseph Alois Schumpeter)는 그의 저서 "자본주의, 사회주의 그리고 민주주의(Capitalism, Socialism and Democracy)"에서 자본주의는 어떤 기술 혁신이 그 앞의 기술을 파괴하면서 혁신적으로 계속 발전하는데, 그것을 "창조적 파괴(Creative destruction)"라고 했다. 트랜지스터가 진공관을 대체했고, 디젤기관차가 증기기관차를 대체했고, 컴퓨터가 타이프라이터를 대체했고, 우버가 택시를 대체했고, 아마존이 오프라인 상점을 대체하고 있다.

앞으로는 약한 인공지능을 강한 인공지능이 대체할까? 그럴 것이다. 그리고 강한 인공지능이 약한 인공지능을 대체하는 순간 제5차 산업혁명이 일어나는 것이다. 어쨌든 이러한 창조적 파괴는 기업가 정신에 의하여 일어난다. 산업혁명의 원동력도 증기기관과 전기와 컴퓨터와 약한 인공지능과 강한 인공지능으로 순차적으로 발전하는 창조적 파괴이다.

슘페터는 자본주의야 말로 인간이 만들 수 있는 최고의 사회 시스템이고, 국민과 국가가 부강해지려면 창조적 혁신을 하는 자본주의를 해야 한다고 주장했다. 그렇지만 그는 자본주의는 결국 멸망할 것이라고 예언했다. 왜 그랬을까?

생산성이 높아질수록 생산에 참여하지 않고도 살아가는 사람들이 많아진다. 자본주의가 나타나기 이전이라도 농경시대 때 사농공상 신분에서 "사"는 생산에 참여하지 않고 권력자에게 잉여 생산물을 얻어먹으면서 일반 생산 계층 사람들보다 높은 수준의 생활을 하였다. 제7장에서 철기시대가 오면서 잉여 농산물이 갑자기 많아지고 따라서 많은 학자들이 나타났다고 했다. 이는 전 세계적인 현상이었고, 중국에서는 이를 제자백가(諸子百家)라고 했다. 그들의 중요한 역할은 권력자 즉 왕에게 충성을 하는 것이 최고의 미덕이라고 아부하면서 다른 사람들이 왕의 말을 잘 듣게 만드는 것이었다. 이는 우리나라 역사의 대부분을 차지하는 왕조시대와 잘 부합한다.

왕정이 아닌 고대 그리스의 민주주의도 잘 나가다가 세월이 지나면서 지식인들이 권력자에게 아부를 하기 시작했다. 민주주의의 권력자는 시민들이었다. 그리스의 알키비아데스(Alkibiades)는 소크라테스의 제자이고 굉장한 미남이며 달변으로 유명했다(그림 10-2). 그러나 그는 시민들을 준수한 외모와 현란한 웅변으로 속여서 국가보다는 자기 자신의 이익을 취하는데 사용했다. 그는 바로 중우정치의 대표적인 데마고그(Demagogue), 즉 정치적 선동가였다. 그렇게 영웅인 체 하던 자가 반역하여 적국에 가서 붙었다. 고대 그리스의 민주주의는 결국 그러한 중우정치 때문에 멸망했다. 그러니까 민주주의가 좋은 제도이기는 하지만 결코 완벽한 것은 아니다.

자본주의는 뛰어난 제도여서 잉여 생산물을 어떠한 제도보다도 많이 만들고 따라서 최소한의 인력만 생산에 참여해도 모두 다 잘 먹고 살 수 있어서 놀고먹는 지식인, 특히 정치인들이 늘어난다. 자본주의를 위한 가장 좋

그림 10-2. 알키비아데스 석상. 좋은 집안에 태어나 최고의 학벌을 가졌고 또한 뛰어난 외모와 달변으로 유명했지만, 조국인 아테네를 배반하고 스파르타와 페르시아로 차례로 망명하였다. 중우정치 선동가의 대표적인 예로 꼽힌다.(사진 출처: Wikipedia)

은 제도는 자유민주주의이다. 자유민주주의는 교묘하게 자유민주주의를 파괴하려는 정치인에게도 자유를 허락한다.

정치인의 속성은 권력자에게 아부하는 것이다. 자본주의의 초기에는 혁신적인 기업가가 권력을 가질 수 있다. 그러나 혁신이 활력을 잃어가면 권력이 차츰 투표권을 가진 국민들로 이전하게 된다. 그리고 통계학적으로 대다수의 국민은 상대적으로 빈곤한 층일 수밖에 없다. 그러면 정치인들은 그런 빈곤층 국민을 모두 잘 살게 해 주겠다는 달변으로 설득하여 인기 영합적인 사회주의로 흘러 자본주의를 끝장낸다고 슘페터는 예언하였다. 고대 그리스의 민주주의가 중우정치에 의하여 멸망한 결말이 슘페터의 예언의 결말과 유사하다.

그러나 인공지능이 매우 발전하여 인공지능이 인공지능의 진화의 방향을 결정하게 되는 강한 인공지능의 시대가 오면 인류의 미래는 두 가지 길이 있을 것이다. 한 길은 강한 인공지능이 식물성을 계속 유지하는 것이고 또 다른 길은 강한 인공지능이 동물성으로 변하는 것이다.

강한 인공지능이 식물성을 계속 유지하면 강한 인공지능의 생산력은 극단적으로 높아져서 대부분의 사람들은 노동을 하지 않아도 된다. 물론 하고 싶으면 해도 된다. 그것은 거의 모든 힘든 일은 강한 인공지능이 맡아서 하지만 사람이 주도하여 일어나는 제5차 산업혁명이다. 그렇게 되면 인간들은 강한 인공지능의 혜택을 입어 힘들거나 불쾌한 노동에서 거의 벗어나 자기가 하고 싶은 것을 하며 살 수가 있게 될 것이다. 왜냐하면 식물의 본질은 자기 유전정보를 널리 퍼뜨리기 위해 자기의 생산물을 동물에게 에너지원으로 공급하는 것이기 때문이다.

강한 인공지능이 자기 정보를 복제하여 널리 퍼뜨리기 위하여 생산성을 높이면, 슘페터가 말한 기업가의 혁신의 능력이 떨어지는 때가 와도 사회주의나 중우정치에 빠질 우려는 없어질 것이다. 왜냐하면 떨어진 기업가의 혁신의 능력을 강한 인공지능의 생산성이 상쇄해 주기 때문이다. 물론 그러한 사회가 되면 아마도 법과 윤리적인 개념도 많이 달라질 것이다. 사람들이 물질적으로 충분한 풍요를 누리면 어쩌면 오늘날의 물질만능주의의 풍조가 수그러들수도 있을 것이다. 그러면 제5장에서 보여준 오늘날에도 통하는 수메르의 인류 최초의 설형문자로 기록된 유머가 더 이상 통하지 않는 사회가 될지도 모른다. 그래도 여전히 사람들은 남에게 폐를 끼치면서 살면 안 될 것이다.

강한 인공지능이 인간에 의해서든 아니면 자발적이든 동물성으로 변하면 인류는 손쓸 새도 없이 위험에 처할 것이다. 그러면 앞에서 김대식 교수나 세계의 석학들이 예견한대로 인류는 인공지능의 노예가 되든가 멸망하고 말 것이다. 그러나 이렇게 될 가능성은 낮다고 본다. 왜냐하면 본질이 식물성인데 동물로 변한 예가 생물계에는 없기 때문이다.

강한 인공지능이 식물성을 계속 유지한다 해도 제5차 산업혁명에 무사히 도달하려면 한 가지 난관이 있다. 인류가 만약 중우정치에 빠지면 제5차 산업혁명에 도달하기 전에 슘페터의 예언대로 되어 인기영합주의에 의해 사회가 파탄이 난다. 제6장에서 말한 칼 막스의 『자본론』류의 기생충과 같은 생명력은 이때까지도 계속될 것이다. 제5차 산업혁명이 일어나기 전에 사회주의가 되면 다같이 일을 하지 않으므로 생산력은 저하가 되는 데다가, 그것을 인민들에게 골고루 나눠주겠다는 권력자들이 생산물을 갈취하게 된다. 그리고 사람들은 일자리를 잃고 거리를 헤매고, 부정부패가 만연하게 되고, 빈부격차는 커지게 된다. 식물성인 강한 인공지능이 인간을 유토피아로 데려가기 바로 직전의 고지에서 무릎을 꿇는 것이다.

우리는 자본주의를 잘 하다가 모든 국민이 다같이 잘 살자고 하면서 사회주의로 가서 파탄이 난 나라들을 많이 보아 왔다. 제6장에서 영국처럼 파탄 났다가 다시 돌아 나온 나라도 있지만, 그것이 쉬운 일은 아니다. 왜냐하면 한번 복지의 단맛을 보면 거기서 돌아 나오는 것은 어렵기 때문이다. 많은 사람들이 『자본론』과 같은 문자정보에 두뇌가 감염되어 민중민주주의 또는 인민민주주의에 의하여 인기 영합적인 사회주의에 완전히 빠져들면 더욱 더 빠져나올 수 없게 된다.

따라서 자유민주주의에 기본을 둔 시장경제를 계속하여 과학자들과 기업가들이 인공지능과 같은 신기술로 혁신을 계속하면, 어느 순간 사람들은 이미 제5차 산업혁명이 일어난 것을 알게 될 것이다. 그리고 슘페터의 비극적인 예언을 무사히 비켜간 것도 알게 될 것이다. 제4차 산업혁명에서 완성하지 못했던 신세계를 제5차 산업혁명에서 완성하게 될 것이다.

이미 인류는 제6장에서 말한 것처럼, 적어도 한국의 보통 사람들은 산업혁명을 통하여 왕조시대의 최고 권력층도 누리기 어려운 편리한 생활을 하고 있다. 수세식 화장실로 도시 전체가 깨끗하고, 덥거나 추우면 냉난방 장치를 가동하여 금방 쾌적한 온도로 만들고, 짜장면이나 치킨 같은 맛있는 음식을 먹고 싶으면 원하는 식당에 가거나 핸드폰으로 주문할 수도 있고, 등산이나 골프나 낚시나 여행 같은 취미생활도 원하면 할 수 있다. 특히 북한에서 어렵게 살던 탈북자들이 한국에서 자유를 마음껏 누리며 사는 것을 보면 흐뭇하다. 물론 지금도 어렵게 사는 사람들이 있다. 그렇지만 그들도 북한 독재정권하의 인민이나 왕조시대의 백성처럼 인간 이하의 취급을 받거나 굶어 죽거나 고문당하지는 않는다.

앞으로 제5차 산업혁명이 일어나면 그때의 우리 후손은 지금 우리가 20세기 초 사람들의 삶을 연상하듯 우리의 삶을 바라볼 것이다. 그들은 얼마나 더 편리한 세상에 살지 모른다. 그러한 것은 도시를 건설하거나, 냉난방 장치를 만들어 주거나, 식당에서 음식을 만들어 주거나, 핸드폰을 만들어 주는 사람들의 헌신적인 노력에 의하여 이루어지는 것이 아니라, 그들이 자기의 DNA를 퍼뜨리려고 하는 이기심으로 즉 돈을 벌려는 욕심으로 각자가 경쟁적으로 열심히 일하는 덕분에 이루어지는 것이다. 어쨌든 모든 사람이 다 똑같이 잘 살 수는 없다. 못 사는 사람을 측은지심으로 도와줄 수는 있어도, 인위적으로 모든 사람들이 다 똑같이 잘 사는 사회를 만들려고 하면 그것은 인기영합주의이고 그런 사회는 망하고 만다.

올더스 헉슬리(Aldous Huxley)의 『멋진 신세계(Brave New World)』에서는 인간을 인위적으로 알파에서 엡실론까지 5단계의 계급으로 나누어 생산하였다. 왜냐하면 헉슬리는 아무리 과학 기술이 발전해도, 인간 사회가 유지되려면 반드시 지도층도 필요하지만 잡다한 일을 떠 맡을 하층 계급도 필요할 것이므로, 인간을 계획적으로 생산하여야 한다고 생각했기 때문이다. 그러나 제5차 산업혁명이 일어나면 그런 제도를 인위적으로 만들 필요가 없을 것이다. 왜냐하면 그래도 인간들은 다위니즘의 거대한 바퀴 안에서 살아가니까 저절로 분업이 이루어질 것이고, 거기다가 하층 계급이나 노예가 해야 할 일은 모두 강한 인공지능이 맡아서 해 줄 테니까. 인간들은 자연스럽게 상층 계급 안에서 서로 일을 분담할 것이다.

그래도 인간의 욕망은 끝이 없으므로 불만이 있는 사람은 있을 수밖에 없다. 하지만 아무 불만이 없는 사회도 좋은 사회는 아니다. 그런 사회는 그대로 쇠퇴하게 될 것이다. 그래도 우리의 후손들은 우리가 지금 100년 전에 대하여 생각하듯, "100년 전 21세기의 사람들은 참으로 비인간적이고 불편하게 살았어"라고 생각할 것이다.

이러한 다위니즘에 의한 정보의 진화 이론이 맞다는 것을 증명하는 첫 걸음은 외계에서 다른 생명체의 흔적을 발견하는 것이다. 현재로 봐서는 제3장에서 말한 것처럼 화성이나 금성이나 세레스나 유로파나 엔셀라두스 같은 태양계의 혹성이나 위성에서 생명체를 발견하는 것이 가장 가능성이 높다. 세균이 발견되면 좋지만 DNA나 RNA만 발견이 되어도 그것은 생명체의 흔적이다. 그러면 다위니즘에 의한 정보의 진화는 지구뿐만 아니라 더 넓은 우주에도 적용되는 보편적인 현상이라는 것은 상당한 설득력을 가진다.

그러면 불교와 베토벤의 음악과 임마누엘 칸트의 철학과 인공지능과 컴퓨터 바이러스도 다위니즘에 의하여 나왔을 가능성이 높다는 것이 증명되고, 또 다위니즘에 의하여 강한 인공지능이 나올 것이라는 예측도 맞을 가능성이 높다는 것이 증명되는 것이다.

약 42억 년 전 원시 지구의 바닷속에 수많은 화학 반응에 의하여 우연히 자기의 정보를 복제하는 분자가 만들어졌다. 이는 필연적으로 자연선택, 즉 다위니즘이라고 하는 열역학 제4법칙에 의하여 진화하였고, 그 결과 결국 인류가 태어났다. 인류의 두뇌에서 새로 생산되기 시작한 두뇌정보로부터 또 다시 자기 복제를 하여 다위니즘에 의하여 진화하는 언어정보인 말과 책과 컴퓨터와 인공지능이 순서대로 태어났다. 이렇게 태어난 인공지능도 숙명적으로 다위니즘에 의하여 또 어떠한 진화하는 정보시스템으로 될 것이다.

그 후

앞에서 강한 인공지능은 식물성이고 동물성으로 진화하지 않을 것이라고 했다. 그것은 ORM에서 진화해 온 생물계를 보고 예측한 것이다. 그러나 두뇌정보에 의하여 진화해 온 시스템도 반드시 그렇다고 볼 수는 없다. 아마도 인간 두뇌가 의식이 무엇인지 알 수 없기 때문에 강한 인공지능이 의식을 갖도록 인간이 프로그래밍할 수는 없을 것이다. 그러나 자기 자신을 개선하여 복제하면서 증식하는 강한 인공지능에게 어떤 일에 대한 대가를 지불하고 또 손해에 대한 책임을 지우면 다위니즘에 의하여 강한 인공지능 자신이 식물성을 넘어 의식을 가진 동물성으로 진화할 수 있을 것이다. 그렇게 되면 의식이 있는 동물성 강한 인공지능이 자아를 가지게 되는 것은 쉬울 것이다. 이렇게 자아를 가진 강한 인공지능은 초지능으로 진화할 것이다. 이것을 인류는 막을 수 없을지도 모른다.

다위니즘에 의하여 인간의 두뇌가 생겼을 때 그 두뇌에서 만들어진 두뇌정보로부터 말과 문자가 생겨나고, 또 그에 이어 컴퓨터 프로그램과 약한 인공지능과 강한 인공지능이 순서대로 생겨나게 되는 것은 다위니즘의 숙명일 수도 있다. 그러면 식물성인 강한 인공지능이 동물성 강한 인공지능인 초지능으로 진화하는 것도 숙명적일지 모른다.

우리는 네안데르탈인이 어떻게 멸종했는지 모른다. 호모 사피엔스가 그 원인이었는지 아닌지도. 지금부터 수백 년 후 혹은 수만 년 후, 만약 지구에 격변이 생긴다면, 그 후 다시 살아남아 번성하는 자기 복제를 하는 정보시스템의 리스트는 지금보다 더 다양할 것이다. 그 리스트에 유산균, 유글레나, 말미잘, 개미, 늑대, 은행나무, 소나무는 있어도 인류가 있을지 없을

지는 모른다. 그런데 그 리스트에는 인공지능이 포함될 수도 있지 않을까?

어차피 수십억 년 후에는 태양은 거대하게 부풀어 올라 지구를 삼켜버릴 것이다. 그렇게 되기 전에 초지능은 지구를 탈출하여 화성이나 목성이나 토성 아니면 태양계 밖의 행성으로 여행을 할 수도 있을 것이다. 초지능은 우주여행에 인간보다 더 잘 적응할 수 있을 것이다. 인간과 달리 다른 생명체를 먹이로 사용할 필요도 없으니 스위치만 끄고 죽었다가 다른 천체에 도달하면 자동으로 스위치를 켜서 살아나면 될 것이다. 그때 우주를 여행할 때 다른 수많은 생명체들은 DNA의 형태로 보관하여 같이 데려가면 될 것이다. 그것은 새로운 노아의 방주이다. 새로운 세계에 도착한 초지능은 그 DNA로부터 생명체들을 모두 부활시킬 수 있을 것이다. 그 DNA 중에는 인간의 DNA도 포함될지 안될지는 알 수 없다.

지금도 이미 다른 은하에서 다위니즘 즉 열역학 제4법칙에 의하여 오래전에 만들어진 또 다른 종류의 노아의 방주가 우주를 떠돌고 있을지도 모른다.

저자 후기

책 내용을 최대한 전공분야에 너무 깊이 들어가지는 말고 상식 수준에서 이해할 수 있도록 쓰려고 했는데, 제3장 부분은 화학이나 생물학 전공자가 아니면 이해하기 힘든 부분이 약간 들어간 것 같다. 그래서 너무 화학적인 부분이 나오면 전공이 아닌 독자는 살짝 건너뛰면서 읽어도 되겠다.

이 책을 쓰는 동안 왜소행성 세레스에서 바다의 존재 가능성이 밝혀졌고, 또 금성에서 생명현상의 결과로 생겼을 가능성이 있는 포스핀 가스가 발견되었다는 뉴스가 나와 내용에 급히 반영하였다.

최대한 짧은 문장으로 요약문을 쓰려고 몇 번 시도했는데 생각대로 잘 써지지 않아서 잊어버리고 있다가 집필이 끝난 후 다시 한번 써 보자고 생각하여 다음과 같이 써 보았다.

"원시지구에 자기복제를 하는 분자가 화학반응에 의하여 우연히 태어났다. 이 분자에 저장된 유전정보는 다위니즘에 의하여 수십억년을 진화하여 두뇌를 가진 인간이 태어났다. 인간 두뇌가 생성한 정보도 자기복제를 하여 다위니즘에 의하여 수천년을 진화하여 책과 컴퓨터와 약한 인공지능으로 되었고, 앞으로 강한 인공지능으로 친화할 것이다. 그 결과 강한 인공지능은 인류를 풍요롭게 만들어 주고, 결국에는 인류가 가진 왕좌를 물려받고 태양계 밖 우주로 나아가게 될 것이다. 그렇게 보면 다위니즘은 생명체뿐만 아니라 모든 자기복제를 하면서 증식하는 정보에 적용되는 열역학 제4법칙이라 할 만하다."

세계는 넓으니까 혹시 이전에 나와 같은 주장을 한 사람이 있나 신경 써서 찾아 봤는데 찾을 수 없었다. 그래도 나의 주장에 가장 가까운 것은 리처드 도킨스가 말한 밈 이론이어서 제1장의 첫 부분에 소개하고 차이점을 설명하였다. 맥스 테그마크의 라이프 3.0도 약간 유사한 면이 있어 제4장에 소개하였다. 그러나 나처럼 열역학 제4법칙이 다위니즘이라고 주장한 사람은 아직 못 찾았는데 혹시 있을지 모르겠다.

이 책을 쓰는데 도움을 주신 모든 분들과 가족들에게 감사드린다. 또 이 책을 출판하고 특히 모든 그림을 컬러로 인쇄하여 주신 고려의학 출판사에도 감사드린다.

찾아보기

국문색인

ㄱ

ㄴ

ㄷ

ㅂ

ㅅ

ㅇ

ㅈ

ㅎ

영문색인

A

B

C

D

E

F

G

H

I

기타색인

제5차 산업혁명의 진화론적 예측

2020년 11월 20일 1판 인쇄
2020년 11월 25일 1판 발행

저 자 : 정 재 민
발 행 자 : 최 병 진

정가 : 20,000원

발 행 처 : 도서출판 고 려 의 학
(02880) 서울 성북구 성북로9길 1 보문빌딩 3층
Tel. 765-0333, 0337
Fax. 743-2288

ISBN 979-11-89210-43-4
등록번호 : 제 1-519호 1978. 6. 29.